“十二五”职业教育国家规划教材
经全国职业教育教材审定委员会审定

Gongcheng Dizhi

工程地质

(第四版)

齐丽云　徐秀华　杨晓艳　主　编
赵明阶[重庆交通大学]
王　清[吉林大学]　主　审

人民交通出版社股份有限公司
China Communications Press Co.,Ltd.

内 容 提 要

本书为“十二五”职业教育国家规划教材。全书共分七个模块，分别为：认识工程地质，工程地质勘察，岩石鉴定，土的工程性质及土工试验，地质构造与地貌，不良地质与特殊土，野外地质勘察应用技能的训练。

本书可作为高等职业教育道路与桥梁工程技术等专业教材，也可作为中等职业教育路桥、土建类专业教材，同时可供从事路桥设计、施工的工程技术人员参考。

本教材配套多媒体课件，可通过加入职教路桥教学研讨群(QQ561416324)索取。

图书在版编目(CIP)数据

工程地质 / 齐丽云，徐秀华，杨晓艳主编．—4版
．—北京：人民交通出版社股份有限公司，2017.7
“十二五”职业教育国家规划教材
ISBN 978-7-114-12854-7

Ⅰ.①工… Ⅱ.①齐… ②徐… ③杨… Ⅲ.①工程地质—高等职业教育—教材 Ⅳ.①P642

中国版本图书馆 CIP 数据核字(2016)第045418号

“十二五”职业教育国家规划教材

书　　名：工程地质(第四版)
著 作 者：齐丽云　徐秀华　杨晓艳
责任编辑：卢仲贤　任雪莲
出版发行：人民交通出版社股份有限公司
地　　址：(100011)北京市朝阳区安定门外外馆斜街3号
网　　址：http://www.ccpress.com.cn
销售电话：(010)59757973
总 经 销：人民交通出版社股份有限公司发行部
经　　销：各地新华书店
印　　刷：北京鑫正大印刷有限公司
开　　本：787×1092　1/16
印　　张：19.75
字　　数：455千
版　　次：2002年4月　第1版
2005年8月　第2版
2009年6月　第3版
2017年7月　第4版
印　　次：2019年3月　第4版　第3次印刷　总第33次印刷
书　　号：ISBN 978-7-114-12854-7
定　　价：46.00元

第四版前言

DISIBANQIANYAN

根据2013年8月教育部《关于"十二五"职业教育国家规划教材选题立项的函》[教职成司函(2013)184号],本教材获得"十二五"职业教育国家规划教材选题立项。

本教材编写人员在认真学习领会《教育部关于"十二五"职业教育教材建设的若干意见》(教职成〔2012〕9号)、《高等职业学校专业教学标准(试行)》、《关于开展"十二五"职业教育国家规划教材选题立项工作的通知》(教职成司函〔2012〕237号)等有关文件的基础上,结合当前高等职业教育发展和公路行业发展的实际情况,对第三版作了全面修订,形成了本教材第四版。2014年本书获批为"十二五"职业教育国家规划教材。

本版教材根据国家最新修订的相关规范、标准及行业新知识、新技术、新工艺、新成果应用等情况,结合各使用院校的教学实际,对第三版教材进行了修改和更新。近年来高职院校不断进行教学改革,并取得了一定的成效,由本教材主编主持开发建设了《工程地质与土质》精品课程网站,教学资源已经全部上网,为学生提供了课外自主学习和拓展学习的网络平台,现急需与之配套的工学结合教材。

对本教材进行再次修订,应充分体现行业发展要求,对接职业标准和岗位要求,使其具有鲜明的行业特点,同时满足企业对职业岗位能力的需求。本次修订的教材有如下特点:

1.教材内容重组,体现其工学结合的特色

按照高职交通土建类专业培养目标确定课程目标,按照真实工作任务遴选教学内容,本教材以道路工程建设为载体,以工程地质问题处理为主线,以工程地质条件分析为重点,精心设计各模块内容。教材内容引导学生建立符合专业需要的知识和能力结构,培养并提高学生职业技术知识的学习能力及应用能力。

2.教材内容体现能力培养的实用性

按照任务驱动、行动导向的教学法,根据"教、学、做合一"的原则,精心设计了便于学生学习的工作任务,教材建立以学习任务为核心辐射知识传授与能力培养的内容体系,教材内容按照道路建设不同阶段地质知识应用的顺序来安排,以便教师能采用现代职业教育的教学方法和基于多媒体的现代教学手段实施教学,培养学生在生产第一线运用地质知识处理工程地质问题的能力。本教材已有"学习手册"。

本教材由吉林交通职业技术学院齐丽云、杨晓艳和福建船政交通职业学院徐秀华任主编,主审为重庆交通大学的赵明阶和吉林大学的王清。

具体编写人员分工如下:模块一由徐秀华编写;模块三、模块五由齐丽云编写;模块四由吉林交通职业技术学院杨晓艳编写；模块六由吉林交通职业技术学院李晓红编写；模块二由吉林交通职业技术学院张立华、慕萍、马桦编写；模块七由四川交通职业技术学院李大碚和盛湧编写。

本教材为国家级精品课程、国家级精品资源共享课“工程地质与土质”的配套教材，相关教学资源可通过登录“爱课程”网（http://www.icourses.cn/home/），在“资源共享课”中查看；或通过加入“职教路桥教学研讨群”（QQ:561416324）索取课件。

在本教材修订的过程中，得到了人民交通出版社股份有限公司卢仲贤的指导和帮助，在此表示衷心的感谢！

本教材虽然作了修订，但由于编者水平有限，其中仍难免有不足之处，恳请读者批评指正。

编　者

2017 年 3 月

目录

MULU

模块一 认识工程地质

课程目标设计

总体目标	通过本课程任务引领式的学习，使学生能准确识读工程地质勘察报告，能结合路线通过地带的地质条件进行道路工程地质选线，通过对建筑场地的工程地质条件分析，初步拟订构筑物基础的结构形式，能够进行土料的选择和检测土质填方路基的压实质量，能够初步处理工程地质病害。在学习过程中要培养学生诚实守信、善于沟通和合作的品质，使学生具有安全环保和质量意识等方面的素养，为发展职业能力奠定良好的基础
能力目标	学完本课程之后，能运用工程地质基本知识，根据《公路工程地质勘察规范》(JTG C20—2011)、《公路土工试验规程》(JTG E40—2007)、《公路工程岩石试验规程》(JTG E41—2005)、《公路路基设计规范》(JTG D30—2015)和《公路工程质量检验评定标准》(JTG F8011—2004)等： 1.能够依据规范，准确识读工程地质勘察报告； 2.能够结合路线通过地带的地质条件，进行道路工程地质选线； 3.能够根据地质资料，对建筑场地的工程地质条件进行分析和评价，初步拟订构筑物基础的结构形式； 4.能够依据规程操作土工试验，验证土石料的适用性和检测土质填方路基的压实质量； 5.野外能辨认较明显的地质灾害现象，拟订地质病害处理方案
知识目标	通过本课程任务引领式的学习： 1.了解公路工程地质勘察的内容和方法； 2.掌握岩石工程分类和主要工程性质； 3.掌握土的工程性质和土工试验方法； 4.了解地质构造、地貌和地下水类型及其对公路建设的影响； 5.掌握不良地质形成条件与发育规律； 6.掌握公路地质病害的处理方法
素质目标	1.通过小组学习和小组互评，形成团结协作与竞争的意识，并锻炼表达和沟通能力； 2.在地质图的阅读和剖面图绘制过程中，锻炼应用相关资料获取信息的能力； 3.通过土工试验的训练，形成科学、准确、安全、规范的操作意识； 4.在工程地质病害方案拟订中，形成质量、安全意识和工程责任意识

课程内容安排

模块标题	学时	能力/知识目标	师生活动	其　他
认识工程地质	2	**能力目标** 1.认识工程地质在公路工程中的应用； 2.熟悉与本课程相关的行业规范、规程和标准 **知识目标** 1.掌握工程地质条件的概念； 2.了解工程地质问题的类型； 3.了解公路工程的基本知识		
工程地质勘察	6	**能力目标** 1.能够准确识读工程地质勘察报告文字部分； 2.能够准确识读工程地质图件 **知识目标** 1.理解工程地质勘察的内容和方法； 2.了解初步和施工图设计阶段工程地质勘察； 3.了解不良地质不同勘察阶段勘察内容和方法	阅读地质勘察报告	提交某公路地质勘察报告的内容总结
岩石鉴定	8	**能力目标** 1.能辨识常见的岩石类别； 2.能够根据工程应用的需要选择石材、地基或围岩介质 **知识目标** 1.理解地球的内、外动力地质作用及其分类； 2.了解矿物、岩石的成因和主要特征； 3.掌握常见岩石成因类型和主要工程应用	三大岩区分	岩石鉴定记录表
土的工程性质及土工试验	18	**能力目标** 根据土工试验结果，能判断公路土质填料的性能，能确定其是否可以做路基填料 **知识目标** 1.掌握土的三相组成与颗粒分析试验方法； 2.掌握土的物理性质指标计算； 3.掌握黏性土物理状态指标计算与界限含水率试验方法； 4.掌握土的工程分类方法	土工试验	提交实验报告
	10	**能力目标** 根据土工试验结果，能检测土质填方路基压实质量 **知识目标** 1.掌握土的物理性质与土的密度和含水率试验方法； 2.掌握土的压实性与击实和CBR试验方法	土工试验	提交实验报告

续上表

模块标题	学时	能力/知识目标	师生活动	其　他
地质构造与地貌	12	**能力目标** 1.根据地质资料能辨识基本的地质构造、地貌和地下水类型；知道其对公路工程建筑的影响； 2.能结合路线通过地带地质条件，进行公路工程地质选线 **知识目标** 1.了解地质构造、地貌和地下水的基本类型； 2.阅读简单地质图，并绘制地质剖面图	阅读路线地质平面图，绘制工程地质剖面图	提交某公路路线工程地质比选方案
不良地质与特殊土	6	**能力目标** 能辨识拟定道路通过地带的不良地质现象和拟订不良地质病害的处理方案 **知识目标** 1.掌握不良地质形成条件与发育规律； 2.了解其分类及对工程的影响； 3.掌握不良地质处理方法	不良地质处理方案拟订	提交某公路不良地质处理方案
	4	**能力目标** 能拟订特殊土地基的处理方案 **知识目标** 1.了解特殊土的工程性质； 2.掌握特殊土地基的处理方法	特殊土地基处理方案拟订	提交某公路特殊土地基处理方案
野外地质勘察应用技能的训练	一周	**能力目标** 通过野外地质调查，能辨识道路通过地带的地质现象和拟订地质病害的处理方案 **知识目标** 1.了解路线所经地区工程地质条件的特征，知道其对公路的影响； 2.掌握不良地质和特殊岩土处理方法	野外公路工程地质调查	提交实习报告

教学过程设计

教学过程	课　堂　活　动	时间	方法手段	资　源
引入	工程地质问题实例	5min		
教学过程组织	1.请书写并记忆学习手册中知识评价内容。 2.介绍地质学与土质学： 地壳—人类活动—公路工程。 3.介绍工程地质学： 工程活动与地质关系—相互影响、相互作用—工程地质。 4.分析工程地质条件： 通过具体的实例来认识。 5.学生活动——分析工程地质条件： （1）学生每7~8人一组，共分4组； （2）每组分别分析图示； （3）交换结果； （4）每组选一个代表向全班作汇报； （5）小组互评； （6）教师讲评。 6.认识工程地质问题类型： 结合其他课程介绍。 7.简介都江堰水利工程。 8.介绍公路工程基本知识。 9.阅读路基路面工程设计与施工主要内容。 10.本课程学习要求： 总体目标、能力目标、知识目标和素质目标。 11.总结	5min 5min 5min 10min 15min 10min 5min 15min 5min 5min 5min	1.多媒体讲授； 2.仿真展示； 3.分组讨论； 4.学生互评	1.PPT； 2.学习手册； 3.板书； 4.视频

单元1　工程地质导言

一、工程地质学的研究对象

工程地质学是调查、研究、解决与各类工程建筑物的设计、施工和使用有关的地质问题的一门学科。简言之，它是研究人类工程活动与地质环境相互作用的一门学科，是地质学在应用方面的一个分支。

地球的表层——地壳是人类赖以生存的活动场所，同时也是一切工程建筑的物质基础。人类的工程活动都是在一定的地质环境中进行的，修建水库、道路与桥梁、民用建筑等工程活动，在很多方面受地质环境的制约，它可以影响工程建筑物的类型、工程造价、施工安全、稳定性和正常使用等。如公路沿河谷布线，若不分析河道形态、河水流向以及水文地质特征，就有可能造成路基水毁；山区开挖深路堑时，若忽视地质条件，有可能引起大规模的崩塌或滑坡。这样不仅增加工程量，还可能延长工期和提高造价，甚至危及施工安全。

建筑物的施工和使用过程也影响着地质环境的变化,从而出现工程地质现象。如在城市中过量抽吸地下水或其他的地下流体,将降低土体中的孔隙液压,从而导致大规模的地面沉降(上海、天津等城市均有出现);桥梁的修建改变了水流和泥沙的运动状态,使局部河段发生冲淤变形等。

为了使所修建的建筑物能够正常发挥作用,必须对人类赖以生存的地质环境进行合理的利用和保护。在工程施工之前,必须根据实际需要深入地研究工程地质问题(Engineering geological problem),对有关的工程地质条件(Engineering geological condition)进行深入的调查和勘探,以解决建筑工程中出现的地质问题。

工程活动的地质环境亦称工程地质条件,通常指影响工程建筑物的结构形式、施工方法及其稳定性的各种自然因素的总和。这些自然因素包括土和岩石的工程性质、地质构造、水文地质、地貌、物理地质作用、天然建筑材料等。应当强调的是,不能将上述的某一方面理解为工程地质条件,而必须是各种自然因素的总和。

工程地质问题,一般是指所研究地区的工程地质条件由于不能满足工程建筑的要求,在建筑物的稳定、经济或正常使用方面常常发生的问题。工程地质问题是多样的,依据建筑物特点和地质条件,概括起来包括两个方面:一是区域稳定问题;二是地基稳定问题。公路工程常遇到的工程地质问题有边坡稳定和路基(桥基)稳定问题;隧道工程常遇到的工程地质问题有隧道围岩稳定和突然涌水问题;还有天然建筑材料的质量和储量问题等。

由上述分析可知,工程活动与地质环境之间的相互影响、相互制约的关系,就成为了工程地质学必须研究的对象。

公路是一种延伸很长,且以地壳表层为基础的线形建筑物,它常要穿越许多自然条件不同的地段,要受到不同地区的地质、地理因素的影响,为此,对工程地质条件的深入了解是工程从设计到施工以至营运过程中不可缺少的。例如,某一公路在穿过峡谷时,由于开挖边坡后,岩体沿裂隙面失重而产生了崩塌。对该路段的地质条件分析如下:该峡谷的岩性属厚层灰岩和白云质灰岩,岩层大致顺河水流向倾斜。峡谷岩性坚硬,崖壁陡峭,坡高约80m,处于自然稳定状态。但其节理很发育,其中有一组倾向河谷。当沿崖脚顺河修筑公路,经大爆破开挖边坡后,于一次大雨之后突然发生了数十万立方米的塌方,中断交通达半年之久。疏通后,道路向河岸加宽,用半旱桥式挡土墙加固外边坡,如图1-1-1所示,然而,其内边坡高崖上还有多处风化裂隙,崩塌的隐患仍然存在。

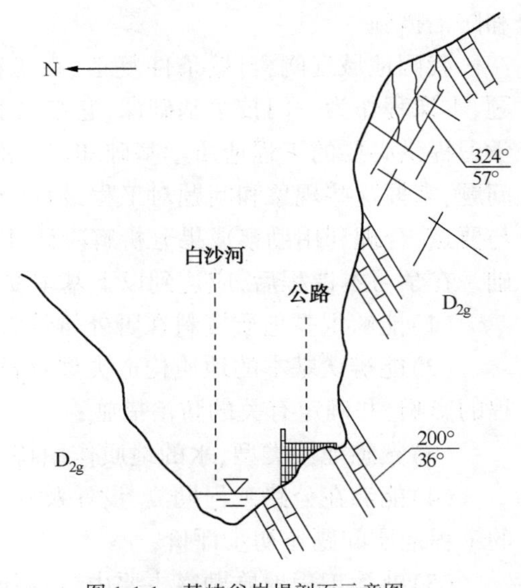

图1-1-1 某峡谷崩塌剖面示意图

二、工程地质学的研究内容与任务

工程地质学主要研究人类工程活动与地质环境(工程地质条件)之间的相互作用。它的主要任务是把地质科学应用于工程实践，通过工程地质调查、勘探等方法，评价工程建筑场地的工程地质条件，预测在工程建筑物作用下地质条件可能发生的变化，选择最佳的建筑场地，提出克服不良地质条件应采取的工程措施，从而为保证建筑工程的合理设计、顺利施工、正常使用提供可靠的地质科学依据。

一般认为，工程地质学由以下三个基本部分组成：

(1)工程岩土学——研究岩土的工程地质性质、内在机理及其在天然或人为因素影响下的变化规律。

(2)工程地质分析——运用地质学的基本原理去分析、研究工程活动中不同建筑物的主要工程地质条件、力学机制及其发展演化规律，以正确评价和有效防治其不良影响。

(3)工程地质勘察——采用地质手段查明有关工程活动中的地质条件并研究查明工程地质条件的方法和手段。

上述工程地质学的基本内容都是以地质学作为理论基础的，所以一般都编入了“基础地质知识”这一部分，如果没有地质学基础知识的铺垫是无法学好“工程地质”这门课程的。

三、本课程的学习要求

一般来说，进行公路工程建设时，地质工作主要由专业地质人员进行。但作为公路工程师，只有在具备必要的工程地质的基本知识，对工程地质勘察的任务、内容和方法有较全面的了解，才能正确地提出勘察任务和要求，才能正确应用工程地质勘察成果和资料，全面理解和综合考虑拟建工程建筑场地的工程地质条件，并进行工程地质问题分析，提出相应对策和防治措施。

我国地域辽阔，自然条件复杂，在工程建设中常常遇到各种各样的自然条件和地质问题，本课程作为一门技术基础课，它结合我国自然地质条件与路桥工程特点，为专业课程的学习提供必要的工程地质学基础知识。通过学习使学生了解工程建设中的工程地质现象和问题，掌握这些现象和问题对工程设计、施工和使用各阶段的影响；了解工程地质勘察内容与要点，合理利用勘察成果分析解决设计和施工中的地质问题，为今后从事实际工作打下基础。在学习本课程后，应达到以下基本要求：

(1)能够根据地质资料在野外辨认常见的岩石，了解其主要的工程性质；

(2)能辨认基本的地质构造类型及较明显的、简单的地质灾害现象，掌握它们对公路工程的影响，并确定有关的防治措施；

(3)熟悉地貌类型、水的地质作用特征及其对公路建设的影响；

(4)能够在公路工程勘测、设计及施工中懂得搜集和应用有关的工程地质资料，对一般的工程地质问题作初步评价；

(5)熟悉工程地质勘察主要内容、不同阶段勘察的要点；学会阅读和分析常用的工程地质及水文地质资料(地质勘察报告书及地质图等)。

本课程的理论性与实践性都很强，因此，要学好这门课程，首先要牢固掌握基本概念、基本理论，在此基础上要重视工程实践的应用。在教学中应运用辩证唯物主义观点，由浅入深，循序渐进，尽量采用现代化教学手段进行。为了增强学生的感性认识，加强实践性教学，应安排适当的试验课和野外地质实习，以巩固和印证课堂所学的理论知识，提高学生实际动手能力。通过理论与实践的紧密结合,为完成路桥工程勘测、设计和施工打下工程地质方面的坚实基础。

单元2　公路工程基本知识

一、公路的基本组成

公路是一个空间带状建筑物,由各种各样的构造物组成,根据各构造物的特点、用途,公路工程一般可以划分为路基工程、路面工程、隧道工程、桥梁工程、互通立交工程、交通安全设施、环保工程、机电工程等,如图1-2-1所示。下面重点介绍路基工程和路面工程。

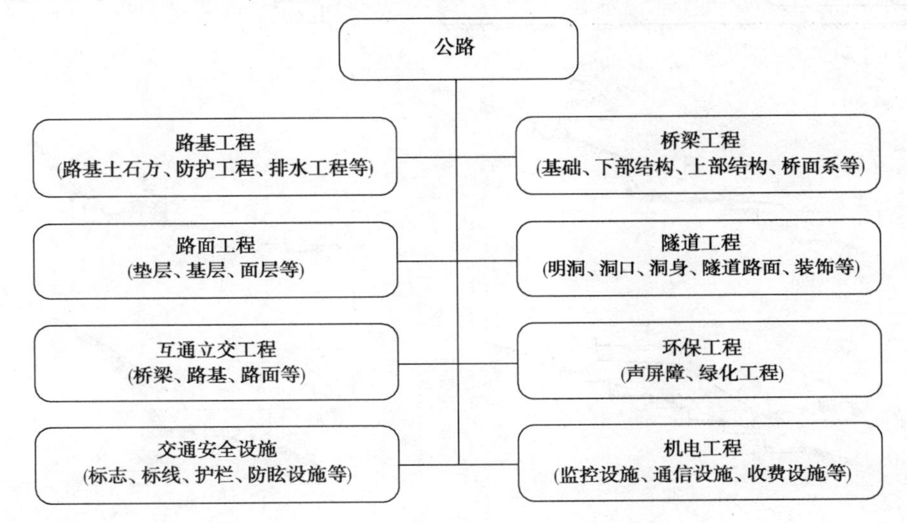

图1-2-1　公路基本组成

1.路基工程

路基是按照路线位置和一定技术要求修筑的作为路面基础的带状构造物,它承受由路面传递下来的行车荷载,贯穿公路全线,与桥梁、隧道相连,构成公路的整体。由于路基是行车部分的基础,设计时必须保证其稳定、坚实并符合规定的尺寸,以承受汽车和自然因素的作用。为确保路基稳定,不受自然水的侵蚀,公路还应修建排水结构物。排水结构物有地面排水设施和地下排水设施两类。地面排水设施如边沟、截水沟、排水沟、桥涵等,地下排水设施如渗沟、渗井、暗沟等。防护工程是为保证路基稳定或行车安全所修筑的工程设施,如挡土墙、护坡、护栏等。

公路路基工程实体是一个空间带状工程,设计和施工中可用断面图表示。路基断面形式一般有路堤、路堑、半填半挖三种,如图1-2-2所示。

2.路面工程

路面是用各种筑路材料铺筑于路基顶面的单层或多层供汽车直接行驶的层状结构物。通常,路面由垫层、基层和面层三部分组成。

路面按其使用品质、材料组成和结构强度可有高级、次高级、中级和低级之分。按其力学性质可分为柔性路面和刚性路面两大类。路面常用材料有沥青、水泥、碎(砾)石、砂和黏土等。

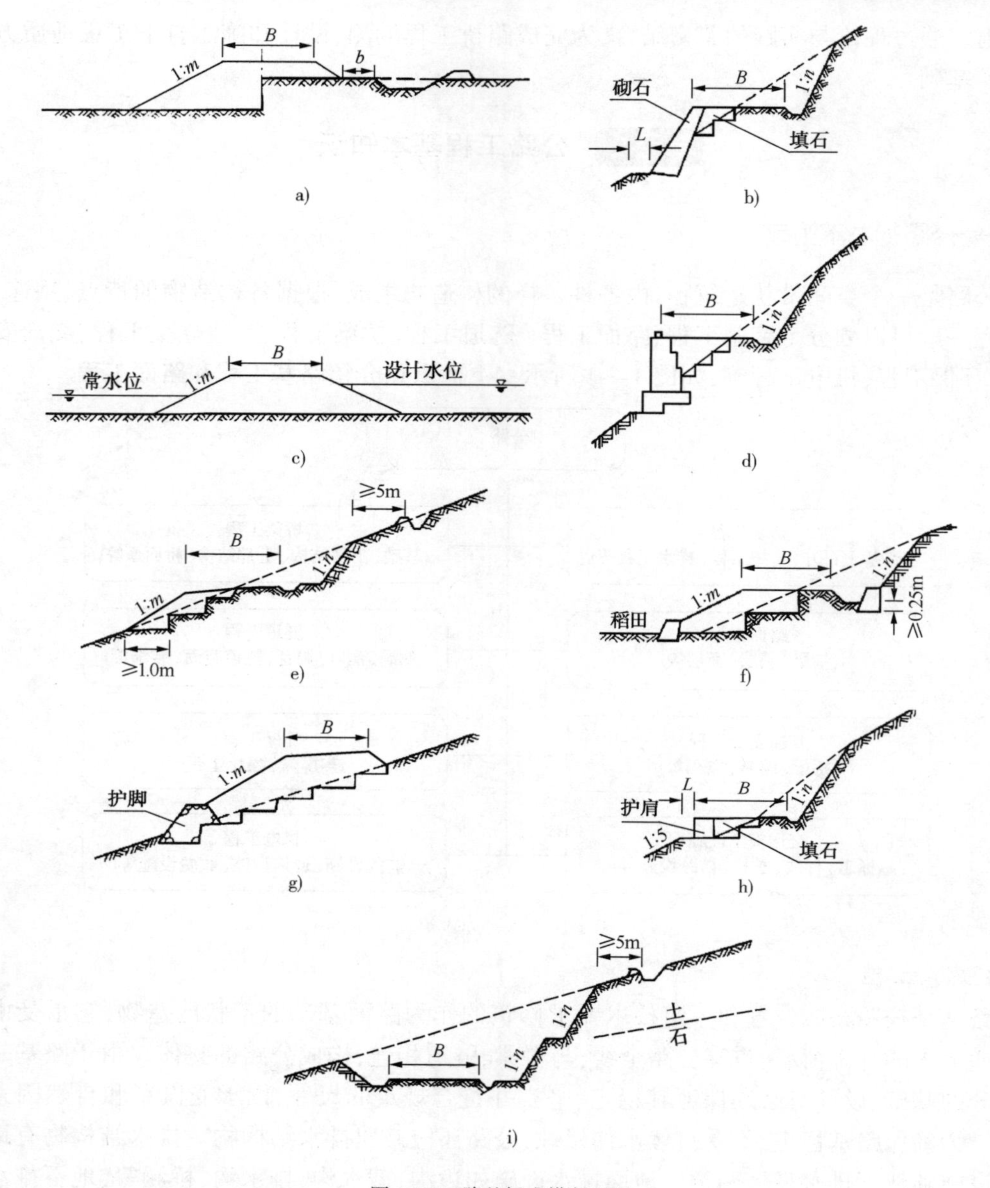

图 1-2-2　路基标准横断面图

a)一般路堤；b)砌石路基；c)沿河路堤；d)挡土墙路基；e)半填半挖路基；f)矮墙路基；g)护脚路基；h)护肩路基；i)挖方路基

路面结构按各层位置和功能、材料的不同，可分为面层、基层和垫层。各层根据需要又可详细划分，如面层可分为上面层、中面层、下面层，基层又可分为上基层、中基层和底基层，如图 1-2-3 所示。

面层是直接同行车和大气接触的表面层次，它承受较大的行车荷载的垂直力、水平力和冲击力的作用，同时还受到降水的浸蚀和气温变化的影响，因此与其他层次相比，面层应具有较高的结构强度、抗变形能力，较好的水温稳定性，而且应当耐磨、耐久和不透水；其表面还应有良好的抗滑性和平整度。

基层主要用来承受由面层传来的车辆荷载的垂直力，并将力扩散到下面的垫层和土基中去。基层类型可归纳为三大类：第一类是整体型基层，这类基层亦称为半刚性基层，通常指稳定土类，如石灰稳定土基层、水泥稳定土基层、石灰粉煤灰稳定土基层、石灰或水泥稳定工业废渣基层、水泥稳定碎砾石基层等；整体型基层强度通常是由离子交换作用、结晶作用和碳化作用等化学作用形成，因此，其最大的优点是力学强度高、板体性好，最大的缺点是容易产生干缩或冷缩裂缝。第二类是嵌锁型基层，通常指填隙碎石基层、干压碎石基层等，其强度构成原则上是由材料颗粒之间的嵌挤和锁结作用形成的。第三类是级配型基层，如级配碎石基层、级配砾石基层等，其强度构成原则是密实级配原则，主要是由材料的摩阻力和黏结力产生的强度。

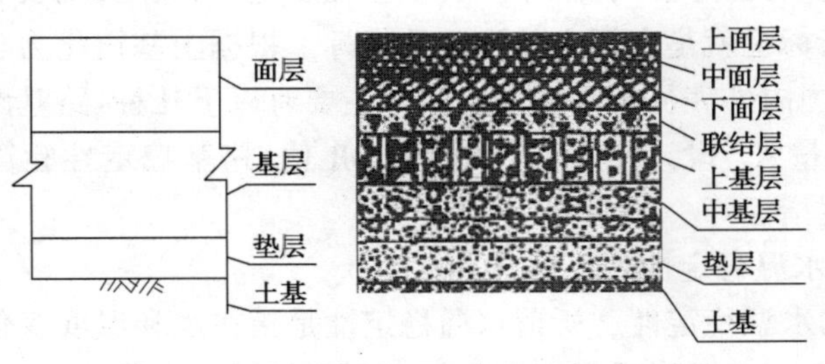

图 1-2-3　路面结构及其层次划分

垫层介于土基和基层之间，它的功能一方面是改善土基的湿度和温度状况，以保证面层和基层的强度、刚度和稳定性不受土基水文状况所造成的不良影响，另一方面的功能是将基层传递来的车辆荷载应力加以扩散，以减少土基产生的应力和变形；同时也能阻止路基土挤入基层而影响路基结构性能。垫层一般采用水稳定性和隔温性好的材料修筑。常用的垫层材料分为两类，一类是由松散粒料（如砂、砾石、炉渣等）组成的透水性垫层；另一类是用水泥或石灰稳定土等修筑的稳定土类垫层。需要指出的是，垫层的设置是有条件的，只有路面结构需要防冻、防污、隔水、排水时才考虑设置垫层，并非所有的路面结构都需要垫层。

二、路基路面工程设计与施工的主要内容

（一）对路基路面工程的基本要求

在路基路面工程中，要按照“路基稳定，基层坚实，面层耐用”的指导思想进行综合设计和施工。

1.对路基工程的基本要求

对路基的总体要求是：正常使用，不能损坏。路基破坏的原因可归纳为地质灾害、气象破坏和水的损坏。对路基的具体要求概括如下。

（1）具有足够的整体稳定性

路基设计和施工必须达到整体稳定坚固。所谓整体稳定是指路基在整个使用过程中，保持其设计并按要求施工后的整体形状和各部分尺寸不改变的性能，即在路基竣工后的使用过程中，不能发生各种破坏，或即使有轻微的破坏，其破坏的强度和幅度应在允许范围之内。

在路基设计和施工中，一般是针对路基的地质灾害、气象破坏和水的损坏采取相应的各

项技术措施。对路堤和路堑采取的措施通常是避让各种不良地质地段,如有困难可采取边坡防护或支挡工程等工程技术措施;对于高路堤或陡坡上的路堤,首先要进行稳定性验算后,再采取相应的措施;对于有可能影响路基稳定的水损坏,应做好必要的地面和地下排水设施;对沿河路基,要采取冲刷防护措施等;对于由气象破坏引起的路基损坏,如路基冻胀和翻浆等,要做好防止冻胀和翻浆的技术措施。

(2)具有足够的承载能力

路基的承载能力是指路基具有足够的强度和刚度,能够抵抗在车辆荷载作用下的变形和破坏能力。路基强度是指路基抵抗外力作用产生的变形和破坏的能力,这里主要指抵抗变形的能力。在一定应力作用下,变形越大,土基强度越低;反之,则表明土基强度越高。

土的力学性质指标也就是表征土基强度的指标。根据土基简化力学模型的不同以及土体破坏原因的不同,国内外表征土基强度的指标主要有以下几种:路基路面设计中常用弹性模量 E_0、土基反应模量 K_0、设计和施工并用的 CBR 值、路基稳定性验算和挡土墙设计中土压力计算的抗剪强度指标等。

(3)具有足够的水温稳定性

路基要有良好的水温稳定性。所谓水温稳定性是指在水和温度变化作用下保持整体稳定和承载能力,强度不至于下降或强度变化幅度不得超过允许范围。

路基在地面水和地下水作用下,其强度将显著降低。特别是在季节性冰冻地区,由于水温状况的变化,路基将发生周期性冻融作用,使路基强度急剧下降。因此,对路基不仅要求其具有足够的强度,而且还应保证在最不利的水温状况下,强度不至于显著地降低,以使路面处于正常稳定状态。

2.对路面工程的基本要求

对路面工程总的要求是能够承载,不宜变形,不得破坏,利于行车。对路面的具体要求如下。

(1)路面结构强度高、稳定、坚实且耐久

路面结构强度高、稳定、坚实且耐久是针对路面直接承受车辆荷载和自然因素影响所造成的疲劳断裂、塑性变形累计和表面磨损而提出的技术要求。

路面结构的强度是指路面抵抗变形的能力。从广义上讲,路面强度应有各层强度和整体强度之分。归纳目前国内外表达路基路面整体强度的方法不外乎两种:一种是一定变形下的荷载(如国外的 CBR 值);另一种是一定荷载下的变形(如我国的回弹弯沉)。

路面结构稳定性是指路面结构在自然因素作用下保持强度和完好性的能力,即强度降低的幅度不能太大或超过允许范围。这是因为路面直接暴露在大气中,因自然界有水圈和水循环,故路面稳定性受自然因素影响较大。大量试验证明:路基与路面材料随温度和湿度变化而导致路基路面材料和结构的体积、几何性质和物理性质变化,即随温度升降和湿度变化而引起的胀缩,致使强度和刚度大幅度降低。气温的周期性变化,导致不同时期和不同温度路面材料和结构的胀缩不同,当受到约束不能释放时,就产生温度应力和湿度应力,该应力往往引起路面出现早期破坏,这些因素使得设计和施工复杂化。目前,对路面结构的水温稳定性的评判方法是模拟自然因素作用做强度对比试验,如水泥稳定土或石灰稳定土基层的冻融循环试验等。

(2)路面表面平整、抗滑性好且耐磨

针对路面高速、安全、舒适行车的要求,提出了路面表面平整、抗滑和耐磨性能指标。抗滑性目前用构造深度和专门的抗滑试验测定,平整度使用3m直尺或平整度测定仪测定。路面的抗滑性一般是通过选择面层材料的质量和规格来控制,耐久性一般是采用一些新型结构等,如沥青路面采用的SMA等路面结构,并通过混合料的车辙试验来控制。

(二)路基路面工程设计的主要内容

1.路基工程设计的主要内容

路基工程设计的主要内容包括路基的各部分组成、路基断面形式、路基宽度和高度、边坡坡率、路基防护、路基挡土墙、路基排水设计理论和设计方法。

2.路面工程设计的主要内容

(1)路面的分层与各层技术指标

路面结构的基本层次是由面层、基层、垫层组成的。路面的分层与各层技术指标是指在设计中,根据地理、地质、土质、荷载、气候等情况,设计路面总共安排几个层次,面层是否安排上层、中层和下层,基层是否安排上基层、中基层和底基层,是否设置垫层等。每层采用何种材料,分别采用何种技术指标等。

(2)各层材料的选择和组成设计

当各层选定后,确定控制指标分别取样试验,确定出合格的料场和原材料生产厂家,并对混合料的理论配合比、试验配合比(或目标配合比)、施工配合比进行设计。

(3)路面的分层和结构组合设计

路面分层结构设计是指确定哪一种(或几种)面层与哪一种(或几种)基层(或底基层)及哪一种垫层(当有必要设置垫层时)组合起来,最能有效地抵抗自然因素和车辆荷载的作用,而且是经济合理的。结构组合设计实际上是对各层的层位安排。

(4)路面厚度计算与应力验算

在设计路面厚度前,首先应确定路面的合理宽度。归纳世界各国路面厚度计算的方法不外乎两种,即理论法和经验法。我国采用的是理论法。对柔性路面的设计,通常采用弹性层状体系理论模型上承受的双圆荷载图式下的帕斯瓦尔斯公式的理论结果进行设计。过去采用弹性层状体系理论三层体系解算的诺莫图的图算法,目前借助计算机程序计算,可以算到15层。值得注意的是,厚度计算只能在拟定各层厚度并满足路面整体强度要求的前提下,计算出其中一层的厚度。显然,各层的厚度拟定必须科学合理,否则路面厚度计算毫无意义。

(5)路面内、外排水与路拱设计

为迅速排除路面积水,防止车辆在湿滑的路面上高速行车打滑和发生水垫现象,路面表面应做成中间高、两边低的按一定形状过渡的表面拱形,称为路拱。常用路拱形状有抛物线形以及折线叠加圆弧线形两种形式。设计时,要确定合适的路拱方程及断面控制点高程。另外,有时根据需要常常做路面结构层内部排水设施,同时也要做好相应的设计。

(三)路基路面工程施工的主要内容

施工单位接受施工任务后,依次经历开工前的规划组织准备阶段和现场条件准备阶段、正式施工阶段、竣工验收阶段等,按设计要求完成施工任务。各施工阶段的相互关系如图

1-2-4所示，对于不同规模、不同性质的具体工程项目，各阶段的工作内容不尽相同。

为确保工程的施工质量，几乎所有土木工程的施工，都要做好下述几个方面的工作：

(1)施工准备充分；
(2)施工组织合理；
(3)工程定位正确；
(4)施工尺寸准确；
(5)各部高程合适；
(6)工程用料合格；
(7)施工程序得当；
(8)施工工艺精湛；
(9)质量检查及时；
(10)确保施工安全；
(11)保护景观环境；
(12)合同承诺有效。

在路面工程施工中，通常有针对表观、外形和尺寸的控制和内在质量控制两个核心环节。因此要严格按照工程施工的上述十二项要求，合理组织工、料、机，有序安排各工序，严格控制原材料，正确把握各工艺。

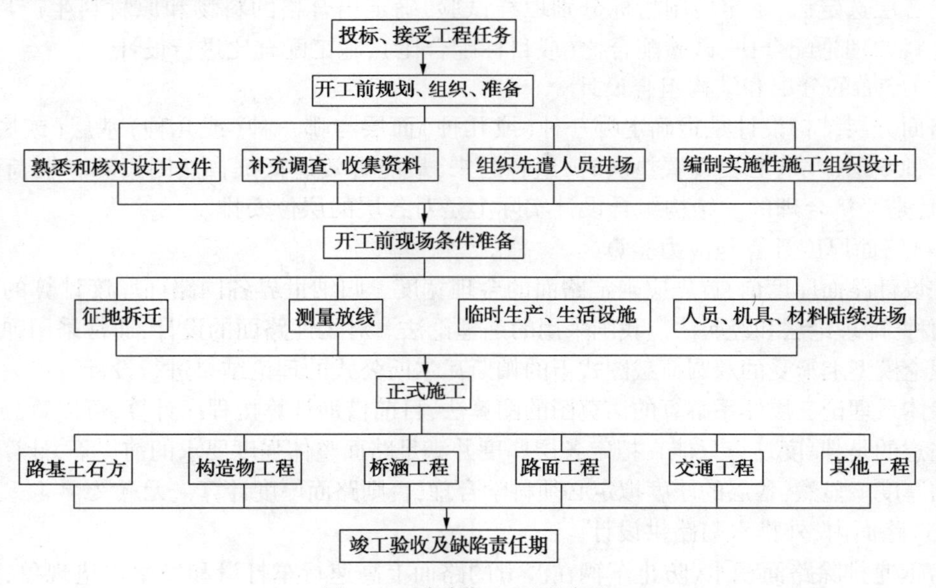

图1-2-4　公路施工过程示意图

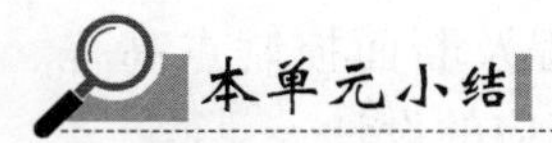

本单元小结

工程地质学是运用地质学的基本理论和知识，解决工程建设中各种工程地质问题的一门学科。通过工程地质调查、勘探等方法，评价工程建筑场地的工程地质条件，预测在工程建筑物作用下地质条件可能发生的变化，选择最佳的建筑场地，提出克服不良的地质条件应采取的工程措施，为保证公路工程的合理设计、顺利施工、正常使用提供可靠的地质科学依据。

模块二 工程地质勘察

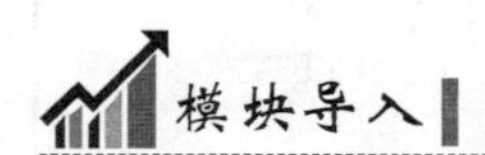

模块导入

在人类的工程活动中，凡规模较大的工程，都必须对建筑场地的工程地质条件进行调查、研究，以求达到合理设计、安全施工、正常使用的目的。工程地质勘察主要是查明工程地质条件，分析存在的工程地质问题，对建筑地区作出工程地质评价。

公路工程建筑在地壳表面，是一种延伸很长的线形建筑物，通常要穿越许多自然地质条件不同的地区。为了正确处理公路工程建筑与自然地质条件的关系，充分利用有利条件，避免或改造不利条件，需要进行公路工程地质勘察，查明建设地区的工程地质条件，并结合工程设计、施工条件、地基处理、开挖、支护等工程的具体要求，进行技术论证和评价，提出岩土工程施工的指导性意见，为设计、施工提供依据，服务于工程建设。

学习目标

【能力目标】 能够依据工程地质勘察规范，准确识读工程地质勘察报告。

【知识目标】

1.认识工程地质勘察的内容和方法；

2.熟悉初步设计阶段的工程地质勘察；

3.熟悉施工图设计阶段的工程地质勘察；

4.认识不良地质工程勘察要求的内容。

【素质目标】 在简单地质勘察过程中，具有表达勘察内容和方法的能力；在分组学习和互评过程中锻炼沟通和协作能力。

单元1 公路工程地质勘察

教学过程设计

教学过程	课堂活动	时间	方法手段	资源
引入	简介某公路项目的地质勘察报告	5min	1.多媒体讲授； 2.案例教学； 3.分组讨论； 4.学生互评	1.工程案例； 2.学习手册； 3.板书； 4.PPT
教学过程组织	1.请书写并记忆学习手册中知识评价内容。 2.介绍公路工程地质勘察的内容。 3.介绍公路工程地质勘察的方法。 4.熟悉地质勘察资料所包括的内容。 5.学生活动——认识地质勘察报告。 (1)学生每7~8人一组，共分4组； (2)每组分析勘察报告内容并提交报告提纲； (3)教师提问并总结。 6.总结	5min 5min 5min 5min 15min 5min		

一、公路工程地质勘察任务

公路是陆地交通运输的干线之一，桥梁是公路跨越河流、山谷或不良地质现象发育地段等而修建的构筑物，它们是公路选线时考虑的重要因素之一。作为既是线形建筑物，又是表层建筑物的公路和桥梁，往往要穿越许多地质条件复杂的地区和不同的地貌单元，公路的结构复杂。在山区路线中，塌方、滑坡、泥石流等不良地质现象对它们构成威胁，而地形条件又是制约路线的纵坡和曲率半径的重要因素。

道路的结构由三类建筑物所组成：第一类为路基工程，它是路线的主体建筑物（包括路堤和路堑等）；第二类为桥隧工程（如桥梁、隧道、涵洞等），它们是为了使路线跨越河流、深谷、不良地质现象和水文地质复杂地段，穿越高山峻岭或使路线从河、湖、海底下通过；第三类是防护建筑物（如护坡、挡土墙、明洞等）。在不同的路线中，各类建筑物的比例也不同，主要取决于路线所经过地区工程地质条件的复杂程度。

工程地质勘察是为满足工程设计、施工、特殊性岩土和不良地质处治的需要，采用各种勘察技术、方法，对建筑场地的工程地质条件进行综合调查、研究、分析、评价以及编制工程地质勘察报告的全过程。公路工程地质勘察的任务，包括以下几项：

(1)查明建筑场地的工程地质条件，以便合理选择建筑物和选择路线或隧洞的位置，并提出建筑物的布置方案、类型、结构和施工方法的建议。

(2)查明影响建筑物地基岩体稳定等方面的工程地质问题，并为解决这些问题提供所需要的地质资料。

(3)预测建筑物在施工和使用过程中，由于工程活动的影响或自然因素的改变可能产生的新的工程地质问题，并提出改善不良地质条件的建议。

(4)查明工程建设所需的各种天然建筑材料的产地、储量、质量和开采运输条件。

工程地质勘察应分阶段进行，必须与设计、施工紧密配合。公路工程地质勘察按工程开发的工作程序，可分为预可行性研究阶段工程地质勘察（简称预可勘察）、工程可行性研究阶段工程地质勘察（简称工可勘察）、初步设计阶段工程地质勘察（简称初步勘察）和施工图设计阶段工程地质勘察（简称详细勘察）四个阶段。不同的测设阶段，对工程地质勘察工作有不同的要求，在广度、深度和重点等方面是有差别的。在立项阶段，应结合工程项目的预可行性研究和工程可行性研究分别进行预可勘察和工可勘察。在设计阶段，对工程技术简单、方案明确、工程地质条件不复杂的小型工程建设项目，可采用一阶段勘察，即详细勘察；对技术难度大、工程地质条件复杂的建设项目应进行两阶段工程地质勘察，即初步勘察和详细勘察。工程地质条件复杂程度可按表2-1-1划分。

工程地质条件复杂程度表 表2-1-1

复杂程度	工程地质特征（符合下列条件之一者）
简单	地形地貌简单；岩土种类单一，性质变化不大，基岩面平缓；特殊性岩土和不良地质不发育；抗震有利地段；地下水对工程无影响，水文地质条件简单
较复杂	地形地貌较复杂；岩土种类较多，性质变化较大，基岩面起伏变化较大；特殊性岩土和不良地质较发育；抗震不利地段；地下水对工程有影响，水文地质条件较复杂
复杂	地形地貌复杂；岩土种类多，性质变化大，基岩面起伏变化剧烈；特殊性岩土和不良地质强烈发育；抗震危险地段；地下水对工程有显著影响，水文地质条件复杂

二、公路工程地质勘察的内容

（一）新建公路工程地质勘察的内容

1.路线工程地质勘察

路线工程地质勘察主要查明与路线方案及路线布设有关的地质问题。选择地质条件相对良好的路线方案，在地形、地质条件复杂的地段，重点调查对路线方案与路线布设起控制作用的地质问题，确定路线的合理布设。

2.路基、路面工程地质勘察

路基、路面工程地质勘察亦称沿线地质土质调查。在初测、定测阶段，根据选定的路线位置，对中线两侧一定范围的地带进行相应的工程地质勘察，为路基路面的设计与施工提供工程地质和水文地质资料。

3.桥涵工程地质勘察

按初勘、详勘阶段的不同深度要求，进行相应的工程地质勘察，为桥涵的基础设计提供地质资料。大、中桥桥位多是路线布设的控制点，常有比较方案。因此，桥梁工程地质勘察一般包括两项内容：一是对各比较方案进行调查，配合路线、桥梁专业人员，选择地质条件比较好的桥位；二是对选定的桥位进行详细的工程地质勘察，为桥梁及其附属工程的设计和施工提供所需要的地质资料。

4.隧道工程地质勘察

隧道多是路线布设的控制点且影响路线方案的选择。隧道工程地质勘察通常包括两项内容：一是隧道方案与位置的选择，包括隧道与展线或明挖的比较；二是隧道洞口与洞身的勘察。

5.特殊地质、不良地质地区（地段）的工程地质勘察

特殊地质及不良地质现象，往往影响路线方案的选择、路线的布设与构造物的设计，在视查、初测、详测各阶段应将其作为重点，进行逐步深入的勘测，查明其类型、规模、性质、发生原因、发展趋势和危害程度，提出绕越根据或处理措施。

6.天然筑路材料工程地质勘察

修建公路需要大量的筑路材料，其中绝大部分都是就地取材，如石料、砂、黏土、水等。这些材料质量的好坏和运输距离的远近，直接影响工程的质量和造价，有时还会影响路线的布局。筑路材料勘察的任务是充分发掘、改造和利用沿线的一切就近材料，对分布在沿线的天然筑路材料和工业废料，按初勘和详勘阶段的不同深度进行勘察，为公路设计提供筑路材料的资料。

（二）改建公路工程地质勘察内容

改建公路工程地质勘察应在已建项目工程地质勘察资料的基础上，查明公路沿线及各类构筑物建设场地的工程地质条件，充分收集和研究已建项目的勘察、设计、施工和运营期的各项资料，结合路线及沿线各类构筑物的设计，采用工程地质调绘、钻探、物探、原位测试等手段进行综合勘察。公路工程地质勘察报告应充分利用勘察取得的各项基础资料，在综合分析的基础上结合沿线各类构筑物的工程设计进行编制，并满足改建工程设计要求。

三、公路工程地质勘察的方法

公路工程地质勘察的方法主要有：工程地质调绘、工程地质勘探和工程地质试验等。

1.工程地质调绘

工程地质调绘是工程地质勘察工作中最为根本的一项工作。它是通过现场观察、量测和描述，对工程建设场地的工程地质条件进行调查研究，并将有关的地质要素以图例、符号表示在地形图上的勘察方法。工程地质调绘应与路线及沿线工程结构相结合，为路线方案比选、工程场地选址以及勘探、测试工作量的拟定等提供依据。

工程地质调绘应沿路线及其两侧的带状范围进行，调绘宽度应满足工程方案比选及工程地质分析评价的要求。工程地质调绘点可布置在地貌单元的边界、地层接触线、断层、地下水出露点、特殊性岩土及不良地质体的界线、具有代表性的节理和岩层露头及大桥、特大桥、长隧道、特长隧道、高填深挖路段等部位。

2.工程地质勘探

在工程地质勘察过程中，当露头不好，不能判别地下隐蔽的地质情况时，可采用工程地质勘探。此项工作一般在工程地质调绘的基础上，为查明工程地质条件，采用钻探、物探和坑（槽、硐）探等综合方法进行，见表 2-1-2。采用的勘探方法及勘探工作量应根据现场地形地质条件、工程结构设置、勘探的目的和要求等综合确定。

工程地质勘探方法 表 2-1-2

(1)挖探:是工程地质勘探中最常用的一种方法,它是用人工或机械的方式进行挖掘坑、槽,以便直接观察岩土层的天然状态以及各地层之间接触关系等地质结构,并能取出接近实际的原状结构土样,该方法的特点是地质勘察人员可以直接观察地质结构细节,准确可靠,且可不受限制地取得原状结构试样,因此对研究风化带、软弱夹层、断层破碎带有重要的作用,常用于了解覆盖层的厚度和特征。它的缺点是可达的深度较浅,且易受自然地质条件的限制	
(2)简易钻探:是公路工程地质勘探中经常采用的方法。其优点是体积小,操作简便,进尺较快,劳动强度小;缺点是不能采用原状土样,在密实或坚硬地层内不易钻进或不能使用。常用的简易钻探工具有洛阳铲、锥探和小螺纹钻等,其中小螺纹钻是用人工加固回转转进的,适用于黏性土地层,采取扰动土样,钻进深度小于6m	
(3)钻探:是工程地质勘察中极为重要的手段,但它在整个工程地质勘察投资中的费用往往很大。因此,工程地质人员在勘察工作中应有效地使用钻探并合理布置其工作量,尽可能地取得详细准确的资料。钻探工作应在调绘和物探的基础上进行,按勘察阶段、工程规模、地质条件复杂程度,有目的、有计划地布置勘探线、网,一般按先近后远、先浅后深、先疏后密的原则进行	
(4)物探:是利用专门仪器测定岩层物理(如岩层的导电性、弹性、磁性、放射性及密度等)参数,通过分析地球物理场的异常特征,再结合地质资料,便可了解地下深处地质体的情况	

3.工程地质试验

工程地质试验是取得工程设计所需的各项计算指标数值的重要手段和依据,是对土石工程性质进行定量评价时必不可少的方法。

工程地质调查测绘与勘探工作,只能对土石的工程性质进行定性的评价,要进行准确的定量评价必须通过试验。工程地质试验分为室内试验和野外试验两种。室内试验是通过仪器对采集的样品进行测试、分析,取得所需数据;为研究岩土体的工程特性,在现场原地层中进行的有关岩土体物理力学指标的各种测试方法的总称为野外试验,亦称原位测试。

四、勘察资料的内业整理

工程地质勘察过程中,对外业的调绘、勘探和试验等成果资料,应及时整理,绘制草图,以便随时指导补充、完善野外勘察工作。勘察末期,应系统、全面地综合分析全部资料,以修改补充勘察中编绘的草图,然后编制正式的文字报告和图件等,为规划、设计、施工部门提供应用和参考,它们是最重要的基础资料。

在工程地质勘察的基础上,根据勘测设计阶段任务书的要求,结合各工程特点和建筑区工程地质条件,编写工程地质勘察报告书。它是整个勘察工作的总结,内容力求简明扼要、清楚实用、论证确切,并能正确全面地反映当地的主要地质问题。

公路工程地质勘察报告包括总报告和工点报告,总报告和工点报告均应由文字说明和图表部分组成。应根据任务要求、勘察阶段、地质条件、工程特点等具体情况确定报告内容,表 2-1-3 是某公路工程地质详细勘察报告(内容目录)示例,总报告文字说明应包括下列内容:

某公路工程地质详细勘察报告(内容目录)　表 2-1-3

目　录	图表资料
第一章　勘察概况	1.图例与符号
第一节　工程概况	2.全线工程地质综合平面图
第二节　勘察目的与要求	3.工程地质纵断面图
第三节　勘察工作执行及参照的技术规范、规程	4.工程地质柱状图
第四节　工作概况及完成的工作量	5.十字板剪切试验成果图表
第五节　勘察手段与方法	6.全线工作量及勘探点数据一览表(附表 1)
第六节　利用资料	7.全线各岩土层厚度、埋深、高程统计表(附表 2)
第二章　区域工程地质条件	8.全线各岩土层标准贯入试验成果统计表(附表 3)
第一节　气象、水文	9.全线各岩土层土工试验统计表(附表 4)
第二节　地形、地貌	10.全线软土三轴剪切试验统计表(附表 5)
第三节　水文地质条件	11.全线岩石抗压强度试验统计表(附表 6)
第四节　地层岩性	12.全线各砂土层统计及判别(附表 7)
第五节　地质构造与地震	13.沿线不良地质与特殊性岩土一览表(附表 8)
第三章　线路工程地质特征	14.土工试验报告
第一节　岩土分层及其特征	15.岩石抗压强度试验报告
第二节　岩土分类及土石可挖性分级	16.水质分析报告
第三节　沿线不良地质、特殊性岩土及其评价	17.三轴剪切试验
第四章　环境工程地质	18.固结试验成果
第五章　天然建筑材料	19.固结曲线
第六章　路基工程地质评价	20.颗粒分析试验
第一节　路基工程概况	21.无侧限抗压强度试验
第二节　基础类型及参数	22.委托方提供《路线平面图》
第七章　涵洞基础类型建议	23.岩芯彩色照片
第一节　涵洞工程概况	
第二节　涵洞基础类型建议	
第八章　桥梁工程地质评价	
第一节　结论	
第二节　对下一步工作的建议	

(1)前言:任务依据、目的与任务、工程概况、执行的技术标准、勘察方法及勘察工作量布置情况、勘察工作过程等。

(2)自然地理概况:项目所处的地理位置、气象、水文和交通条件等。

(3)工程地质条件:地形地貌、地层岩性、地质构造,岩土的类型、性质和物理力学参数、新构造运动、水文地质条件、地震与地震动参数,不良地质和特殊性岩土的发育情况、建筑材料等。

(4)工程地质评价与建议:包括公路沿线水文地质及工程地质条件评价,工程建设场地的稳定性和适宜性评价,不良地质与特殊性岩土及其对公路工程的危害和影响程度评价,环境水或土的腐蚀性评价,岩土物理力学性质及其设计参数评价,工程地质结论与建议等。

总报告图表应包括路线综合工程地质平面图、路线综合工程地质纵断面图、不良地质和特殊性岩土一览表等。

对于路基、桥梁、涵洞、隧道、路线交叉、料场、沿线设施等独立勘察对象,应编制工点报告。

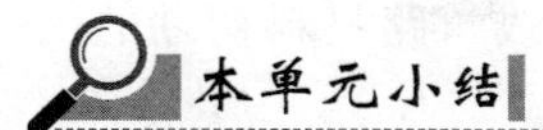

本单元小结

1.工程地质勘察的任务主要是查明建筑场地的工程地质条件,预测建筑物在施工和使用过程中,由于工程活动的影响或自然因素的改变可能产生的新的工程地质问题,并提出改善不良地质条件的建议。

2.公路工程地质勘察按工程开发的工作程序,可分为预可行性研究阶段工程地质勘察(简称预可勘察)、工程可行性研究阶段工程地质勘察(简称工可勘察)、初步设计阶段工程地质勘察(简称初步勘察)和施工图设计阶段工程地质勘察(简称详细勘察)四个阶段。

3.工程地质勘察方法主要有:工程地质调绘、工程地质勘探和工程地质试验等。

单元2 初步勘察

教学过程设计

教学过程	课 堂 活 动	时间	方法手段	资 源
引入	简介某公路项目的初勘报告	5min		
教学过程组织	1.请书写并记忆学习手册中知识评价内容。 2.介绍初勘的内容和勘察方法。 3.介绍公路路线初勘。 4.学生活动——认识路线初勘。 (1)学生每7~8人一组,共分4组; (2)每组分析初勘报告要求内容并提交报告提纲; (3)教师提问并总结。 5.熟悉公路一般路基初勘内容和方法。 6.学生活动——认识一般路基初勘。 (1)学生每7~8人一组,共分4组; (2)每组分析初勘报告要求内容并提交报告提纲; (3)教师提问并总结。 7.熟悉桥梁初勘内容和方法。 8.学生活动——认识桥梁初勘。 (1)学生每7~8人一组,共分4组; (2)每组分析初勘报告要求内容并提交报告提纲; (3)教师提问并总结。 9.熟悉天然建筑材料勘察。 10.总结	10min 5min 5min 15min 5min 15min 5min 15min 5min 5min	1.多媒体讲授; 2.案例教学; 3.分组讨论; 4.学生互评	1.工程案例; 2.学习手册; 3.板书; 4.PPT

初步勘察应基本查明公路沿线及各类构筑物建设场地的工程地质条件,为工程方案比选及初步设计文件编制提供工程地质资料。

初步勘察应与路线和各类构筑物的方案设计相结合,根据现场地形地质条件,采用遥感解译、工程地质调绘、钻探、物探、原位测试等手段相结合的综合勘察方法,对路线及各类构筑物工程建设场地的工程地质条件进行勘察。初步勘察应对工程项目建设可能诱发的地质灾害和环境工程地质问题进行分析、预测,评估其对公路工程和环境的影响。初步勘察工作的主要内容如表2-2-1所示。下面主要介绍路线、一般路基、桥梁和沿线筑路材料初勘的内容和方法。

初步勘察工作的主要内容　　表2-2-1

序号	主要内容
1	基本查明公路沿线的区域地质、水文地质和工程地质条件，为路线方案比选及重要工程选址提供水文地质及工程地质资料
2	基本查明各类构筑物建设场地和地基的地质条件，为选择构筑物的结构类型和地基基础方案设计提供地质资料
3	基本查明不良地质的类型、规模、分布、诱因、发展趋势，评价其对公路工程的影响程度和绕避的可能性，提供工程方案设计所需的地质资料
4	基本查明特殊性岩土的成因、类型、分布范围、厚度、地层结构，评价其对公路工程的影响程度和绕避的可能性，提供工程方案设计所需的地质资料
5	收集公路沿线地震动参数及地震安全性评价资料
6	对工程项目实施有可能诱发的地质灾害进行预测，研究其对公路工程的影响程度，并对重大地质问题开展专题研究
7	对工程建设场地的适宜性和优劣进行评价、比选，并提出工程地质意见和建议
8	基本查明沿线筑路材料的类别、料场位置、储量及开采条件
9	编制初步工程地质勘察报告

一、路线初勘

（一）初勘的主要内容

（1）地形地貌、地层岩性、地质构造、水文地质条件。

（2）不良地质和特殊性岩土的成因、类型、性质和分布范围。

（3）区域性断裂、活动性断层、区域性储水构造、水库及河流等地表水体、可供开采和利用的矿体的发育情况。

（4）斜坡或挖方路段的地质结构，有无控制边坡稳定的外倾结构面，工程项目实施有无诱发或加剧不良地质的可能性。

（5）陡坡路堤、高填路段的地质结构，有无影响基底稳定的软弱地层。

（6）大桥及特大桥、长隧道及特长隧道等控制性工程通过地段的工程地质条件和主要工程地质问题。

（二）工程地质勘察方法

1.工程地质调绘

（1）二级及以上公路，应进行路线工程地质调绘。三级及以下公路，当工程地质条件简单时，可仅作路线工程地质调查；当工程地质条件复杂或较复杂时，宜进行路线工程地质调绘。

（2）路线工程地质调绘的比例尺为1：2 000~1：10 000，视地质条件的复杂程度选用。

（3）路线工程地质调绘应沿路线及其两侧的带状范围进行，调绘宽度沿路线左右两侧的距离各不宜小于200m。

（4）对有比较价值的工程方案应进行同深度工程地质调绘。

2.工程地质勘探、测试

(1)隐伏于覆盖层下的地层接触线、断层、软土等对填土质量或工程设置有影响的地质界线、地质体,应辅以钻探、挖探、物探等予以探明。

(2)特殊性岩土应选取代表性试样测试其工程地质性质。

(三)路线初勘提供的资料

1.文字说明

应对各路线方案的水文地质及工程地质条件进行说明,并进行分析、评价,结合工程方案的论证、比选提出工程地质意见和建议,表2-2-2为某公路路线工程地质勘察报告(内容目录)示例。

某公路路线工程地质勘察报告(内容目录) 表2-2-2

目 录	图 表 资 料
1.0 序言	1. 工程地质图例
1.1 工程概况	2. 综合地层柱状图
1.2 勘察工作的目的、依据、起讫时间、完成的工作量	3. 路线工程地质平面图1:2 000
1.3 勘察工作的主要方法	4. 路线工程地质纵断面图:横1:2 000,竖1:500
2.0 自然地理	5. 工程地质横断面图1:400~1:1 000
2.1 地形、地貌	6. 路基工程地质条件分段说明表
2.2 交通、气候	7. 小桥、涵洞工程地质条件表
2.3 水文及河流	8. 道路交叉地质条件表
3.0 工程地质条件	9. 不良地质地段表
3.1 地层岩性	10. 沿线筑路材料料场表
3.2 地质构造与地震烈度	11. 高边坡(挖、填方)稳定性评价表
3.3 水文地质特征	12. 各类测试成果资料表
3.4 不良地质和特殊岩土	13. 勘探成果资料汇总表
4.0 岩土主要物理力学指标	14. 工程地质照片
5.0 筑路材料	
5.1 储量、质量及运输条件	
6.0 工程地质评价	
6.1 道路工程地质条件及主要问题与处理建议	
6.2 桥、隧主要场地工程地质评价	
6.3 填、挖方高边坡稳定性评价	

2.图表资料

1:2 000~1:10 000路线工程地质平面图,1:2 000~1:10 000路线工程地质纵断面图,勘探、测试资料,附图、附表和工程照片等。

二、一般路基初勘

(一)初勘的主要内容

一般路基初勘应根据现场地形地质条件,结合路线填挖设计,划分工程地质区段,分段基本查明下列内容。

(1)地形地貌的成因、类型、分布、形态特征和地表植被情况。

(2)地层岩性、地质构造、岩石的风化程度、边坡的岩体类型和结构类型。

(3)层理、节理、断裂、软弱夹层等结构面的产状、规模、倾向路基的情况。

(4)覆盖层的厚度、土质类型、密实度、含水状态和物理力学性质。

(5)不良地质和特殊性岩土的分布范围、性质。

(6)地下水和地表水发育情况及腐蚀性。

(二)工程地质勘察方法

1.工程地质调绘

一般路基工程地质调绘可与路线工程地质调绘一并进行;对工程地质条件较复杂或复杂,填挖变化较大的路段,应进行补充工程地质调绘,工程地质调绘的比例尺宜为1∶2 000。

2.工程地质勘探、测试

(1)勘探测试点的数量:工程地质条件简单时,每公里不得少于两个,做代表性勘探;工程地质条件较复杂或复杂时,应增加勘探测试点数量。

(2)勘探深度不小于2.0m,可选择挖探、螺纹钻进行勘探。当深部地质情况需进一步探明时,可采用静力触探、钻探、物探等进行综合勘探。

(3)勘探分层取样。粉土、黏性土应取原状样,取样间距为1.0m;砂土、碎石土取扰动样,取样间距为1.0m,可通过野外鉴定或原位测试判明其密实度。

(4)地下水发育时,应量测地下水的初见水位和稳定水位。

(5)室内测试项目可按《公路工程地质勘察规范》(JTG C20—2011)要求选用。

(三)一般路基初勘提供的资料

(1)一般路基可列表分段说明工程地质条件。当列表不能说明工程地质条件时,应编写文字说明和图表。

(2)文字说明:分段说明填、挖路段的工程地质条件;基底有软弱层发育的填方路段,应评价路堤产生过量沉降、不均匀沉降及剪切滑移的可能性;挖方路段有外倾结构面时,应评价边坡产生滑动的可能性。

(3)图表资料:1∶2 000工程地质平面图,1∶2 000工程地质纵断面图,1∶100~1∶400工程地质横断面图,1∶50~1∶200挖探(钻探)柱状图,岩土物理力学指标汇总表,水质分析资料,物探解释成果资料,附图、附表和照片等。

三、桥梁初勘

(一)桥梁初勘的主要内容

桥梁初勘应根据现场地形地质条件,结合拟定的桥型、桥跨、基础形式和桥梁的建设规模等确定勘察方案,基本查明下列内容。

(1)地貌的成因、类型、形态特征、河流及沟谷岸坡的稳定状况和地震动参数。

(2)褶皱的类型、规模、形态特征、产状及其与桥位的关系。

(3)断裂的类型、分布、规模、产状、活动性,破碎带宽度、物质组成及胶结程度。

(4)覆盖层的厚度、土质类型、分布范围、地层结构、密实度和含水状态。

(5)基岩的埋深、起伏形态,地层及其岩性组合,岩石的风化程度及节理发育程度。

(6)地基岩土的物理力学性质及承载力。

(7)特殊性岩土和不良地质的类型、分布及性质。

(8)地下水的类型、分布、水质和环境水的腐蚀性。

(9)水下地形的起伏形态、冲刷和淤积情况以及河床的稳定性。

(10)深基坑开挖对周围环境可能产生的不利影响。

(11)桥梁通过气田、煤层、采空区时,有害气体对工程建设的影响。

(二)工程地质调绘

(1)跨江、海大桥及特大桥应进行1:10 000区域工程地质调绘,调绘的范围应包括桥轴线、引线及两侧各不小于1 000m的带状区域。存在可能影响桥位或工程方案比选的隐伏活动性断裂及岩溶、泥石流等不良地质时,应根据实际情况确定调绘范围,并辅以必要的物探等手段探明。

(2)工程地质条件较复杂或复杂的桥位应进行1:2 000工程地质调绘,调绘的宽度沿路线两侧各不宜小于100m。当桥位附近存在岩溶、泥石流、滑坡、危岩、崩塌等可能危及桥梁安全的不良地质时,应根据实际情况确定调绘范围。

(3)工程地质条件简单的桥位,可对路线工程地质调绘资料进行复核,不进行专项1:2 000工程地质调绘。

(三)工程地质勘探、测试

1.勘探测试手段的选用

桥梁初勘应以钻探、原位测试为主,遇有下列情况时,应结合物探、挖探等进行综合勘探:

(1)桥位有隐伏的断裂、岩溶、土洞、采空区、沼气层等不良地质发育。

(2)基岩面或桩端持力层起伏变化较大,用钻探资料难以判明。

(3)水下地形的起伏与变化情况需探明。

(4)控制斜坡稳定的卸荷裂隙、软弱夹层等结构面用钻探难以探明。

2.勘探测试点的布置

(1)勘探测试点应结合桥梁的墩台位置和地貌地质单元沿桥梁轴线或在其两侧交错布置,数量和深度应能控制地层、断裂等重要的地质界线和说明桥位工程地质条件。

(2)特大桥、大桥和中桥的钻孔数量可按表2-2-3要求确定。小桥的钻孔数量每座不宜少于1个;深水、大跨桥梁基础及锚碇基础,其钻孔数量应根据实际地质情况及基础工程方案确定。

桥位钻孔数量表 表2-2-3

桥梁类型	工程地质条件简单	工程地质条件较复杂或复杂
中桥	2~3	3~4
大桥	3~5	5~7
特大桥	≥5	≥7

(3)基础施工有可能诱发滑坡等地质灾害的边坡,应结合桥梁墩台布置和边坡稳定性分

析进行勘探。

(4)当桥位基岩裸露,岩体完整,岩质新鲜,无不良地质发育时,可通过工程地质调绘基本查明工程地质条件。

3.勘探深度

(1)基础置于覆盖层内时,勘探深度应至持力层或桩端以下不小于3m;在此深度内遇有软弱地层发育时,应穿过软弱地层至坚硬土层内不小于1.0m。

(2)覆盖层较薄,下伏基岩风化层不厚时,对于较坚硬岩或坚硬岩,钻孔钻入微风化基岩内不宜小于3m;对于极软岩、软岩或较软岩,钻入未风化基岩内不宜小于5m。

(3)覆盖层较薄,下伏基岩风化层较厚时,对于较坚硬岩或坚硬岩,钻孔钻入中风化基岩内不宜小于3m;对于极软岩、软岩或较软岩,钻入微风化基岩内不宜小于5m。

(4)地层变化复杂的桥位,应布置加深控制性钻孔,探明桥位地质情况。

(5)深水、大跨桥梁基础和锚碇基础勘探,钻孔深度应按设计要求专门研究后确定。

4.钻探

(1)在粉土、黏性土地层中,每1.0~1.5m应取原状样1个;土层厚度大于或等于5.0m时,2.0m取原状样1个;遇土层变化时,应立即取样。

(2)在砂土和碎石土地层中,应分层采取扰动样,取样间距一般为1.0~3.0m;遇土层变化时,应立即取样,取样后应立即做动力触探试验。

(3)在基岩地层中,应根据岩石的风化等级,分层采取代表性岩样。

(4)当需要进行冲刷计算时,应在河床一定深度内取样做颗粒分析试验。

(5)遇有地下水时,应进行水位观测和记录,量测初见水位和稳定水位,并采取水样做水质分析。

5.工程地质试验和原位测试

(1)对砂土应做标准贯入试验,对碎石土应做重型动力触探试验。

(2)有成熟经验的地区,可采用静力触探、旁压试验、扁铲侧胀试验等方法评价地基岩土的工程地质性质。

(3)室内测试项目可按《公路工程地质勘察规范》(JTG C20—2011)的要求选用。

(4)钻探取芯、取样困难的钻孔,可采用孔内电视、物探综合测井等方法探明孔内地质情况。

(5)遇有害气体时,应取样测试。

(6)悬索桥、斜拉桥的锚碇基础,地下水发育时,应进行抽水试验。

（四）桥梁初勘应提供的资料

(1)对于地质条件简单的小桥,可列表说明其工程地质条件;对于特大桥、大桥、中桥、地质条件较复杂和复杂的小桥,应按工点编写文字说明和图表。

(2)文字说明:对桥位的工程地质条件进行说明,对工程建设场地的适宜性进行评价;受水库水位变化及潮汐和河流冲刷影响的桥位,应分析岸坡、河床的稳定性;含煤地层、采空区、气田等地区的桥位,应分析、评估有害气体对工程建设的影响;应分析、评价锚碇基础施工对环境的影响。

(3)图表资料:1∶10 000 桥位区域工程地质平面图,1∶2 000 桥位工程地质平面图,1∶2 000桥位工程地质断面图,1∶50~1∶200 钻孔柱状图,原位测试图表,岩、土测试资料,物探资料,有害气体测试资料,水质分析资料,附图、附表和照片等。

四、沿线筑路材料初勘

沿线筑路材料初勘应充分利用既有资料,通过调查、勘探、试验,基本查明筑路材料的类别、产地、质量、数量和开采运输条件。

1.材料蕴藏量

材料蕴藏量可在 1∶2 000 的地形图上采用半仪器法量测。材料有用层的厚度可通过对露头的调查、测量和勘探确定。

材料蕴藏量勘探断面宜垂直岩层走向和地貌单元界线布设,每条勘探断面不宜少于 3 个探坑(井、孔),勘探断面间距不宜大于 200m,探坑(井、孔)的深度应大于有用层厚度或计划开采深度。

各类料场应选取代表性样品进行试验,评价材料的工程性质。材料成品率估算应在调查、勘探、试验的基础上进行。

材料取样地点应在料场内均匀分布,且能反映有用层沿勘探剖面的变化情况,每一料场不宜少于 3 处。

2.工程材料试验项目

(1)桥涵工程材料试验项目。

石料和粗集料:抗压强度、抗冻性、坚固性、有害物质含量、筛分、针片状颗粒含量、含泥量、压碎值等试验。

细集料:颗粒分析、含泥量、有机质含量、云母含量、有害物质含量、压碎值等试验。

(2)路基工程材料试验项目。

粗粒土:颗粒分析、含水率、密度、击实等试验。

细粒土:颗粒分析、含水率、液限、塑限、密度、击实、承载比、有机质含量、易溶盐含量等试验。

特殊性岩土尚应根据其特殊性进行专项试验。

(3)路面工程材料试验项目。

粗集料:颗粒分析、压碎值、针片状颗粒含量、含泥量、磨耗度、吸水率、磨光值、坚固性、冲击值、软弱颗粒含量、有机物含量等试验。

细集料:颗粒分析、表观密度、含泥量、砂当量、有机质含量、坚固性、三氧化硫含量等试验。

(4)工程用水的水质,可目测鉴定。必要时,应取水样做水质分析,判明其对混凝土的腐蚀性。

3.料场勘察的主要内容

(1)料场工作面的范围和地形、有用层和覆盖层的厚度、废方堆放地点。

(2)宜开采的季节、开采措施和采用机械开采的可能性。

(3)料场地下水位的埋深、水位的变化情况及地下水的渗透性。

(4)石料场岩层的岩性、产状、节理裂隙发育情况及软弱夹层。

(5)土料场的覆盖层和有用层的含水率随季节变化的情况，以及开采的难易程度。

(6)料场设置对环境可能产生的不良影响及开采过程中存在的地质问题。

4.沿线筑路材料初勘需提供的资料

(1)文字说明：按材料类别对其质量、数量、开采方法和运输条件进行评价，提出建议采用的料场。

(2)图表资料：沿线筑路材料料场表，沿线筑路材料供应示意图，大型料场平面图、勘探剖面图，储量计算表，材料试验汇总表，附图、附表和照片等。

五、初勘应提交的相关图表、技术资料的内容和要求（表2-2-4）

初勘应提交的相关图表、技术资料的内容和要求 表2-2-4

序号	图表、资料名称	内容和要求
1	工程地质报告初稿	符合工程地质勘察规范的要求，报告清晰准确，内容翔实，路线工程地质状况描述清晰
2	工程地质平面图	符合工程地质勘察规范的要求，高速公路、一级公路绘制
3	不良地质路段调查记录及图表	符合工程地质勘察规范的要求，可满足设计需要
4	深挖方路段地质调查记录及图表	能基本揭露开挖后可能遇到的地质及水文问题，并可确定开挖土石比例
5	支挡构造物基础地质勘察记录及图表	能基本确定基础承载力，满足结构设计要求
6	特大、大、中桥基础地质勘察记录及图表	符合工程地质勘察规范的要求，基本查清地基条件，满足基础设计及绘制地质纵断面图要求
7	小桥、涵洞基础地质勘察记录及图表	能基本确定基础承载力，满足结构设计要求
8	隧道工程地质勘察记录及图表	符合工程地质勘察规范要求，基本满足围岩分类及结构设计要求，对严重不良地质条件应评价影响范围及程度
9	场地工程地质安全性评价	大型构造物附近存在活动断层、大型滑坡等不良地质条件时，需进行场地工程地质安全评价
10	其他工程地质情况调查资料	管理、服务、收费场地及改河、改道等的工程地质调查资料，应能满足设计要求
11	工程地质复查、自检资料及其他有关资料	复查、自检资料应对勘测成果进行评价

本单元小结

1.初步勘察基本查明公路沿线及各类构筑物建设场地的工程地质条件，为工程方案比选及初步设计文件编制提供工程地质资料。

2.初步勘察与路线和各类构筑物的方案设计相结合，根据现场地形地质条件，采用遥感解译、工程地质调绘、钻探、物探、原位测试等手段相结合的综合勘察方法，对路线及各类构筑物工程建设场地的工程地质条件进行勘察。

3.本单元重点介绍了路线、一般路基、桥梁、天然建材等初勘的基本内容和勘察方法。

单元3 详细勘察

教学过程设计

教学过程	课堂活动	时间	方法手段	资源
引入	简介某公路项目的详勘报告	5min	1.多媒体讲授； 2.案例教学； 3.分组讨论； 4.学生互评	1.工程案例； 2.学习手册； 3.板书； 4.PPT
教学过程组织	1.请书写并记忆学习手册中知识评价内容。 2.介绍详勘的内容和勘察方法。 3.介绍公路路线、一般路基、桥梁和天然建材详勘的内容和勘察方法。 4.学生活动——认识公路详勘。 (1)学生每7~8人一组，共分4组； (2)每组分析详勘报告要求内容并提交报告提纲； (3)教师提问并总结。 5.总结	5min 5min 10min 15min 5min		

详细勘察主要查明公路沿线及各类构筑物建设场地的工程地质条件，为施工图设计提供工程地质资料。详细勘察要充分利用初勘取得的各项地质资料，采用以钻探、测试为主，调绘、物探、简易勘探等手段为辅的综合勘察方法，对路线及各类构筑物建设场地的工程地质条件进行勘察。详细勘察的主要工作内容如表2-3-1所示。

详细勘察的主要工作内容　　表2-3-1

序号	详细勘察的主要工作内容
1	查明公路沿线的水文地质及工程地质条件，为确定路线和沿线各类构筑物的具体位置提供地质依据
2	查明各类构筑物建设场地和地基的工程地质条件，为确定各类构筑物的结构类型、尺寸和地基基础的施工图设计提供地质资料
3	查明不良地质的分布、类型、规模、诱因、发展趋势，为确定路线通过的位置或整治工程的施工图设计提供地质资料
4	查明特殊性岩土的类型、分布范围、厚度、性质，为确定路线的位置或地基处治工程的施工图设计提供地质资料
5	查明地下水的类型、分布、埋藏条件及动态变化规律，评价环境水的腐蚀性
6	查明沿线筑路材料的类别、料场位置、储量及开采条件
7	对各类构筑物建设场地的工程地质条件进行评价，分析存在的工程地质问题，提出工程地质意见和建议
8	编制详细工程地质勘察报告

一、路线详勘

路线详勘主要查明公路沿线的工程地质条件，为确定路线和构筑物的位置提供地质资料。路线详勘应查明路线初勘规定的有关内容。其他要求如下：

(1)路线详勘应对初勘资料进行复核。当路线偏离初步设计线位较远或地质条件需进一步查明时，应进行补充工程地质调绘，补充工程地质调绘的比例尺为1∶2 000。

(2)勘探、测试应符合路线初勘的规定。

(3)路线详勘应提供下列资料：

①文字说明：应对路线上的水文地质及工程地质条件进行说明，并对其进行分析、评价。

②图表资料：1∶2 000~1∶10 000 路线工程地质平面图，1∶2 000~1∶10 000 路线工程地质纵断面图，勘探、测试资料，附图、附表和工程照片等。

二、一般路基详勘

一般路基详勘是在确定的路线上查明各填方、挖方路段的工程地质条件，查明内容同一般路基初勘规定的有关内容。其他要求如下：

(1)应对初勘调绘资料进行复核。当路线偏离初步设计线位或地质条件需进一步查明时，应进行补充工程地质调绘，补充工程地质调绘的比例尺为 1∶2 000。

(2)勘探测试点宜沿确定的路线中线布置，每段填、挖路基勘探测试点的数量不宜少于1个，做代表性勘探；地质条件变化大时，应增加勘探测试点数量；有关勘探深度、取样、测试等初勘的规定。

(3)资料要求应符合一般路基初勘的规定。

三、桥梁详勘

桥梁详勘应根据现场地形地质条件和桥型、桥跨、基础形式制订勘察方案，查明桥位工程地质条件，其查明内容同桥梁初勘规定的有关内容。其他要求如下：

(1)应对初勘工程地质调绘资料进行复核。当桥位偏离初步设计桥位或地质条件需进一步查明时，应进行补充工程地质调绘，补充工程地质调绘的比例尺为 1∶2 000。

(2)工程地质勘探应符合下列要求：

①工程地质条件简单的桥位，每个墩(台)宜布置 1 个钻孔；工程地质条件较复杂的桥位，每个墩台的钻孔数量不得少于 1 个。遇有断裂带、软弱夹层等不良地质或工程地质条件复杂时，应结合现场地质条件及基础工程设计要求确定每个墩台的钻孔数量。

②沉井基础或采用钢围堰施工的基础，当基岩面起伏变化较大或遇涌沙、大漂石、树干、老桥基等情况时，应在基础周围加密钻孔，确定基岩顶面、沉井或钢围堰埋置深度。

③桥梁墩台位于沟谷岸坡或陡坡地段时，宜采用井下电视、硐探等探明控制斜坡稳定的结构面。

④钻孔深度应根据基础类型和地基的地质条件确定，并符合下列要求。

天然地基或浅基础：钻孔钻入持力层以下的深度不得小于 3m。

桩基、沉井、锚碇基础：钻孔钻入持力层以下的深度不得小于 5m。持力层下有较弱地层分布时，钻孔深度应加深。

(3)资料要求应符合桥梁初勘的规定。深水、大跨桥梁尚应编制墩、台部位 1∶200 工程地质断面图。

四、沿线筑路材料料场详勘

沿线筑路材料料场详勘应对初勘资料进行核实，必要时，应补充勘探。

五、详勘应提交的相关图表、技术资料的内容和要求（表 2-3-2）

详勘应提交的相关图表、技术资料的内容和要求　　表 2-3-2

序号	图表、资料名称	内容和要求
1	工程地质报告初稿	报告清晰准确，内容翔实，路线工程地质状况描述清晰
2	工程地质平面图	资料正确，内容齐全，绘制清晰，高速公路、一级公路绘制
3	不良地质路段地质情况调查记录及图表	完成全部不良地质路段的地质情况调查工作，可满足设计需要
4	深挖方路段地质调查记录及图表	能完成挖方大于 8m 路段及挖方大于 3m 的水文地质条件复杂路段地质调查，满足确定开挖土石类别比例要求，较全面地揭露开挖后可能遇到的问题
5	大型支挡构造物基础地质调查记录及图表	通过钻孔、挖探等手段确定基础承载力情况，满足结构设计要求
6	特大、大、中桥基础地质调查记录及图表	通过钻孔、挖探等手段确定地基情况，满足基础设计及绘制地质纵断面图要求
7	小桥、涵洞基础地质调查记录及图表	通过钻孔、挖探等手段确定基础承载力情况，满足基础设计要求
8	隧道工程地质调查记录及图表	通过钻孔、挖探、物探等多种手段相结合的方式，确定隧道及施工影响范围内的工程地质情况，深度满足围岩分类划分及结构设计要求，对断层、溶洞等严重不良地质情况应确定影响范围及程度
9	场地工程地质安全性评价	完成特大桥、特长隧道、附近存在活动断层等不良地质条件的大型构造物的场地工程地质安全性评价
10	下穿构造物水文地质情况调查	完成下穿铁路、公路及其他构造物处的水文地质条件调查，满足排水设计要求
11	其他工程地质情况调查资料	资料满足设计要求
12	工程地质初测资料利用情况，复查、自检资料及其他有关资料	复查、自检资料应对勘测成果有明确评价

本单元小结

1.详细勘察主要查明公路沿线及各类构筑物建设场地的工程地质条件，为施工图设计提供工程地质资料。

2.详细勘察要充分利用初勘取得的各项地质资料，采用以钻探、测试为主，调绘、物探、简易勘探等手段为辅的综合勘察方法，对路线及各类构筑物建设场地的工程地质条件进行勘察。

3.本单元重点介绍了路线、一般路基、桥梁、天然建材等详勘的基本内容和勘察方法。

单元4 不良地质工程勘察

教学过程设计

教学过程	课 堂 活 动	时间	方法手段	资 源
引入	简介某公路项目的勘察报告	10min	1.多媒体讲授； 2.案例教学； 3.分组讨论； 4.学生互评	1.工程案例； 2.学习手册； 3.板书； 4.PPT
教学过程组织	1.请书写并记忆学习手册中知识评价内容。 2.介绍崩塌勘察内容和方法。 3.学生活动——认识崩塌勘察。 (1)学生每7~8人一组，共分4组； (2)每组分析勘察报告要求内容并提交报告提纲； (3)教师提问并总结。 4.介绍滑坡勘察内容和方法。 5.学生活动——认识滑坡勘察。 (1)学生每7~8人一组，共分4组； (2)每组分析勘察报告要求内容并提交报告提纲； (3)教师提问并总结。 6.介绍泥石流勘察内容和方法。 7.学生活动——认识泥石流勘察。 (1)学生每7~8人一组，共分4组； (2)每组分析勘察报告要求内容并提交报告提纲； (3)教师提问并总结。 8.岩溶勘察内容和方法(自阅)。 9.总结	10min 5min 15min 5min 15min 5min 15min 5min 5min		

一、崩塌勘察

路线通过斜坡地带，斜坡陡峭，构成斜坡的岩土体节理裂隙发育，呈张开状，坡脚有崩积物堆积或存在崩塌的可能时，应进行崩塌工程地质勘察。

(一)基本要求(表2-4-1)

(二)崩塌初步勘察

1.工程地质调绘

初步勘察应结合路线及构筑物的工程方案比选进行1∶2 000工程地质调绘，调绘范围包括不良地质体及对工程有影响的区域。

2.工程地质勘探测试

勘探测试除应符合以上规定外，还应符合下列规定：

(1)岩堆路段，宜做横断面勘探，每条勘探断面上勘探点的数量不宜少于两个。

(2)下列位置存在危岩或崩塌可能时，对控制岩体稳定的层理、断层、泥化夹层、层间错动带等软弱结构面，应结合崩塌稳定性分析，采用挖探、钻探和硐探等探明：

①隧道进出口地带的高陡边坡；

②桥梁跨越的陡坡地带；

③路基上方的高陡斜坡。

崩塌勘察内容和方法的基本要求 表2-4-1

<table>
<tr><th colspan="2">勘察内容和方法</th><th colspan="2">基本要求</th></tr>
<tr><td colspan="2" rowspan="6">勘察内容</td><td>1</td><td>地形地貌的类型及形态特征，气象、水文及地震动参数资料</td></tr>
<tr><td>2</td><td>地层岩性、软质岩与硬质岩分布情况、岩石的风化程度</td></tr>
<tr><td>3</td><td>地质构造特征，节理、层理、断裂等结构面的产状、规模、结合程度，边坡岩体的结构类型和完整性</td></tr>
<tr><td>4</td><td>地表水和地下水类型、分布、成因、水质、水量</td></tr>
<tr><td>5</td><td>危岩的分布、规模及稳定性</td></tr>
<tr><td>6</td><td>崩塌的类型、规模、分布范围及崩塌、落石情况</td></tr>
<tr><td rowspan="8">勘察方法</td><td rowspan="3">工程地质调绘</td><td>1</td><td>收集地震、气象、水文资料，并与路线及构筑物的设置相结合，查明规定的有关内容</td></tr>
<tr><td>2</td><td>地层界线、断层、节理、层理、张裂隙、地下水出露点等部位应布置调绘点</td></tr>
<tr><td>3</td><td>宜辅以挖探等对被覆盖的张裂隙、层理等进行调绘</td></tr>
<tr><td rowspan="5">工程地质勘探</td><td>1</td><td>勘探宜采用挖探、钻探、物探等进行综合勘探</td></tr>
<tr><td>2</td><td>控制危岩、崩塌的结构面，结合危岩、崩塌的稳定性分析，采用挖探、钻探、硐探等进行综合勘探</td></tr>
<tr><td>3</td><td>岩堆勘探深度应至稳定地层中不小于3m，且应大于最大块石直径的1.5倍</td></tr>
<tr><td>4</td><td>钻探分层采取土样，取样后立即做动力触探试验</td></tr>
<tr><td>5</td><td>钻探过程中遇地下水时，应量测地下水的初见水位和稳定水位</td></tr>
</table>

3.崩塌初勘提供的资料

(1)文字说明

对前述崩塌勘察要求查明的内容进行说明，分析危岩、岩堆的稳定性，提供工程地质建议。

(2)图表资料

对危岩、崩塌与岩堆的分布范围、软质岩与硬质岩的分布情况、张拉裂隙的产状、岩堆的地层结构等进行图示和说明。提供：1∶500～1∶2 000工程地质平面图，1∶200～1∶500工程地质断面图，1∶50～1∶200工程地质钻孔柱状图，1∶50～1∶200坑(井、槽)展示图，土工试验资料，物探曲线图表及照片等。

(三)崩塌详细勘察

1.工程地质调绘

详细勘察对初勘调绘资料进行复核。对地质条件需进一步查明时，应进行补充调绘，调绘的比例尺为1∶500～1∶2 000。

2.工程地质勘探测试

详细勘察应充分利用初勘资料，除符合以上规定外，尚应符合以下要求：

(1)应结合危岩、崩塌稳定性分析，增加必要的勘探测试点，查明危岩、崩塌地质条件。

(2)在确定的线位上，进一步查明岩堆的地质结构及稳定性。

3.崩塌详勘应提供的资料

资料要求应符合崩塌初勘的规定。

二、滑坡勘察

在公路路线及其附近存在对公路工程及其附属设施的安全有影响的滑坡或滑坡的可能时，应进行滑坡工程地质勘察。

(一)基本要求(表2-4-2)

滑坡勘察内容和方法的基本要求　　表2-4-2

勘察内容和方法		基本要求	
勘察内容		1	地形地貌、地层岩性、地质构造、水文地质条件、地震动参数及当地气象资料
		2	滑坡的成因、类型，规模、分布范围、发育规律及诱发因素
		3	滑坡周界、滑坡裂缝、滑坡擦痕、滑坡台阶、滑坡壁、滑坡鼓丘、滑坡洼地等滑坡要素的分布位置和发育情况
		4	滑动面的分布位置、层数、厚度、形态特征、物质组成、含水状态及其物理力学性质
		5	滑坡体的物质组成及其分级、分块和分层情况
		6	滑床的形态特征、物质组成、物理力学性质和地质结构
		7	沟系、洼地、陡坎等微地貌特征和植被情况
		8	地下水的类型、分布、埋藏条件、成因、水质、水量
		9	滑坡的稳定性，当地滑坡的勘察、设计资料和治理经验
勘察方法	工程地质调绘	1	工程地质调绘与路线及构筑物的设置相结合，查明规定的有关内容
		2	岩层露头，滑坡边界、滑坡裂缝、滑坡台阶等，地下水露头，地层接触线等部位布置调绘点
		3	滑坡剪出口、裂缝等露头不良时，宜辅以挖探等进行调绘
	工程地质勘探	1	工程地质勘探宜采用物探、挖探、钻探等进行综合勘探
		2	勘探点沿滑坡的主滑方向布置；当滑坡的规模大，性质复杂时，勘探点应结合滑坡的级块划分、滑坡稳定性分析以及整治工程设计等进行布置
		3	勘探深度至滑坡体以下的稳定地层内不小于3m；设置支挡工程部位，勘探点的深度应满足支挡工程设计的要求
		4	钻探根据滑坡体及滑动面(带)的物质组成选择干钻、无泵反循环或双层岩芯管钻探等方法
		5	钻探严格控制钻进回次；至预估的滑动面(带)以上5m或发现滑动面(带)迹象时，必须进行干钻，回次进尺不得大于0.3m，并及时检查岩芯，确定滑动面位置
		6	应在滑坡体及滑床地层中，分层采取岩、土、水试样；滑动面应采取原状样
		7	物探断面宜与钻探断面一致；采用的物探方法应在方法试验的基础上确定

续上表

<table>
<tr><td colspan="2">勘察内容和方法</td><td colspan="2">基　本　要　求</td></tr>
<tr><td rowspan="4">勘察方法</td><td rowspan="4">工程地质试验</td><td>1</td><td>室内测试项目按规定选用;对砂土、碎石土可只做颗粒分析;应结合支挡工程设计选择代表性岩样做抗压强度试验和剪切试验</td></tr>
<tr><td>2</td><td>滑动面的抗剪强度试验应结合滑动条件、岩土性质选择滑面重合剪、重塑土多次剪试验等</td></tr>
<tr><td>3</td><td>钻探过程中遇地下水时,应量测初见水位、稳定水位,确定含水层厚度;地下水发育时,应做抽水试验</td></tr>
<tr><td>4</td><td>宜采集水样做水质分析,评价环境水的腐蚀性</td></tr>
</table>

(二)滑坡初步勘察

1.工程地质调绘

滑坡工程地质调绘的比例尺为1∶2 000,调绘的范围应包括滑坡及对滑坡有影响的区域。对滑坡边界、滑坡台阶等滑坡要素应实测。

2.勘探测试

勘探测试除应符合以上规定外,尚应符合下列规定:

(1)每条勘探断面上的勘探点[钻孔或探坑(井)]数量不得少于两个。

(2)宜与物探结合进行综合勘探。

(3)对稳定性难以判明的滑坡,应进行位移、变形观测。

3.滑坡初勘提供的资料

(1)对规模小、地质条件简单,不需要处治的滑坡,可列表说明其工程地质条件。

(2)对规模大、性质复杂的滑坡,应按工点编制工程地质勘察报告。

①文字说明。对滑坡勘察要求查明的内容进行说明,分析滑坡的稳定性,提出工程地质建议。

②图表资料。对滑坡分布的范围、分级与分块情况、滑坡要素、地下水等进行图示和说明。提供:1∶500~1∶2 000滑坡工程地质平面图,1∶200~1∶500滑坡工程地质断面图,1∶50~1∶200滑坡工程地质钻孔柱状图,1∶50~1∶200滑坡探坑(井、槽)展示图,土工试验资料,物探曲线图表,水文地质测试资料,滑坡动态观测资料及照片等。

(三)滑坡详细勘察

(1)滑坡详细勘察应对初勘工程地质调绘资料进行复核。地质条件需进一步查明时,应结合滑坡处治工程设计进行1∶500~1∶2 000补充工程地质调绘。

(2)勘探测试除应符合以上规定外,尚应符合下列规定:

①滑坡详勘应充分利用初勘资料,在补充工程地质调绘的基础上,结合滑坡的分级、分块、分层和排水工程设计,确定勘探测试点的数量和位置。

②抗滑支挡工程、河岸防护工程宜沿工程设置部位的轴线方向布置勘探断面,探明基底和锚固部位的地质条件。

③滑坡勘探断面上的地形、滑坡边界、滑坡裂缝、地下水出露点等应实测。

(3)滑坡详勘应提供的资料。

资料要求应符合滑坡初勘的规定。

三、泥石流勘察

路线通过沟谷，当沟口或沟谷中存在大量无分选的堆积物，且在沟谷两侧或源头坡面有较厚的松散堆积层，并存在崩塌、滑坡等不良地质现象时，应进行泥石流工程地质勘察。

(一)基本要求(表 2-4-3)

泥石流勘察内容和方法的基本要求　　表 2-4-3

<table>
<tr><th colspan="2">勘察内容和方法</th><th colspan="2">基本要求</th></tr>
<tr><td colspan="2" rowspan="8">勘察内容</td><td>1</td><td>地形地貌、地层岩性、地质构造、水文地质条件、地震、气象和水文条件</td></tr>
<tr><td>2</td><td>泥石流的类型、分布、规模、成因、发生的时间及频率</td></tr>
<tr><td>3</td><td>泥石流沟谷的横断面形态、沟槽宽度、纵坡和汇水面积</td></tr>
<tr><td>4</td><td>泥石流形成区、流通区不良地质的发育情况及固体的物质来源与储量</td></tr>
<tr><td>5</td><td>泥石流的冲淤情况、流动痕迹，沟谷转弯及沟道狭窄处最高泥痕的位置</td></tr>
<tr><td>6</td><td>泥石流堆积物的分布范围、物质成分、数量和粒径组成</td></tr>
<tr><td>7</td><td>泥石流堆积扇的扇面坡度、漫流和沟槽发育情况以及植被情况</td></tr>
<tr><td>8</td><td>当地泥石流防治经验与工程类型</td></tr>
<tr><td rowspan="7">勘察方法</td><td rowspan="3">工程地质调绘</td><td>1</td><td>应收集地震、气象、水文资料，调查规定的内容；对于大型、特大型泥石流及泥石流群，宜结合遥感工程地质解译进行调绘</td></tr>
<tr><td>2</td><td>工程地质调绘的范围应包括泥石流的形成区、流通区、堆积区及其稳定地段</td></tr>
<tr><td>3</td><td>岩石露头，跌水，卡口，泥石流冲刷、流动痕迹，滑坡、坍塌等不良地质体，泥石流沟谷及沟谷内堆积物，泥石流堆积扇等部位应布置调绘点</td></tr>
<tr><td rowspan="4">工程地质勘探测试</td><td>1</td><td>宜采用物探、挖探、钻探等进行综合勘探；勘探点的数量和位置应根据地形地质条件，泥石流堆积物的组成、厚度及构筑物的类型、规模等确定</td></tr>
<tr><td>2</td><td>泥石流堆积物勘探深度应至基底以下稳定地层中不小于 3m，且不得小于最大块石直径的 1.5 倍</td></tr>
<tr><td>3</td><td>泥石流流体密度、固体颗粒密度、颗粒分析试验宜在现场进行，堆积物的土样应在有代表性的位置采取</td></tr>
<tr><td>4</td><td>钻探遇地下水时，应量测地下水的初见水位和稳定水位；宜取样做水质分析，判明环境水的腐蚀性</td></tr>
</table>

(二)泥石流初步勘察

(1)初步勘察工程地质调绘比例尺为 1：2 000～1：10 000。

(2)勘探、测试除应符合以上规定外，尚应符合下列规定：

①泥石流排导工程：勘探点宜沿排导工程的延伸方向布置，探坑(井)或钻孔深度应至冲刷线以下不小于 5m。

②泥石流拦渣坝:宜沿沟槽横断面方向布置勘探断面,基底及沟槽两侧边坡宜布置勘探点,探坑(井)或钻孔深度应至基底以下稳定地层中不小于3m。

(3)初勘提供的资料。

①文字说明。对路线及构筑物场地工程地质条件进行说明,按规定的泥石流勘察要求查明的内容进行说明,分析评价工程建设场地的适宜性,提出工程地质建议。

②图表资料。对泥石流的分布范围、物质组成等进行图示和说明。提供:1:2 000~1:10 000泥石流工程地质平面图,1:200~1:400 泥石流工程地质横断面图,1:100~1:400泥石流沟床工程地质纵断面图,泥石流试验资料及照片等。

(三)泥石流详细勘察

(1)应对初勘工程地质调绘资料进行复核。地质条件需进一步查明时,应进行补充工程地质调绘,调绘的比例尺为1:2 000。

(2)详细勘察应充分利用初勘资料,结合路线及构筑物的施工图设计布置勘探测试点,查明地质条件。

(3)泥石流详勘应提供的资料。

资料要求应符合泥石流初勘的规定。

四、岩溶勘察

路线通过可溶岩地区,存在对公路工程的安全有影响或潜在影响的岩溶地质灾害时,应进行岩溶工程地质勘察。

(一)基本要求(表2-4-4)

岩溶勘察内容和方法的基本要求 表2-4-4

勘察内容和方法		基本要求	
勘察内容		1	岩溶地貌的成因、类型、规模、形态特征、分布范围
		2	岩溶发育与地层岩性、地质构造、水文地质条件及新构造运动的关系
		3	覆盖层的成因、类型、分布、厚度、土质名称、地层结构
		4	基岩的岩性、地质年代、地层层序、分布范围、埋深和岩面起伏变化情况
		5	褶皱、断裂、节理的类型、规模、性质、分布范围和产状
		6	土洞、岩溶洞隙、暗河的分布范围、规模及其稳定性
		7	地下水的类型、分布、富水程度、埋藏条件、水位变化及运动规律
		8	地下水与地表水的水力联系,地表水的消水位置和洪水痕迹的分布高程
		9	土洞、岩溶水害、岩溶塌陷的成因、分布和发育规律
		10	当地治理岩溶、土洞和地面塌陷的工程经验
勘察方法	工程地质调绘	1	工程地质调绘应与路线及沿线构筑物的设置结合,查明规定的相关内容
		2	地层接触线、断层、土洞、岩溶塌陷、落水洞、暗河、井及泉等地下水露头、岩溶水的消水位置和洪水痕迹、覆盖层发育的代表性路段等应布置调绘点
		3	覆盖层发育地带,与路线设置关系密切的隐伏岩溶、土洞等宜辅以物探、挖探等进行调绘

续上表

勘察内容和方法		基本要求	
勘察方法	工程地质勘探	1	勘探应在工程地质调绘的基础上进行，采用钻探、物探等进行综合勘探
		2	填方和挖方路基：勘探深度应至基底以下完整地层内不小于10m；在该深度内遇岩溶洞穴时，应在洞穴底板稳定基岩内再钻进3～5m
		3	构筑物的浅基础：勘探深度应至基底以下完整基岩中不小于10m
		4	桩基础：勘探深度应至桩端以下完整基岩中5～10m；在该深度内遇岩溶洞穴时，应在洞穴底板稳定基岩内再钻进3～5m
		5	隧道：勘探深度应至基底以下完整基岩中5～8m；在该深度内遇岩溶洞穴时，应在洞穴底板稳定基岩内再钻进3～5m
	工程地质试验	1	暗河发育路段，宜做连通试验，对暗河发育情况进行调查
		2	必要时，采取代表性岩土试样测试其矿物成分和化学成分
		3	地表水和地下水除常规试验项目外，尚应测试其游离 CO_2 和侵蚀性 CO_2 含量

（二）岩溶初步勘察

（1）初步勘察应沿路线及其两侧各宽不小于200m的带状范围进行路线工程地质调绘，路线工程地质调绘的比例尺为1：2 000；对岩溶发育、水文地质条件复杂的特长、长隧道应进行专项区域水文地质调绘，水文地质调绘的比例尺为1：10 000～1：50 000，其范围应根据水文地质评价的需要确定。

（2）勘探测试除应符合以上规定外，尚应符合下列规定：

①路基勘探：应在工程地质调绘的基础上对岩溶发育情况进行分段，结合各岩溶路段地质条件开展必要的综合物探，并通过钻孔对代表性物探异常进行验证。一般地区，勘探钻孔平均间距不宜大于200m；在岩溶复杂地段，应根据现场情况增加勘探钻孔。

②涵洞勘探：在岩溶复杂地段，应布置物探断面，必要时结合勘探钻孔进行综合勘探。

③桥梁勘探：应结合桥位岩溶发育情况，沿桥轴线及墩台位置布置物探断面，主墩、主塔、高墩、桥台部位应布置钻孔。

④隧道勘探：应结合物探手段进行综合勘探，可溶岩与非可溶岩地层接触带、含水层、物探异常带、断层破碎带等岩溶发育部位应布置勘探钻孔。

（3）岩溶初勘提供的资料。

①文字说明。对路线及构筑物场地工程地质条件进行说明，按规定的岩溶勘察要求查明的内容进行说明，分析评价工程建设场地的适宜性，提出工程地质建议。

②图表资料。对岩溶的形态、分布范围等进行图示和说明，对公路工程有影响的大型岩溶洞穴、暗河应根据实测资料编制调查成果图，比例尺为1：100～1：400，图示测图导线、测图断面的位置、岩溶洞穴的平面和断面位置、形态及充填情况，并对地层、地质构造、地下水、节理裂隙的发育情况、顶板岩体的完整性和坍塌、稳定情况等进行说明。

（三）岩溶详细勘察

（1）岩溶区工程地质调绘应对初勘工程地质调绘资料进行复核。当线位偏离初步设计线位或地质条件需进一步查明时，应进行补充工程地质调绘，补充工程地质调绘的比例尺为1∶2 000。对影响构筑物稳定的暗河、溶洞、竖井等应实地调绘。

（2）详细勘察应充分利用初勘资料，在确定的线位和构筑物位置上进行，除应符合以上规定外，尚应符合下列规定：

①路基勘探：应在工程地质调绘的基础上开展综合物探，圈定异常范围，结合钻孔进行综合勘探。

②涵洞勘探：宜采用物探、钻探进行综合勘探。

③桥梁勘探：每个墩台勘探钻孔的数量不应少于两个。必要时，应与物探结合进行综合勘探，岩溶发育复杂的桥位，应在桩位确定后逐桩进行钻探。

④隧道勘探：应结合隧址岩溶发育情况对勘探点进行加密。

（3）岩溶详勘应提供的资料。

资料要求应符合岩溶初勘的规定。

本单元小结

1.路线通过斜坡地带，斜坡陡峭，构成斜坡的岩土体节理裂隙发育，呈张开状，坡脚有崩积物堆积或存在崩塌的可能时，应进行崩塌工程地质勘察。

2.在公路路线及其附近存在对公路工程及其附属设施的安全有影响的滑坡或滑坡的可能时，应进行滑坡工程地质勘察。

3.路线通过沟谷，当沟口或沟谷中存在大量无分选的堆积物，且在沟谷两侧或源头坡面有较厚的松散堆积层，并存在崩塌、滑坡等不良地质现象时，应进行泥石流工程地质勘察。

4.路线通过可溶岩地区，存在对公路工程的安全有影响或潜在影响的岩溶地质灾害时，应进行岩溶工程地质勘察。

5.本单元主要介绍了崩塌、滑坡、泥石流和岩溶初勘和详勘的基本内容和勘察方法。

模块三 岩石鉴定

模块导入

岩石是建造各种工程结构物的地基、环境或天然建筑材料。因此,了解主要类型岩石特征和特性,无论对工程设计、施工或地质勘察人员都是十分必要的。

岩石是组成地壳的主要物质成分,是地壳发展过程中各种地质作用的自然产物。

自然界中岩石的种类很多,按形成原因可分为岩浆岩、沉积岩和变质岩三大类。不同成因类型的岩石具有不同的地质性质,它们也是决定岩石不同工程性质的依据。

在研究岩石时,首先必须注意作为每一种岩石的特征并决定岩石物理力学特性的下列性质:

(1)产状:指岩石在空间所具有的形状。

(2)成分:指岩石的矿物成分和化学成分。

(3)结构:指岩石中矿物的结晶程度、颗粒的大小和形态及彼此之间的组合方式。

(4)构造:指岩石中的矿物集合体之间或矿物集合体与岩石的其他组成部分之间的排列方式及充填方式。

学习目标

【能力目标】 根据地质资料,在野外能辨识常见的岩石类型,并能够根据工程应用的需要选择石材、地基或围岩介质。

【知识目标】

1.理解地球的内、外动力地质作用及其分类;

2.了解矿物的主要物理性质并识别常见的主要造岩矿物;

3.理解三大类岩石的成因和主要特征;

4.掌握常见的岩浆岩、沉积岩和变质岩类型及其工程应用。

【素质目标】 能够在岩石鉴定过程中具有表达岩石特征的能力;在石料现场踏勘过程中具有沟通和协作能力。

单元1 造岩矿物

教学过程设计

教学过程	课　堂　活　动	时间	方法手段	资　　源
引入	用图板(岩浆作用)引出地质作用	5min	1.讲授; 2.图板展示; 3.分组讨论; 4.学生互评	1.图板:岩浆作用; 2.学习手册; 3.板书; 4.标本:矿物与岩石
教学过程组织	1.请书写并记忆学习手册中知识评价内容。 2.认识地质作用。 3.认识岩石的形成过程。 不同的地质作用形成不同的岩石;物化条件的差异;三大岩的形成。 4.学生活动。 (1)学生每7~8人一组,共分4组; (2)每组分析并绘出三大岩形成关系示意图; (3)交换结果; (4)每组选一个代表向全班作汇报; (5)小组互评; (6)教师讲评。 5.认识矿物。 地壳组成;由元素组成引出矿物;由不同的地质作用形成各种矿物。 学生分组举例说明生活中见到的矿物、造岩矿物、岩石。 6.总结	10min 15min 20min 20min 15min 5min		

一、认识地质作用

地壳自形成以来,一直处在不停的运动和变化之中,一些变化速度快,易被人们感觉到,如地震和火山喷发等;另一些变化则进行得很慢,不易被人们发现,如地壳的缓慢上升、下降等。虽然这些活动缓慢,但经过漫长的地质年代,可导致地球面貌的巨大变化。在地质历史发展的过程中,促使地壳物质组成、构造和地表形态不断变化的作用统称为地质作用。由地质作用所引起的各种自然现象称为地质现象。

按地质作用的动力来源不同,地质作用分为内动力地质作用和外动力地质作用。

地质作用具有三个含义:地质作用是自然发生的复杂的物质运动形式;这个复杂的运动形式的表现是对地球的改造和建造;对地球的改造和建造是一对矛盾的统一。

(一)内动力地质作用的类型

内动力地质作用是由地球的转动能、放射性元素蜕变产生的热能等所引起的,如图3-1-1所示。内动力地质作用根据动力和作用方式可分为以下类型。

1.地壳运动

地壳运动是指由内部能源引起地壳结构和面貌发生改变或相对位移的运动。按地壳运动的方向可分为水平运动和垂直运动。

（1）水平运动

水平运动指地壳或岩石圈块体沿水平方向的移动。水平运动是地壳演变过程中，相对表现得较为强烈的一种形式，也是当前认为形成地壳表层各种构造形态的主要原因。

水平运动使岩层产生褶皱、断裂，形成裂谷、盆地及褶皱山系，如我国的喜马拉雅山、天山等。

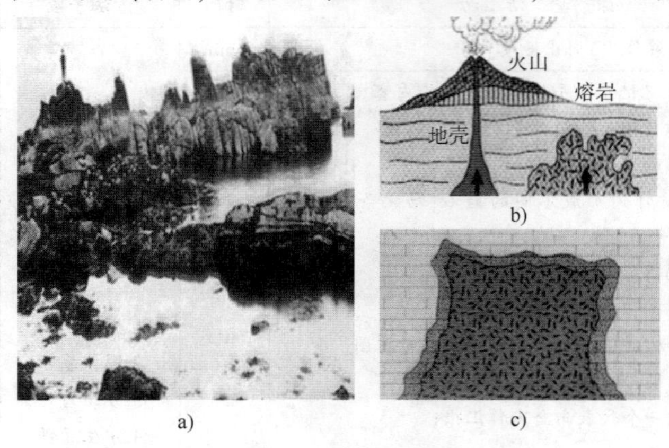

图 3-1-1　内动力地质作用

a）直立构造；b）岩浆活动；c）变质现象

（2）垂直运动

垂直运动指相邻块体或同一块体的不同部分作差异性上升或下降，是地壳演变过程中，表现得比较缓和的一种运动形式。它可以使某些地区上升形成山岳、高原，另一些地区下降，形成湖、海、盆地，所谓“沧海桑田”即是古人对地壳垂直运动的直观表述。喜马拉雅山上大量新生代早期的海洋生物化石的存在，反映了五六千万年前，那里曾是汪洋大海，由此可见，垂直运动幅度之大。目前，我国地势西部总体相对上升，而东部相对下降。

同一地区构造运动的方向随着时间推移而不断变化，某一时期以水平运动为主，另一时期则以垂直运动为主，且水平运动的方向和垂直运动的方向也会发生更替。

地壳运动不断地改变地壳的原始状态，当地壳受到挤压、拉张、扭转等应力时，便形成各种各样的构造形态。在内力地质作用中，地壳运动是诱发地震作用、影响岩浆作用和变质作用的重要条件，并影响外动力地质作用的强度和变化。因此，地壳运动在地质作用的总概念中是带有全球性的主导因素。

2.岩浆作用

岩浆，通常是指 40~250km 深处、呈高温黏稠状的、富含挥发组分、成分复杂的硅酸盐熔融体。岩浆在高温高压下常处于相对平衡状态，但当地壳运动使地壳出现破裂带，或其上覆岩层受外力地质作用发生物质转移时，造成局部压力降低，打破了岩浆的平衡环境，岩浆就会向低压方向运动，这种现象称为岩浆活动。其侵入地壳上部或喷出地表冷凝而成的岩石称岩浆岩。岩浆活动还使围岩发生变质现象，同时引起地形改变。

3.变质作用

变质作用是指由于地壳运动、岩浆作用等引起地壳物理和化学条件发生变化，促使岩石在固体状态下改变其成分、结构和构造的作用。变质作用形成了各种不同的变质岩。

4.地震

地震是地壳快速颤动的现象,地壳运动和岩浆作用都能引起地震。

(二)外动力地质作用的类型

外动力地质作用是大气、水和生物在太阳能、重力能、天体引力能的影响下产生的动力对地球表层所进行的各种作用的统称,如图3-1-2所示。

a) b) c) d)

图3-1-2 外动力地质作用

a)物理风化;b)流水侵蚀;c)机械沉积;d)胶结成岩

其具体表现形式有风化、剥蚀、搬运、沉积和成岩作用。

1.风化作用

由于太阳辐射、大气、水和生物等风化营力的作用,地壳表层的岩石发生崩解、破碎以至逐渐分解等物理和化学的变化则称为风化作用。风化作用是外力作用中较为普遍的一种作用,在大陆的各种地理环境中都存在着风化作用。其作用在地表最显著,随着深度的增加,其影响会逐渐减弱以至消失。风化作用使岩石逐渐破裂,转变为碎石、砂和黏土。

风化作用使坚硬致密的岩石松散破坏,改变了岩石原有的矿物组成和化学成分,使岩石的强度和稳定性大为降低,对工程建筑条件具有不良影响。此外,像滑坡、崩塌、碎落、岩堆及泥石流等不良地质现象,大部分都是在风化作用的基础上逐渐形成和发展起来的。所以,了解风化作用、认识风化现象、分析岩石的风化程度,对评价工程建筑条件是十分必要的。风化作用按其占优势的营力及岩石变化的性质的不同,可分为物理风化作用、化学风化作用及生物风化作用三种密切联系的类型。

(1)物理风化作用

在地表或接近地表条件下,岩石、矿物在原地发生机械破碎而不改变其化学成分的过程叫物理风化作用。引起物理风化作用的主要因素是岩石释重和温度的变化。此外,岩石裂隙中水的冻结与融化、盐类的结晶与潮解等,也能促使岩石发生物理风化作用。

(2)化学风化作用

在地表或接近地表的条件下，受大气和水溶液的影响，岩石、矿物在原地发生化学变化并产生新矿物的过程叫化学风化作用。引起化学风化作用的主要因素是水和氧等。自然界的水，不论是雨水、地面水或地下水，都溶解有多种气体（如 O_2、CO_2 等）和化合物（如酸、碱、盐等），因此自然界的水溶液可通过溶解、水化、水解、碳酸化等方式促使岩石发生化学风化。

(3)生物风化作用

岩石在动植物及微生物影响下发生的破坏作用，称为生物风化作用。生物风化作用主要发生在岩石的表层和土中。生物风化作用既有机械的风化，也有化学的风化。

生物的机械破坏主要是通过生物的生命活动来进行的。如植物根系在岩石裂隙中生长，不断楔裂岩石，使裂隙扩大，从而引起岩石崩解。又如穴居动物田鼠、蚂蚁和蚯蚓等不停地挖掘洞穴，使岩石破碎、土粒变细。生物的化学破坏是通过生物的新陈代谢和生物死亡后的遗体腐烂分解来进行的。

地壳表层的岩石经长期风化作用后，残留原地的松散堆积物，称为残积物。残积物覆盖在地壳表面的风化基岩上，具有一定厚度的风化岩石层即为风化壳，它是原岩在一定的地质历史时期各种因素综合作用的产物。

2.剥蚀作用

剥蚀作用是将岩石风化破坏的产物从原地剥离下来的作用。通过风力、地面流水、地下水、湖泊、海洋和生物等各种外动力因素，把风化后的松散物从岩石表面搬离原地，并以风化物为工具，参与对岩石、矿物进行风化破坏的过程，统称为剥蚀作用。剥蚀作用在破坏组成地壳物质的同时，也不断地改变着地表的基本形态。按引起剥蚀作用的动能性质不同，可以分为风的吹蚀作用，流水的侵蚀作用，地下水的潜蚀和溶蚀作用，湖、海水的冲蚀作用，冰川的刨蚀作用等。

3.搬运作用

风化剥蚀的产物，通过风力、流水、冰川、湖水、海水以及生物的动力，被搬离母岩后而转移空间的过程，称为搬运作用。搬运与剥蚀往往是在同一种动力下进行的。例如风和流水在剥蚀着岩石的同时，又将剥蚀下来的岩屑搬走。按搬运动力的不同，可以分为风的搬运作用、流水的搬运作用、冰川的搬运作用等，其中以流水为主要搬运力。

4.沉积作用

被搬运的物质，由于搬运能力减弱、搬运介质的物理化学条件发生变化或由于生物的作用，从搬运介质中分离出来，形成沉积物的过程，称为沉积作用。按其沉积方式可以分为机械沉积、化学沉积和生物沉积。按其沉积环境又可分为风的沉积、河流沉积、冰川沉积、洞穴沉积、湖泊沉积和海洋沉积等。

5.成岩作用

使松散堆积物固结为岩石的过程，称为成岩作用。在固结过程中，要经历物理的压实作用和化学的胶结作用。当沉积物达到一定厚度时，上覆沉积物的静压力使矿物颗粒互相靠紧，发生脱水，孔隙减小，体积压缩，密度增大，再通过孔隙中水溶胶结物质的化学沉淀，将松散碎屑物胶结、凝聚起来；同时，随着沉积物的埋深而升温、加压，使其中细粒矿物发生化学反应进行结晶而固化成岩。可见，此时地球的内能对成岩作用有着重要意义。

（三）内、外动力地质作用的相互关系

外力地质作用，一方面通过风化和剥蚀作用不断地破坏出露地面的岩石，另一方面又把高处剥蚀下来的风化产物通过流水等介质搬运到低洼的地方沉积下来重新形成新的岩石。外力作用总的趋势是切削地壳表面隆起的部分，填平地壳表面低洼的部分，不断使地壳的面貌发生变化。

内力地质作用总的趋势是形成地壳表层的基本构造形态和地壳表面大型的高低起伏，而外力地质作用则是破坏内力地质作用形成的地形或产物，外力地质作用总的趋势是削高补低，形成新的沉积物，并进一步塑造地表形态。

内、外力地质作用在漫长地质年代里是使地壳发生不断演变的强大动力因素，研究各种地质作用的运动规律是地质学的主要任务之一。

二、造岩矿物

矿物是组成地壳的基本物质，它是在各种地质作用下形成的具有一定的化学成分和物理性质的单质体或化合物。其中构成岩石的主要矿物称为造岩矿物。

（一）矿物的一般知识

矿物是构成岩石的基本单元，目前自然界已被发现的矿物有 3 300 多种，但构成岩石的主要成分并对岩石性质起决定性影响的矿物不过 30 余种，它们约占岩石成分的 90%，一般把这些矿物称为造岩矿物。

1.造岩矿物绝大部分是结晶质的

结晶质的基本特点是组成矿物的元素质点（离子、原子或分子）在矿物内部按一定的规律重复排列，形成稳定的格子构造，在生长过程中如条件适宜，能生成被若干天然平面所包围的固定的几何形态，但绝大多数矿物在发育时受空间条件的限制往往不具有规则的外形。非晶质矿物内部质点排列没有一定的规律性，所以外表不具有固定的几何形态。非晶质矿物有玻璃质和胶体质两类，前者是高温熔融体迅速冷凝而成，如火山喷出的岩浆迅速冷凝而成的黑耀岩中的矿物；后者是由胶体溶液沉淀或干涸凝固而成，如硅质胶体溶液沉淀凝聚而成的蛋白石（$SiO_2 \cdot nH_2O$）等。

2.造岩矿物的类型

自然界中的矿物都是在一定的地质环境中形成的，并因经受各种地质作用而不断地发生变化。每一种矿物只是在一定的物化条件下才相对稳定，当外界条件改变到一定程度后，矿物原来的成分和性质就会发生变化，形成新的次生矿物。

矿物按其成因可分为三大类型：

（1）原生矿物——在成岩或成矿的时期内，从岩浆熔融体中经冷凝结晶过程所形成的矿物，如石英、长石等。

（2）次生矿物——在岩石和矿石形成之后，其中的矿物遭受化学变化而改造成的新矿物，如正长石经风化分解而形成的高岭石，方铅矿与含碳酸的水溶液反应而形成的白铅矿等。

（3）变质矿物——在变质作用过程中形成的矿物，如区域变质的结晶片岩中的蓝晶石和十字石等。

（二）矿物的（肉眼）鉴定特征

矿物的形态和矿物的物理性质决定于其化学成分和晶体格架的特点，因此，它们是鉴别矿物的重要依据。特别是在野外，依据矿物的形态和主要的物理性质鉴别常见的造岩矿物是土木工程技术人员应掌握的基本技能。在实际工作中，一般用肉眼观察并借助简单的工具（如小刀、放大镜等）对矿物进行直接观察测试。

1.矿物的形状

在液态或气态物质中的离子或原子互相结合形成晶体的过程称为结晶。晶体内部质点的排列方式称晶体结构。不同的离子或原子可构成不同的晶体结构，相同的离子或原子在不同的地质条件下也可形成不同的晶体结构。晶质矿物内部结构固定，因此具有特定的外形。常见的单晶体矿物形态有片状、鳞片状、板状、柱状、立方体状等，常见的矿物集合体形态有粒状、块状、纤维状、土状等。

当矿物在生长条件合适时（有充分的物质来源、足够的空间和时间等），能按其晶体结构特征长成有规则的几何多面体外形，呈现出该矿物特有的晶体形态，如图 3-1-3 所示。矿物的外形特征是其内部构造的反映，是鉴别矿物的重要依据。

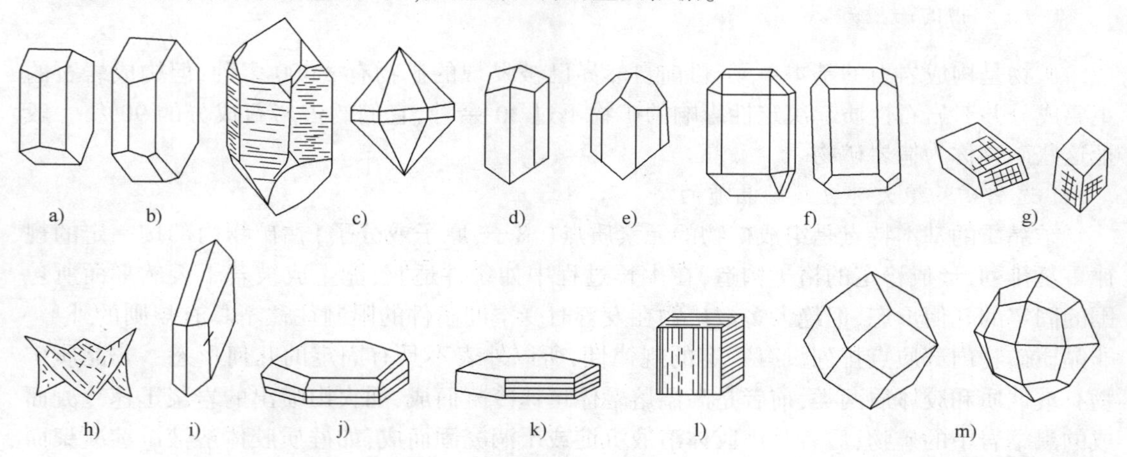

图 3-1-3　常见矿物晶体的形态

a）正长石；b）斜长石；c）石英；d）角闪石；e）辉石；f）橄榄石；g）方解石；h）白云石；i）石膏；j）绿泥石；k）云母；l）黄铁矿；m）石榴子石

2.矿物的光学性质

矿物的光学性质是指矿物对自然光的吸收、反射和折射所表现出的各种性质。

（1）颜色

矿物的颜色指矿物对可见光中不同光波选择吸收和反射后映入人眼视觉的现象。它是矿物最明显、最直观的物理性质。常以标准色谱的红、橙、黄、绿、蓝、靛、紫以及白、灰、黑来说明矿物颜色，也可以按最常见的实物颜色来描述矿物的颜色，根据成色原因分为自色、他色和假色。

①自色：矿物本身所固有的颜色。自色对矿物具有重要的鉴定意义，如黄铁矿多呈铜黄色等。

②他色:矿物含有杂质等机械混入物所引起的,无鉴定意义。

③假色:由矿物内的某些物理原因所引起的颜色,比如光的干涉、内散射等。

原生矿物按其自色分为浅色矿物和深色矿物两类。一般说来,含硅、铝、钙等成分多的矿物颜色较浅,常见的浅色矿物有石英、长石、白云母等;含铁、锰多的矿物颜色较深,常见的深色矿物有橄榄石、黑云母、角闪石、辉石等。

(2)光泽

光泽是指矿物对可见光的反射能力。根据反光强弱,可将光泽分为三个等级:①金属光泽,反光很强,犹如电镀的金属表面光亮耀眼;②半金属光泽,似未磨光的金属表面的光亮程度;③非金属光泽,绝大多数矿物呈非金属光泽。

当反射面不平时,矿物可形成一些特殊的光泽,如丝绢光泽、油脂光泽、蜡状光泽、土状光泽等。

矿物遭受风化后,光泽强度就会有不同程度地降低,如玻璃光泽变为油脂光泽等。

(3)透明度

透明度是指矿物透过可见光波的能力,即光线透过矿物的程度,一般规定以 0.03mm 的厚度作为标准进行鉴定。肉眼鉴定矿物时,根据透明度的差异分为透明矿物、半透明矿物和不透明矿物。这种划分无严格界限,鉴定时用矿物的边缘较薄处,并以相同厚度的薄片及同样强度的光源比较加以确定。

3.*矿物的力学性质*

矿物的力学性质是指矿物在受力后所表现出来的物理性质。

(1)硬度

硬度是矿物抵抗刻划、研磨的能力。一般用肉眼鉴定矿物硬度时,常用两种矿物对划的方法确定矿物的相对硬度。在野外鉴别矿物硬度时,还可采用简易鉴定方法来测试其相对硬度,即利用指甲(2~2.5)、小刀(5~5.5)、玻璃片(5.5~6)和钢刀(6~7)等粗略判定。矿物的硬度是指单个晶体的硬度,而纤维状、放射状等集合方式对矿物硬度有影响,难以测定矿物的真实硬度。

国际公认的摩氏硬度计以常见的10种矿物作为标准,从低到高分为10个等级(表3-1-1)。

摩氏硬度计 表3-1-1

硬　度	1	2	3	4	5	6	7	8	9	10
标准矿物	滑石	石膏	方解石	萤石	磷灰石	长石	石英	黄玉	刚玉	金刚石

(2)解理与断口

解理是矿物受打击后,能沿一定晶面裂开成光滑平面的性质。其裂开的晶面一般平行成组出现,称为解理面。根据解理发育的程度分为极完全解理、完全解理、中等解理和不完全解理。

具有解理的矿物严格受其内部格子构造的控制,根据解理出现方向数目,沿着一组平行方向发育的称为一组解理,沿两个方向发育的称为二组解理,沿三个方向发育的称为三组解理(图3-1-4)等。

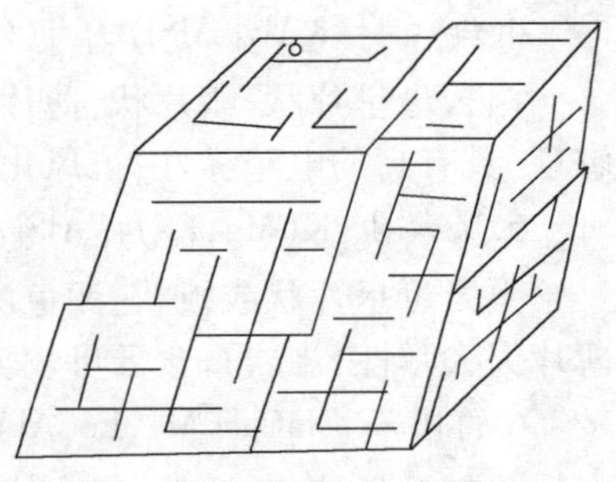

图3-1-4 方解石的三组解理

①极完全解理：极易裂开成薄片，解理面大而完整，平滑光亮，如云母。

②完全解理：常沿解理方向开裂成小块，解理面平整光亮，如方解石。

③中等解理：既有解理，又有断口，如长石。

④无解理：常出现断口，解理面很难出现。

矿物在外力打击下，沿任意方向发生的不规则裂口称为断口。对于某种矿物来说，解理与断口的发生常互为消长的关系，越容易出现解理的方向越不易发生断口。

4.其他性质

有些矿物还具有独特的性质，如磁性、弹性、挠性、发光性、人的感官感觉等，这些性质有时对某些矿物的鉴别十分重要。

（三）常见的造岩矿物

野外正确识别和鉴定常见的造岩矿物是鉴定岩石和研究岩石工程性质的基础，同时也是土木工程技术人员应掌握的一门技能。一种矿物之所以不同于别的矿物，是由于其在化学成分、内部构造和物理性质三个方面有别于其他矿物，而矿物的物理性质主要取决于其内部构造和化学成分。由于物理性质测试简单，所以它常是鉴定和分类的主要依据。下面介绍几种重要造岩矿物的物理性质。

1.石英（SiO_2）

石英（SiO_2）无色，因含杂质等可呈各种颜色，无解理，断口有油脂光泽，硬度为7，透明度较好，发育良好的石英单晶为六方锥体，通常为块状或粒状集合体，纯净透明的石英晶体称为水晶，具有玻璃光泽。石英化学性质稳定，抗风化能力强，含石英越多的岩石，岩性越坚硬。石英广泛分布在各种岩石和土层中，是重要的造岩矿物。

2.正长石（$KAlSi_3O_8$）

单晶呈短柱状或厚板状，集合体为粒状或块状；颜色为肉红色或黄褐色或近于白色，玻璃光泽，硬度为6；中等解理，两组解理面近于正交；易于风化，完全风化后形成高岭石、绢云母、铝土矿等次生矿物。

3.斜长石［$Na(AlSi_3O_8)$，$Ca(Al_2Si_2O_8)$］

单晶呈长柱状、板条状，集合体为粒状；白色至暗灰色，玻璃光泽，硬度为6；中等解理，两组解理面呈86°左右相交；易于风化，解理面上有细条纹；成分中以Na^+为主的称酸性斜长石，成分中以Ca^{2+}为主的称基性斜长石，成分中Na^+、Ca^{2+}含量相当的为中性斜长石。斜长石是构成岩浆岩最主要的矿物。

4.白云母｛$KAl_2[AlSi_3O_{10}](OH)_2$｝

白云母呈片状、鳞片状，薄片无色透明，珍珠光泽，硬度为2~3，薄片有弹性，一组极完全解理，具有高的电绝缘性；抗风化能力较强，主要分布在变质岩中。

5.黑云母｛$K(Mg,Fe)_3[AlSi_3O_{10}](OH)_2$｝

黑云母呈片状或板状，颜色深黑，其他性质与白云母相似；易风化，风化后可变成蛭石，薄片失去弹性；当岩石含云母较多时，强度降低，分布于岩浆岩和变质岩中。

6.角闪石｛$NaCa_2(Mg,Fe,Al)_5[(Si,Al)_4O_{11}]_2(OH)_2$｝

单晶呈长柱状、针状，集合体呈粒状或块状，颜色为暗绿至黑色，玻璃光泽，硬度为6，中等解理，两组解理交角为56°；较易风化，风化后可形成黏土矿物、碳酸盐及褐铁矿等；多产于中、酸性岩浆岩和某些变质岩中。

7.*普通辉石*{$(Ca,Mg,Fe,Al)[(Si,Al)_2O_6]$}

单晶呈短柱状、粒状，集合体为块状；黑色，玻璃光泽，中等解理，两组解理面交角为87°；较易风化，多产于基性或超基性岩浆岩中。

8.*橄榄石*{$(Mg,Fe)_2[SiO_4]$}

橄榄石呈粒状集合体，橄榄绿色，玻璃光泽，硬度为6.5~7，断口呈贝壳状；常见于超基性岩浆岩中，易风化。

9.*方解石*($CaCO_3$)

单晶呈菱面体或六方柱状，集合体为粒状或块状；无色或乳白色，玻璃光泽，硬度为3，三组完全解理，与稀盐酸有起泡反应；方解石是组成石灰岩的主要成分，用于制造水泥和石灰等建筑材料，也可作电气及炼钢的熔剂等。

10.*白云石*[$CaMg(CO_3)_2$]

单晶呈菱面体，集合体呈块状，灰白色，硬度为3.5~4，遇稀盐酸时微弱起泡。

11.*石膏*[$CaSO_4 \cdot 2H_2O$]

单晶呈板状、柱状、片状，集合体为致密块状或纤维状；一般为白色，硬度为2，玻璃光泽，一组完全解理，广泛用于建筑、医学等方面。

12.*黏土矿物*

黏土矿物泛指各种形成黏土的矿物，主要有以下几种类型。

(1)高岭石[$Al_4(Si_4O_{10})(OH)_8$]

单晶极小，肉眼不可见，集合体呈致密块状、土状；白色，土状光泽，硬度近于1，干燥时粘舌，易捏成粉末，湿润具有可塑性。

(2)蒙脱石{$(Al_2Mg_3)[Si_4O_{10}](OH)_2 \cdot 2H_2O$}

集合体呈土状、块状，白色，土状光泽，硬度为1；吸水性很强，吸水后体积可膨胀几倍至十几倍，具有很强的吸附力和阳离子交换性能。

(3)伊利石{$K_{<1}Al_2[(Al、Si)Si_3O_{10}](OH)_2 \cdot 2H_2O$}

集合体呈块状，白色，不具膨胀性，因产于美国伊利诺斯州而得名。

13.*绿泥石*{$(Mg,Fe,Al)[(Si、Al)_4O_{10}][OH]_8$}

集合体为隐晶质土状或片状，浅绿到深绿色，玻璃光泽，一向中等解理，薄片有挠性、无弹性，硬度为2~2.5，强度较低，是长石、辉石、角闪石、橄榄石等的次生矿物，在变质岩中分布最多。

14.*滑石*[$Mg_3(Si_4O_{10})(OH)_2$]

集合体呈致密块状，白色、淡黄色、淡绿色，珍珠光泽，硬度为1，富有滑腻感，是工业上常用原料；为富镁质超基性岩、白云岩等变质后形成的主要变质矿物。

15.*石榴子石*[$(Mg,Fe,Mn,Ca)_3(Al,Fe,Cr)_2(SiO_4)_3$]

晶体菱形十二面体或粒状，颜色随成分而异，玻璃光泽，硬度为6.5~7.5，无解理，主要用作研磨材料。

16.*蛇纹石*[$Mg_6(Si_4O_{10})(OH)_8$]

集合体呈致密块状，黄绿色，蜡状光泽，硬度为2.5~3.5，断口平坦，可作室内装饰材料，为富镁质超基性岩等变质后形成的主要变质矿物,常与石棉伴生。

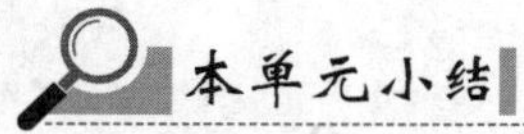

本单元小结

本单元介绍了促使地壳不断演变的强大动力因素——地质作用,分析了内、外动力地质作用的相互关系。重点介绍了矿物的基本概念和主要鉴定特征,认识了常见的造岩矿物。

1.内、外动力地质作用是在漫长的地质年代里,促使地壳物质组成、构造和地表形态不断变化的强大动力因素。

2.矿物和岩石是组成地壳的基本物质,矿物是在各种地质作用下形成的具有一定的化学成分和物理性质的单质体或化合物。矿物的形状、颜色、光泽、透明度、硬度、解理与断口是野外鉴别矿物的主要依据。通过学习,要认识常见的十几种造岩矿物。

单元2 岩石

教学过程设计

教学过程	课堂活动	时间	方法手段	资源
引入	回忆三大类岩石的形成关系	5min		
教学过程组织	1.请书写并记忆学习手册中知识评价内容。	10min		
	2.认识三大岩的特征。	5min		
	岩石的特征:成分、结构、构造。			
	3.认识岩浆岩的主要特征。	15min		
	4.认识岩浆岩主要特征的活动。	15min		
	(1)学生每7~8人一组,共分4组;			
	(2)每组分析1~2块标本的特征;			
	(3)每两组互换标本结果;			
	(4)每组选一个代表向全班作汇报;		1.讲授;	1.PPT;
	(5)小组互评;		2.图板展示;	2.学习手册;
	(6)教师讲评。		3.分组讨论;	3.板书;
	5.认识沉积岩和变质岩的主要特征。	20min	4.学生互评	4.标本:矿物岩石
	6.认识沉积岩和变质岩主要特征的活动。	15min		
	(1)学生每7~8人一组,共分4组;			
	(2)每组分析1~2块标本的特征;			
	(3)每两组互换标本结果;			
	(4)每组选一个代表向全班作汇报;			
	(5)小组互评;			
	(6)教师讲评。			
	7.总结	5min		

岩石是地壳发展过程中,由一种或多种矿物组成的,具有一定规律的固态集合体。岩石是构成地壳的最基本单位,按其成因可将组成地壳的岩石分为三大类:岩浆岩、沉积岩和变质岩。岩石与人们的生活、国民经济发展和科学研究有着密切关系。岩石不仅是研究地质构造、地貌、水文地质、矿产等的基础,而且也是人类工程建筑物的地基和原材料。为了建筑物的安全、稳定,必须从岩石入手去探讨工程地质问题。

一、岩浆岩

(一)岩浆岩的成因

岩浆岩是由岩浆冷凝固结所形成的岩石。岩浆是存在于上地幔和地壳深处，以硅酸盐为主要成分，富含挥发性物质，处于高温(700~1 300℃)、高压(高达数千兆帕)状态下的熔融体。

地下深处相对平衡状态下的岩浆，当地壳发生变动或受其他内力作用时，承受巨大压力的岩浆，沿着地壳中薄弱、开裂地带涌向地表或地下一定深度处，由于岩浆在上升过程中压力减小，热量散失，经过复杂的物理化学过程，最后冷却凝结形成岩浆岩。

岩浆岩按其生成环境可分为侵入岩和喷出岩。岩浆侵入地壳内部，在高温下缓慢冷却结晶而成的岩浆岩称为侵入岩。岩浆在岩浆源附近(距地表3km以下)凝结而成的岩浆岩称深成侵入岩；如果是在接近地表不远的地段(距地表3km以内)，但未上升至地表面而凝结的岩浆岩称浅成侵入岩。喷出地表在常压下迅速冷凝而成的岩石称喷出岩。

岩浆岩生成的空间位置和形状、大小称岩浆岩的产状，如图3-2-1所示。

1.岩基和岩株——深成岩的产状

岩基是一种规模庞大的岩体，分布面积一般大于60km^2，构成岩基的岩石多是花岗岩或花岗闪长岩等，其岩性均匀稳定，是良好的建筑地基。如三峡坝址区就是选定在面积为200多平方公里的花岗岩—闪长岩岩基的南部。岩株是一种形体较岩基小的岩体，其分布面积一般小于60km^2，平面形状多呈浑圆形，其下与岩基相连，也常是岩性均一的良好地基。

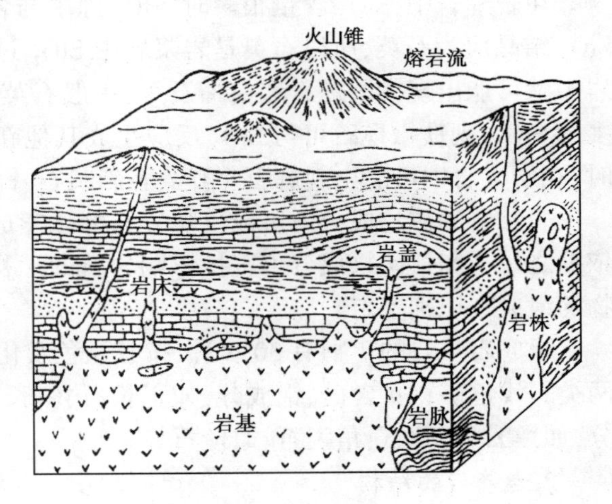

图3-2-1 岩浆岩体的产状

2.岩盘、岩床、岩脉——浅成岩的产状

岩盘是一种中心厚度较大，底部较平，顶部呈穹隆状的层间侵入体，分布范围可达数平方公里，多由酸性、中性岩石组成。岩床是一种沿原有岩层层面侵入、延伸分布且厚度稳定的层状侵入体，常见的厚度多为几十厘米至几米，延伸长度多为几百米至几千米。组成岩床的岩石以基性岩为主。岩脉是沿岩层裂隙侵入形成的狭长形的岩浆岩体，与围岩层理或片理斜交。

3.火山锥和熔岩流——喷出岩的产状

火山锥是熔岩和火山碎屑围绕火山通道堆积形成的锥状体；岩浆喷出地表后，沿着倾斜地面流动而形成的岩石，称为熔岩流。

岩浆冷凝会使体积收缩，从而在岩体中产生一些裂隙，这些裂隙称为原生节理，它们常按一定的规律和一定的形态排列分布，如玄武岩中常有直立的六边形或多边形柱状节理。

（二）岩浆岩的主要特征

1.岩浆岩的化学成分和矿物成分

绝大多数岩浆以硅酸盐类为主，其中O、Si、Al、Fe、Ca、Na、K、Mg、H这九种元素占地壳总质量的98.13%，以O、Si的含量为最多，占75.13%，这些元素一般都以氧化物的形式存在。

岩浆岩中的各种氧化物之间有明显的变化规律：当SiO_2含量较低时，FeO、MgO等铁镁质矿物增多；当SiO_2和Al_2O_3的含量较高时，Na_2O、K_2O等硅铝质矿物增多。由此据SiO_2的含量把岩浆岩分为四大类，见表3-2-1。

岩浆岩的分类

表3-2-1

类别	酸性岩	中性岩	基性岩	超基性岩
SiO_2的含量（%）	65~75	55~65	45~55	<45

岩浆岩中矿物成分不是任意组合，而是有规律的共生，它主要取决于岩浆岩的化学成分及形成时的物化环境。化学成分不同的岩浆岩其矿物成分也不一样。

在岩浆岩中，SiO_2含量很多时，SiO_2除了与各种金属氧化物组成硅酸盐矿物外，剩余的SiO_2结晶成为石英，所以石英是岩浆岩中SiO_2过饱和的指示矿物。当SiO_2不足时，在岩浆岩中就可能出现镁橄榄石和白榴石等，一般石英和橄榄石不能共生。因为岩浆岩中若有较多的SiO_2，则镁橄榄石可与SiO_2反应生成其他新矿物，比如顽火辉石等。当SiO_2含量充足时，在岩浆岩中可能出现辉石、角闪石、斜长石、钾长石等，这些矿物称饱和矿物。

岩浆岩的矿物成分既可以反映岩石的化学成分和生成条件，是岩浆岩分类命名的主要依据之一，同时，矿物成分也直接影响岩石的工程地质性质。所以，在研究岩石时要重视矿物的组成和识别鉴定。

组成岩浆岩的矿物有30多种，按其颜色及化学成分的特点可分为浅色矿物和深色矿物两类。浅色矿物富含硅、铝成分，如正长石、斜长石、石英、白云母等；深色矿物富含铁、镁成分，如黑云母、辉石、角闪石、橄榄石等。

2.岩浆岩的结构

岩浆岩的结构指组成岩石的矿物的结晶程度、晶粒大小、形态及晶粒之间或晶粒与玻璃质间的相互结合方式。它的结构特征是岩浆冷凝时所处物理化学环境的综合反映。

（1）按矿物的结晶程度分类

①全晶质结构：岩石全部由结晶矿物组成，这种结构是岩浆在温度缓慢降低的情况下形成的，通常是侵入岩具有的结构。

②半晶质结构：岩石由结晶的矿物和非晶质矿物组成，这种结构主要为浅成岩或喷出岩具有的结构。

③非晶质结构：岩石全部由非晶质矿物组成，这种结构是岩浆喷出地表迅速冷凝来不及结晶的情况下形成的，为喷出岩特有的结构。

（2）按矿物晶粒的绝对大小分类

①显晶质结构：岩石中的矿物颗粒较大，用肉眼可以分辨并鉴定其特征。一般为深成侵

入岩所具有的结构。

②隐晶质结构：岩石全部由结晶微小的矿物组成，用肉眼和放大镜均看不见晶粒，只有在偏光显微镜下方可识别。

③玻璃质结构：岩石全部由非晶质矿物组成，具有均匀致密似玻璃的结构。

(3)按矿物晶粒的相对大小分类

①等粒结构：岩石中的矿物全部是显晶质粒状，同种主要矿物结晶颗粒大小大致相等；是深成岩特有的结构。

②不等粒结构：组成岩石的主要矿物结晶颗粒大小不等，相差悬殊。其中晶形完好、颗粒粗大的称斑晶，细粒的微小晶粒或隐晶质、玻璃质称石基。不等粒结构又分为斑状及似斑状结构。石基为非晶质或隐晶质的结构称为斑状结构。斑晶形成于地壳深处，而石基是后来含斑晶的岩浆上升至地壳较浅处或喷溢地表后才形成的，斑状结构是浅成岩或喷出岩的重要特征。石基为显晶质的结构称为似斑状结构，斑晶和石基同时形成于相同的环境，似斑状结构多见于深成岩体的边缘或浅成岩中。

一般深成岩多为全晶质等粒结构；浅成岩多为斑状结构；喷出岩多为隐晶质致密结构或斑状结构，有时为玻璃质结构。

3.岩浆岩的构造

岩浆岩的构造是指岩石中各种矿物集合体在空间排列及充填方式上所表现出来的特征。常见的构造形式有以下几种。

(1)块状构造：矿物在岩石中的排列无一定次序、无一定方向，不具有任何特殊形象的均匀块体，大部分侵入岩所具有的构造。

(2)流纹状构造(图3-2-2)：在喷出岩中由不同颜色的矿物和拉长气孔等沿一定方向排列，表现出熔岩流动的状态。常见于酸性或中酸性喷出岩中。

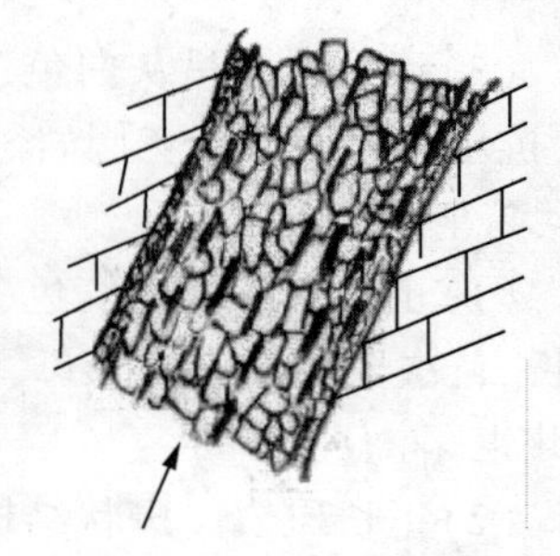

图3-2-2 流纹状构造

(3)气孔及杏仁状构造：当熔岩喷出时，由于温度和压力骤然降低，岩浆中大量挥发性气体被包裹于冷凝的玻璃质中，气体逐渐逸出，形成各种大小和数量不同的孔洞，称气孔状构造。有的岩石气孔极多，以至岩石呈泡沫状块体，如浮岩。如果孔洞中被后期次生方解石、蛋白石等矿物充填，形如杏仁，则称为杏仁状构造。

(三)常见的岩浆岩类型

岩浆岩通常根据其成因、矿物成分、化学成分、结构、构造及产状等方面的综合特征分类，如表3-2-2所示。

1.酸性岩类

(1)花岗岩。属深成岩；多呈肉红色、灰白色，主要矿物为石英、正长石和酸性斜长石，次要矿物有黑云母和角闪石等；全晶质等粒结构，块状构造；花岗岩分布广泛，抗压强度大，质地均匀坚实，颜色美观，是优质的建材；产状多为岩基、岩株，是良好的建筑物地基。

(2)花岗斑岩。成分与花岗岩相似，斑状结构，斑晶主要有钾长石、石英或斜长石，块状构造。

岩浆岩分类表　　表 3-2-2

<table>
<tr><td colspan="4">类　型</td><td>酸性</td><td colspan="2">中性</td><td>基性</td><td>超基性</td></tr>
<tr><td colspan="4">SiO_2 含量(%)</td><td>75~65</td><td colspan="2">65~55</td><td>55~45</td><td><45</td></tr>
<tr><td colspan="4">化学成分</td><td colspan="3">以 Si、Al 为主</td><td colspan="2">以 Fe、Mg 为主</td></tr>
<tr><td colspan="4">颜色(色率,%)</td><td>0~30</td><td colspan="2">30~60</td><td>60~90</td><td>90~100</td></tr>
<tr><td colspan="2" rowspan="3">成因</td><td rowspan="3">产状</td><td rowspan="3">矿物成分
代表岩属
结构构造</td><td colspan="2">含长石</td><td colspan="2">含斜长石</td><td>不含长石</td></tr>
<tr><td>石英>20%</td><td colspan="2">石英 0~20%</td><td>极少石英</td><td>无石英</td></tr>
<tr><td>云母
角闪石</td><td colspan="2">黑云母
角闪石
辉石</td><td>角闪石
辉石
黑云母</td><td>橄榄石
辉石</td></tr>
<tr><td colspan="2" rowspan="2">喷出岩</td><td>喷出堆积</td><td>玻璃状或碎屑状</td><td colspan="4">黑耀石、浮石、火山凝灰岩、火山碎屑岩、火山玻璃</td><td>少见</td></tr>
<tr><td>火山锥
岩流
岩被</td><td>微粒、斑状、玻璃质结构,块状、气孔状、杏仁状、流纹状等构造</td><td>流纹岩</td><td>粗面岩</td><td>安山岩</td><td>玄武岩</td><td>苦橄岩</td></tr>
<tr><td rowspan="2">侵入岩</td><td>浅成岩</td><td rowspan="2">岩基、岩株、岩脉、岩床、岩盘等</td><td>半晶质、全晶质、斑状等结构,块状构造</td><td>花岗斑岩</td><td>正长斑岩</td><td>闪长玢岩</td><td>辉绿岩</td><td>橄玢岩
（少见）</td></tr>
<tr><td>深成岩</td><td>全晶质、显晶质、粒状等结构,块状构造</td><td>花岗岩</td><td>正长岩</td><td>闪长岩</td><td>辉长岩</td><td>橄榄岩</td></tr>
</table>

(3)流纹岩。呈灰白色、紫红色,斑状结构,斑晶多为斜长石、石英或正长石,流纹状构造,抗压强度略低于花岗岩。

2.中性岩类

(1)正长岩。呈肉红色、浅灰色,全晶质等粒结构或似斑状结构,块状构造。主要矿物为正长石,次要矿物有黑云母、角闪石,含极少量石英,较易风化;极少单独产出,主要与花岗岩等共生。

(2)正长斑岩。斑状结构,斑晶为正长石,块状构造。

(3)粗面岩。斑状结构,斑晶为正长石,块状构造,表面具有细小孔隙,表面粗糙。

(4)闪长岩。呈灰色或浅绿灰色,主要矿物为中性斜长石和角闪石,次要矿物有黑云母、辉石等,全晶质等粒结构,块状构造。闪长岩结构致密、强度高,且具有较高的韧性和抗风化能力,可作为各种建筑物地基和建筑材料。

(5)闪长玢岩。斑状结构,斑晶为中性斜长石,有时为角闪石,块状构造;常为灰色,如有次生变化,则多为灰绿色;岩石中常含有绿泥石、高岭石等次生矿物。

(6)安山岩。呈灰绿色、灰紫色,斑状结构,斑晶为角闪石或基性斜长石,块状构造,有时为气孔状构造或杏仁状构造,是分布较广的中性喷出岩。

3.基性岩类

(1)辉长岩。呈灰黑、黑色,主要矿物为基性斜长石和辉石,次要的矿物成分有橄榄石和角闪石,全晶质等粒结构,块状构造;辉长岩强度很高,抗风化能力强。

(2)辉绿岩。呈灰绿色,辉绿结构,块状构造,强度较高,是优良的建筑材料;常含有绿泥石等次生矿物。

(3)玄武岩。玄武岩是岩浆岩中分布较广泛的基性喷出岩,呈灰黑色、黑色,隐晶质结构或斑状结构,斑晶为橄榄石、辉石或斜长石,常见气孔状、杏仁状构造;玄武岩致密坚硬,性脆、强度较高,是良好的沥青类路面材料的骨料;但是多孔时强度较低,较易风化。

综上分析,一般深成岩常形成岩基等大型侵入体,岩性一般较均一,以中、粗粒结构为主,致密坚硬,空隙率小,透水性弱,抗水性强,故深成岩体常被选为理想的建筑场地。但有些岩体风化层很厚,须采取处理措施。此外,还应注意的是,深成岩经过多期地壳变动影响,其完整性和均一性受到破坏,且有些节理被黏土矿物充填形成软弱夹层或泥化夹层等。

浅成岩以岩床、岩墙、岩脉等状态产出,有时相互穿插。颗粒较细的岩石强度高,不易风化。这些小型侵入体与围岩接触部位岩性不均一,节理发育,岩石破碎,风化蚀变严重,透水性增大。

喷出岩一般原生节理发育,产状不规则,厚度变化大,岩性很不均一,因此强度较低,透水性强,抗风化能力差。但对于节理不发育、颗粒细或呈致密状的喷出岩,则强度高,抗风化能力强,也属于良好建筑物地基。需注意的是,喷出岩常覆盖在其他岩层之上。

二、沉积岩

(一)沉积岩的形成过程

沉积岩是指在地表常温常压条件下,由外动力地质作用促使地壳表层先生成的矿物和岩石遭到破坏,将其松散碎屑搬运到适宜的地带沉积下来,再经压固、胶结形成层状的岩石。

沉积岩广泛分布于地壳表层,占陆地面积的75%,沉积岩各处的厚度不一,最厚可超过10km,薄者只有数十米。沉积岩是地表常见的岩石,在沉积岩中蕴藏着大量的沉积矿产,比如煤、石油、天然气等,同时各种建筑物如道路、桥梁、矿山、水坝等几乎都以沉积岩为地基。沉积岩也是建筑材料的重要来源。

沉积岩的形成是一个长期而复杂的地质作用过程,一般可分为以下四个阶段。

1.原岩的风化剥蚀作用

地壳表面的各种岩石长期遭受自然界的风化、剥蚀,使原来坚硬的岩石逐渐分解破碎,形成大小不同的松散物质,它们是构成新的沉积岩的主要物质来源。

2.沉积物的搬运作用

岩石除一部分经风化、剥蚀后的产物残积原地外,大多数破碎物质受流水、风、冰川和自身重力等作用,被搬运到适宜的地方。流水的机械搬运作用,使具有棱角的碎屑物质不断磨蚀,颗粒逐渐变细磨圆。溶解物质则随水溶液流入河口和湖海等。

3.沉积物的沉积作用

当搬运能力减弱或物理化学环境改变时,携带的物质逐渐沉积下来。沉积一般可分为机械沉积、化学沉积和生物化学沉积三种。机械沉积物具有明显的分选性,如当河流由山区流向平原时,随着河床坡度的减小,水流速度变慢,上游沉积颗粒粗大,下游沉积颗粒细小,海洋中沉积的颗粒更细。碎屑物是碎屑岩的物质来源,黏土矿物是黏土岩的主要物质来源,溶解物则是化学岩的物质来源。这些呈松散状态的物质,称为沉积物或沉积层。

4.成岩作用

松散沉积物经过下述三种成岩作用中的一种或几种作用后,形成新的坚硬、完整的岩石即为沉积岩。

(1)压实。压实即上覆沉积物的重力压固,导致下伏沉积物孔隙减少、水分挤出而变得紧密坚硬。

(2)胶结。胶结是指其他物质充填到碎屑沉积物的粒间孔隙中,使其胶结变硬。

(3)重结晶。重结晶是指新形成的矿物产生结晶质间的连接。

(二)沉积岩的主要特征

1.沉积岩的物质组成

(1)碎屑物质:原岩经风化破碎而生成的呈碎屑状态的物质。其中主要有矿物碎屑(石英、长石、白云母等)、岩石碎块、火山碎屑等。在岩浆岩中,常见的橄榄石、辉石、角闪石、黑云母、基性斜长石等形成于高温高压环境,在常温常压这种表生条件不稳定。岩浆岩中的石英,大部分形成于岩浆结晶的晚期,在表生条件下稳定性较好,一般以碎屑物形式出现于沉积岩中。

(2)黏土矿物:主要是一些原生矿物经化学风化作用所形成的次生矿物。它们是在常温常压、富含二氧化碳和水的表生环境下形成的,主要有高岭石、伊利石、蒙脱石等,这些矿物粒径小于0.002mm,具有很强的亲水性、可塑性及膨胀性。

(3)化学沉积矿物:由化学作用从溶液中沉淀结晶产生的沉积矿物,如方解石、白云石、石膏、铁锰的氧化物及氢氧化物等。

(4)有机质及生物残骸:由生物残骸或经有机化学变化而形成的矿物,如贝壳、珊瑚礁、泥炭及其他有机质等。

(5)胶结物:这些胶结物或是通过矿化水的运动带到沉积物中,或是来自原始沉积物矿物组分的溶解和再沉淀。常见的有硅质(SiO_2)、铁质(Fe_2O_3)、钙质($CaCO_3$)、泥质(黏土矿物)等。

2.沉积岩的结构

沉积岩的结构是指沉积岩的物质组成、颗粒大小、形状及其组合关系,它不仅决定于岩性特征,也反映了形成条件,它是沉积岩分类命名的重要依据。

(1)碎屑结构(图3-2-3)

a)

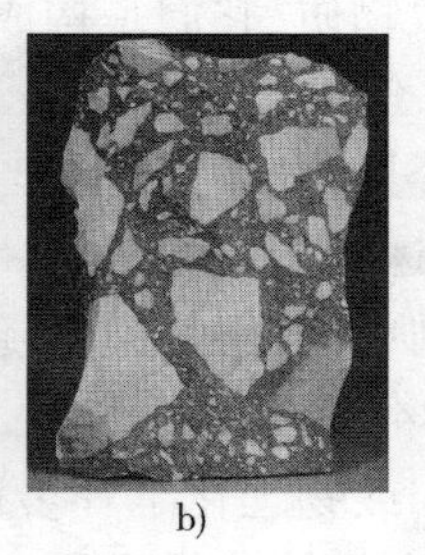
b)

图3-2-3　碎屑结构

a)砾状结构;b)角砾状结构

碎屑结构指碎屑物被胶结物胶结而成的结构。按碎屑颗粒的粒径大小划分为三种结构:砾状结构(碎屑粒径 $d>2$mm);砂状结构($d=0.074\sim2$mm);粉砂状结构($d<0.074$mm)。其中,胶结物的成分不同,岩石的工程性质差异很大。硅质胶结的颜色浅,强度高;铁质胶结

的颜色呈红褐色，强度较高；钙质胶结的颜色浅，强度较低，性脆，易于溶蚀；泥质胶结结构松散，强度最低，遇水易软化。

（2）黏土结构（泥质结构）

它是由粒径小于0.002mm的陆源碎屑和黏土矿物经过机械沉积而成；外观呈均匀致密的泥质状态，特点是手摸有滑感，用刀切呈平滑面，断口平坦。

（3）化学结晶结构

它是由溶液中沉淀或重结晶，纯化学成因所形成的结构，是溶液中溶质达到过饱和后逐渐积聚生成的。

（4）生物结构

生物结构是指岩石以大部分或全部生物遗体或碎片所组成的结构，如贝壳结构、珊瑚结构等。

3.构造

沉积岩的构造是指岩石各组成部分的空间分布和排列方式所呈现的特征。

（1）层理构造：由于季节、沉积环境的改变使先后沉积的物质的颗粒大小、颜色和成分在垂直方向发生变化，从而显示出来的成层现象。层理分为水平层理、斜层理、交错层理和块状层理，如图3-2-4、图3-2-5a）所示。不同类型的层理反映了沉积岩形成时的古地理环境的变化。

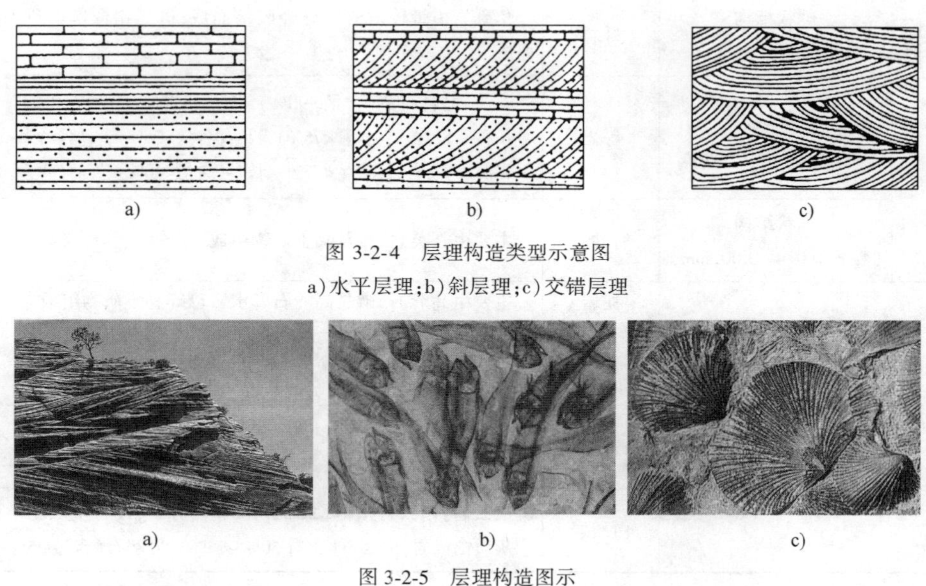

a)　b)　c)

图3-2-4　层理构造类型示意图

a）水平层理；b）斜层理；c）交错层理

a)　b)　c)

图3-2-5　层理构造图示

a）层理构造；b），c）化石

层或岩层是组成沉积地层的基本单位，其成分、结构、构造和颜色基本均一，它是在较大区域内生成条件基本一致的情况下形成的。层与层之间的分界面叫做层面，层面反映了沉积过程中气候的变化。

（2）层面构造：指未固结的沉积物，由于搬运介质的机械原因或自然条件的变化及生物活动，在层面上留下痕迹并被保存下来，如波痕、泥裂、雨痕等。

（3）层间构造：指不同厚度、不同岩性的层状岩石之间层位上发生变化的现象，层间构造有尖灭、透镜体、夹层等类型。厚度大的岩层中所夹的薄层称为夹层；岩层一端较厚，另一端逐渐变薄以至消失，这种岩层称为尖灭层；若在不大的距离内两端都尖灭，而中间较厚，称为透镜体。

（4）化石：化石是岩层中保存着的经石化了的各种古生物遗骸和遗迹，如三叶虫、贝壳等，如图 3-2-5b）、c）所示。

（三）常见沉积岩类型

由于沉积岩的形成过程比较复杂，目前对沉积岩的分类方法尚不统一。通常主要是依据岩石的成因、成分、结构、构造等方面的特征进行分类的，见表 3-2-3。

沉积岩分类简表 表 3-2-3

岩类		结构		岩石分类名称	主要亚类及其组成物质
碎屑岩类	火山碎屑岩	碎屑结构	粒径>100mm	火山集块岩	主要由大于 100mm 的熔岩碎块、火山灰尘等经压密胶结而成
			粒径 2~100mm	火山角砾岩	主要由 2~100mm 的熔岩碎屑、晶屑、玻屑及其他碎屑混入物组成
			粒径<2mm	凝灰岩	由 50%以上粒径<2mm 的火山灰组成，其中有岩屑、晶屑、玻屑等细粒碎屑物质
	沉积碎屑岩		砾状结构（粒径>2mm）	砾岩	角砾岩由带棱角的角砾经胶结而成，砾岩由浑圆的砾石经胶结而成
			砾状结构（粒径 2~0.074mm）	砾岩	石英砂岩：石英（含量>90%）、长石和岩屑（含量<10%） 长石砂岩：石英（含量<75%）、长石（含量>25%）、岩屑（含量<10%） 岩屑砂岩：石英（含量<75%）、长石（含量<10%）、岩屑（含量>25%）
			砾状结构（粒径 0.074~0.002mm）	粉砂岩	主要由石英、长石及黏土矿物组成
黏土岩类		泥质结构（粒径<0.002mm）		泥岩	主要由高岭石、微晶高岭石及水云母等黏土矿物组成
				页岩	黏土质页岩由黏土矿物组成 碳质页岩由黏土矿物及有机质组成
化学及生物化学岩类		结晶结构及生物结构		石灰岩	石灰岩：方解石（含量>90%）、黏土矿物（含量<10%） 泥灰岩：方解石（含量 50%~75%）、黏土矿物（含量 25%~50%）
				白云岩	白云岩：白云石（含量 90%~100%）、方解石（含量<10%） 灰质白云岩：白云石（含量 50%~75%）、方解石（含量 25%~50%）

1.碎屑岩类

（1）火山碎屑岩

①火山集块岩：由 50%以上粒径大于 100mm 的火山碎块及细小的火山碎屑和火山灰充填胶结而成，集块结构，岩块坚硬。

②火山角砾岩：粒径为 2~100mm 的碎屑占 50%以上，胶结物为火山灰，火山角砾结构，块状构造。

③凝灰岩：由粒径小于 2mm 的火山灰组成，凝灰结构，重度小，易风化。

（2）沉积碎屑岩

①砾岩及角砾岩：由50%以上粒径大于2mm的砾或角砾胶结而成，砾状结构，块状构造。硅质胶结的石英砾岩非常坚硬，开采加工较困难，泥质胶结的则相反。

②砂岩：由50%以上粒径在0.074~2mm的砂粒胶结而成，砂粒主要成分为石英、长石及岩屑等，砂状结构，层理构造。

砂岩为多孔岩石，孔隙愈多，透水性和蓄水性愈好。砂岩强度主要取决于砂粒成分和胶结物的成分、胶结类型等。其抗压强度差异较大，由于多数砂岩岩性坚硬且脆，在地质构造作用下张裂隙发育，所以，常具有较强的透水性。

③粉砂岩：由50%以上粒径在0.002~0.074mm的粉砂粒胶结而成。其成分主要是石英，其次为白云母、长石和黏土矿物等，胶结物多为泥质，因颗粒细小，肉眼难以区分其成分及胶结物。未固结的沉积物具有代表性的有黄土等，粉砂质结构，层理构造，结构疏松，强度和稳定性不高。

2.黏土岩类

（1）泥岩

泥岩主要由黏土矿物经脱水固结而形成，具黏土结构，层理不明显，呈块状构造，固结不紧密、不牢固，强度较低，一般其干试样的抗压强度在5~30MPa之间，遇水易软化、强度显著降低，饱水试样的抗压强度可降低50%左右。

（2）页岩

页岩主要由黏土矿物经脱水胶结形成，黏土结构，大部分有明显的薄层理，能沿着层理分成薄片，这种特征也称页理，富含化石。一般情况下，页岩岩性松软，易风化，呈碎片状，强度低，遇水易软化而丧失其稳定性。

3.化学岩及生物化学岩类

这类岩石最常见的是由碳酸盐组成的岩石，以石灰岩和白云岩分布最为广泛。鉴别这类岩石时，要特别注意其对盐酸试剂的反应，石灰岩在常温下遇稀盐酸剧烈起泡；泥灰岩遇稀盐酸起泡后留有泥点；白云岩在常温下遇稀盐酸不起泡，但加热或研成粉末后则起泡。多数岩石结构致密，性质坚硬，强度较高。但是，它具有可溶性，在水流的作用下可形成溶蚀裂隙、洞穴、地下河等。

石灰岩，简称灰岩，主要由方解石组成，次要矿物有白云石、黏土矿物等。质纯石灰岩为浅色，若含有机质及杂质则色深；化学结晶结构，生物结构，块状构造；石灰岩致密、性脆，一般抗压强度较差。石灰岩分布很广，是烧制石灰和水泥的重要原材料，也是用途很广的建筑石材。但由于石灰岩属微溶于水的岩石，易形成裂隙和溶洞，对基础工程影响很大。

白云岩，主要由白云石和方解石组成，颜色灰白，略带淡黄、淡红色。化学结晶结构，块状构造，可作高级耐火材料和建筑石料。

泥灰岩，主要由方解石和黏土矿物（含量在25%~50%）组成，化学结晶结构，块状构造，滴稀盐酸剧烈起泡，留下土状斑痕；抗压强度低，遇水易软化，可作水泥原料。

三、变质岩

（一）变质岩的成因

由于构造运动和岩浆活动等使地壳中的先成岩石受到温度、压力或化学活动性流体的

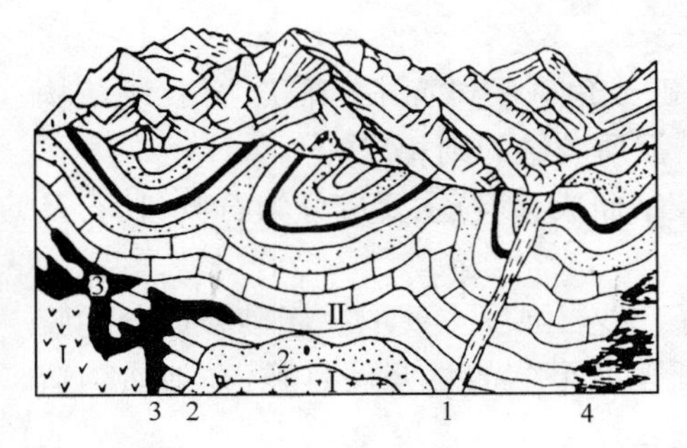

图 3-2-6　变质岩类型示意图
1-动力变质岩；2、3-接触变质岩；4-区域变质岩

影响，在固体状态下发生剧烈变化后形成的新的岩石称变质岩(图 3-2-6)，形成变质岩的过程称为变质作用。

引起变质作用的因素有温度、压力及化学活动性流体。变质温度的基本来源包括地壳深处的高温、岩浆及地壳岩石断裂错动产生的高温等。引起岩石变质的压力包括上覆岩土重力引起的静压力、地壳运动或岩浆活动产生的定向压力等。化学活动性流体则是以岩浆、H_2O、CO_2 为主，还包括其他一些易挥发、易流物质的流体。

变质岩在地球表面分布面积占陆地面积的1/5，岩石生成年代愈老，变质程度愈深，该年代岩石中变质岩比重愈大。例如前寒武纪的岩石几乎都是变质岩。

(二)变质作用的主要类型

1.接触变质作用(热力变质)

发生在侵入体接触带或其附近，主要受温度和挥发物质的影响，变质的程度随着距离侵入岩的远近而变化。接触变质带的岩石一般较破碎，裂隙发育，透水性强，强度较低。

2.动力变质作用

动力变质作用是在地壳运动产生的强应力作用下，使原岩及其组成矿物发生变形、机械破碎及轻微的重结晶现象的一种变质作用。

3.区域变质作用

区域变质作用是指在地壳运动和岩浆活动下所引起的大范围内受温度、压力和化学活动性流体影响的一种变质作用。变质方式以重结晶、重组合为主。区域变质岩的岩性在很大范围内是比较均匀一致的，其强度则决定了岩石本身的结构和成分等。

(三)变质岩的主要特征

1.矿物成分

原岩经变质作用后仍保留的部分矿物称残留矿物，如石英、长石、方解石、白云石等。原岩经变质作用后出现某些具有自身特征的矿物称变质矿物，如滑石、蛇纹石、绿泥石、石榴子石等。变质矿物是鉴定变质岩的可靠依据。

2.结构

变质岩的结构按成因可分为变晶结构、变余结构、碎裂结构。

(1)变晶结构

变晶结构是指原岩在固态条件下，岩石中的各种矿物同时重结晶和变质结晶形成的结构，岩石中矿物重新结晶较好，基本为显晶，变质程度较深，这是变质岩中最常见的结构。按变晶矿物颗粒的形状，又分为粒状变晶结构、鳞片变晶结构等。

(2)变余结构

变余结构是指由于变质程度较低，重结晶作用不完全，仍残留原来的一些结构特征，如变余砂状结构、变余斑状结构等。这种结构在变质程度较浅的变质岩中常见。

(3)碎裂结构

碎裂结构是指在定向压力影响下,使岩石中的矿物颗粒发生弯曲、破裂、断开,甚至研磨成细小的碎屑或岩粉被胶结而成的结构。

3.构造

变质岩的构造是指岩石中矿物在空间排列关系上的外貌特征。变质岩的构造特征常见的有片理状构造和块状构造等。变质岩的构造与岩浆岩及沉积岩有着显著的区别,是鉴定变质岩的可靠特征。

(1)片理状构造

片理状构造是指岩石中片状、针状、柱状或板状矿物受定向压力作用重新组合,呈相互平行排列的现象,如图 3-2-7 所示。能顺着矿物定向排列方向剥裂开的面称片理面。片理面延伸不远,片理面可能是平的、弯曲的或波状的,并且平滑光亮。

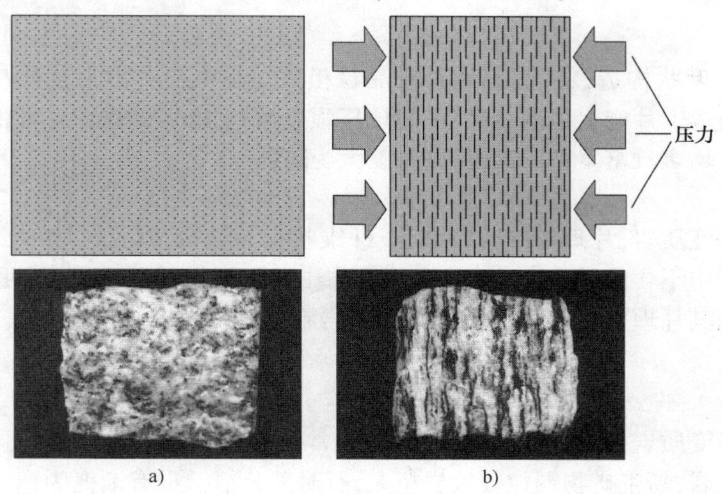

图 3-2-7 片理状构造

a)岩石变质前;b)岩石变质后

①板状构造。板状构造,又称板理。在温度不高且以压力为主的变质作用下,由显微片状矿物平行排列成密集的板理面,岩石结构致密,所含矿物肉眼不能分辨,板理面上有弱丝绢光泽,沿一定方向极易分裂成均一厚度的薄板。

②千枚状构造。岩石中矿物重结晶程度比板岩高,其中各组分基本已重结晶并定向排列,但结晶程度较低而使肉眼尚不能分辨矿物,仅在岩石的自然破裂面上见有较强的丝绢光泽,这是由绢云母、绿泥石小鳞片造成的。

③片状构造。原岩经区域变质、重结晶作用,使片状、柱状、板状矿物平行排列成连续的薄片状,岩石中各组分全部重结晶,而且肉眼可以看出矿物颗粒,片理面上光泽很强。

④片麻状构造。这是一种变质程度很深的构造,不同矿物(粒状、片状相间)定向排列,呈大致平行的断续条带状,沿片理面不易劈开,它们的结晶程度都比较高。

(2)块状构造

块状构造是指岩石由粒状结晶矿物组成,结构均一,无定向排列,也不能定向裂开。

(四)常见的变质岩类型

变质岩根据其构造特征分为片理状岩石类和块状岩石类,见表 3-2-4。

主要变质岩分类简表　　表 3-2-4

岩类	构造	岩石名称	主要矿物成分	原岩
片理状岩类	片麻状构造	片麻岩	石英、长石、云母、角闪石等	中、酸性岩浆岩,砂岩,粉砂岩,黏土岩
	片状构造	片岩	云母、滑石、绿泥石、石英等	黏土岩、砂岩、岩浆岩、凝灰岩
	千枚状构造	千枚岩	绢云母、绿泥石、石英等	黏土岩、粉砂岩、凝灰岩
	板状构造	板岩	黏土矿物、绢云母、绿泥石、石英等	黏土岩、黏土质粉砂岩
块状岩类	块状构造	石英岩、大理岩	以石英为主,有时含绢云母方解石、白云石等	砂岩、硅质岩、石灰岩、白云岩

1.片理状岩类

(1)片麻岩

片麻岩为片麻状构造,粒状变晶结构,晶粒粗大。其主要矿物为石英、长石,其次是云母、角闪石、辉石等。片麻岩强度较高,一般抗压强度可达 120~200MPa,可用作各种建筑材料。若云母含量增多且富集在一起时,则强度大为降低。

(2)片岩

片岩属中深变质岩,片理构造,鳞片状或纤维状变晶结构,常见矿物有云母、滑石、绿泥石、石英等,片岩中不含或很少含长石。根据片岩中片状矿物种类不同,又可分为云母片岩、滑石片岩等。因其片理发育,片状矿物含量高,岩石强度低,抗风化能力差,极易风化剥落,甚至发生滑塌。

(3)千枚岩

千枚岩为浅变质岩,千枚状构造,变晶结构,常见矿物有绢云母、绿泥石、石英等。其原岩大部分为黏土岩,新生矿物颗粒较板岩粗大,有时部分绢云母有渐变为白云母的趋势。岩石中片状矿物形成细而薄的连续的片理,沿片理面呈定向排列,致使这类岩石具有明显的丝绢光泽。千枚岩的质地松软,强度低,易风化破碎,在荷载作用下容易产生蠕动变形和滑动破坏。

(4)板岩

板岩为浅变质岩,板状构造,变余结构,颜色有多种,其主要由硅质和泥质矿物组成,肉眼不易辨别,呈致密状,由黏土岩浅变质而形成的。板岩沿劈理易于裂开成薄板状,敲击能发出清脆的石板声,由此可与页岩区别。板岩透水性很弱,可作隔水层。但板岩在水的长期作用下会软化,形成软弱夹层。

2.块状岩类

(1)大理岩

大理岩由钙、镁碳酸盐类沉积岩变质形成,主要矿物成分为方解石、白云石,具粒状变晶结构、斑状变晶结构,块状构造。大理岩以我国云南大理市盛产优质的此种石料而得名。洁白的细粒大理岩(汉白玉)和带有各种花纹的大理岩常用作建筑材料和各种装饰石料等。大理岩岩块或岩粉与盐酸作用起泡,具有可溶性。其强度随其颗粒胶结性质及颗粒大小而异,抗压强度一般为 50~120MPa。

(2)石英岩

石英岩由石英砂岩和硅质岩经变质而成。变质以后,石英颗粒和硅质胶结物合为一体,因此,石英岩的强度和结晶程度均较原岩高。它主要由石英组成(石英含量>85%),其次含少量白云母、长石等,一般为块状构造,呈粒状变晶结构。石英岩在区域变质作用和接触变质作用下均可形成,岩石坚硬,抗风化能力强,可作为良好的建筑物地基。但因性脆,较易产生密集性裂隙,影响建筑物的稳定与安全。

四、岩石的工程地质性质与工程分类

如前所述,岩石不仅是地质、地貌、地质构造的基础,而且还是人类工程建筑物的载体和原料,它的工程性质对建筑物有极大的影响。过去常将岩石和岩体统称岩石,实际上从工程地质观点看,岩石是矿物的集合体,而岩体则是由岩石所组成的,并在后期经历了不同性质的构造运动的改造、被各种结构面分割后的综合地质体。就大多数的工程地质问题而言,岩体的工程地质性质,主要决定于岩体内部裂隙系统的性质及其分布情况,但是岩石本身的性质起着重要的作用。

岩石的工程性质是工程地质学的核心,也是"工程地质"课程的重点内容之一。岩石的工程地质性质是研究岩体工程地质的基础,因此必须对岩石的工程性质有一个较概括的认识。岩石的工程地质性质包括岩石的物理性质、水理性质及力学性质三个主要方面。这里主要介绍有关岩石工程地质性质的一些常用指标和岩石工程分类。

(一)岩石的物理性质

岩石的物理性质是由岩石结构中矿物颗粒的排列形式及颗粒间空隙的连通情况所反映出来的特性。空隙中有水或气,或二者皆有,岩石的物理性质决定于岩石的固相、液相和气相三者的比例关系,它是评价岩基承载力、计算边坡稳定系数、选配建筑材料所必须测试的指标。通常从岩石的相对密度、重度和空隙性三个方面来分析。

1.岩石的相对密度(岩石的比重)

岩石的相对密度指岩石固体部分的质量与同体积4℃水的质量比值。

岩石相对密度的大小取决于组成岩石矿物的相对密度及其在岩石中的相对含量,如超基性、基性岩含铁镁矿物较多,其相对密度较大,而酸性岩则相反。岩石的相对密度介于2.50~3.30之间,测定其数值常采用比重瓶法。

2.岩石的重度

岩石的重度是指单位体积岩石的重量。

$$\gamma = \frac{W}{V} \tag{3-2-1}$$

式中:γ——岩石的重度,g/cm^3;

W——岩石的重量,kN,$W=mg$;

m——岩石的总质量,g,$m=m_s+m_w+m_a$;

m_s——岩石固体部分的质量,g;

m_w——岩石空隙中水的质量,g;

m_a——岩石空隙中气体的质量，g；

V——岩石的总体积，cm^3。

岩石的总质量值中包含着固体部分的质量和空隙中所含天然水分和气体的质量。

岩石的天然重度决定于组成岩石的矿物成分、空隙性及含水情况，常介于2.30～3.10kN/m^3之间。

3.岩石的空隙性

岩石是含有较多缺陷的多晶材料，因此具有相对较多的孔隙。同时，由于岩石经受过多种地质作用，还发育有各种成因的裂隙，如原生裂隙、风化裂隙及构造裂隙等。所以，岩石的空隙性比土复杂得多，即除了孔隙外，还有各类裂隙存在。另外，岩石中的空隙有些部分往往是互不连通的，而且与大气也不相通。因此，岩石中的空隙有开型空隙和闭空隙之分。开型空隙按其开启程度又有大小开型空隙之分。岩石中孔隙、裂隙的大小、多少及其连通情况等，对岩石的强度及透水性有着重要的影响，一般可用空隙率来表示。

岩石的空隙率指岩石中空隙体积 V_A 与岩石总体积 V 的百分比。

$$n=\frac{V_A}{V}\times100\% \tag{3-2-2}$$

岩石空隙率的大小主要取决于岩石的结构和构造，同时也受到外力因素的影响。由于岩石中孔隙、裂隙发育程度变化很大，因此其空隙率的变化也很大。例如，三叠系砂岩的空隙率为0.6%～27.2%，碎屑沉积岩的时代愈新，其胶结愈差，则空隙率愈高。结晶岩类的空隙率较低，很少高于3%。随着空隙率的增大，岩石的透水性增大，强度降低，削弱了岩石的整体性，同时又加快了风化的速度，使空隙不断扩大。

（二）岩石的水理性质

岩石的水理性质指岩石和水相互作用时所表现出的性质，包括吸水性、软化性和抗冻性。

1.岩石的吸水性

岩石在一定试验条件下的吸水性能称岩石的吸水性。它取决于岩石空隙数量、大小、开闭程度、连通与否等情况。表征岩石吸水性的指标有吸水率、饱水率和饱水系数等。

吸水率指岩石试件在常压下（1atm）所吸入水分的质量 m_{W1} 与干燥岩石质量 m_s 的百分比：

$$w_1=\frac{m_{W1}}{m_s}\times100\% \tag{3-2-3}$$

饱水率指岩石试件在高压或真空条件下所吸入水分的质量 m_{W2} 与干燥岩石质量 m_s 的百分比：

$$w_2=\frac{m_{W2}}{m_s}\times100\% \tag{3-2-4}$$

饱水系数指岩石吸水率与饱水率的比值。饱水系数反映了岩石大开型空隙与小开型空隙的相对数量。饱水系数愈大，表明岩石的吸水能力愈强，受水作用愈加显著。一般认为，饱水系数小于0.8的岩石抗冻性较高，一般岩石饱水系数在0.5～0.8之间。

2.岩石的透水性

岩石允许水通过的能力称岩石的透水性。它主要决定于岩石空隙的大小、数量、方向及其相互连通的情况。岩石的透水性用渗透系数表示。

3.岩石的软化性

岩石受水的浸泡作用后,其力学强度和稳定性趋于降低的性能,称岩石的软化性。软化性的大小取决于岩石的空隙性、矿物成分及岩石结构、构造等因素。凡空隙大、含亲水性或可溶性矿物多、吸水率高的岩石,受水浸泡后,岩石内部颗粒间的联结强度降低,导致岩石软化。

岩石软化性大小常用软化系数 η 来衡量:

$$\eta = \frac{R_W}{R_C} \tag{3-2-5}$$

式中:R_W——岩石饱水状态下的抗压强度;

R_C——岩石干燥状态下的抗压强度。

软化系数是判定岩石耐风化、耐水浸能力的指标之一。软化系数值愈大,则岩石的软化性愈小,同时,岩石工程地质性质越好。

4.岩石的抗冻性

岩石抵抗冻融破坏的性能称岩石的抗冻性。由于岩石浸水后,当温度降到0℃以下时,其空隙中的水将冻结,体积膨胀,产生较大的膨胀压力,使岩石的结构和构造发生改变,直到破坏。反复冻融后,将使岩石的强度降低。通常用强度损失率和质量损失率表示岩石的抗冻性。

强度损失率指饱和岩石在一定负温度(-25℃)条件下,冻融10~25次,冻融前后饱和岩样抗压强度之差值与冻融前饱和岩样抗压强度的比值。

质量损失率指在上述条件下,冻融试验前后干试件的质量差与试验前干试件质量的比值。

强度损失率和质量损失率的大小主要取决于岩石开型空隙发育程度、亲水性和可溶性矿物含量及矿物颗粒间连接强度。一般认为,强度损失率小于25%或质量损失率小于2%时岩石是抗冻的。此外,$w_1 < 0.5\%$,$\eta > 0.75$ 的岩石一般为抗冻岩石。

现将常见岩石的物理性质和水理性质的有关指标列于表3-2-5中。

常见岩石的物理性质和水理性质指标 表3-2-5

岩石名称	相对密度	天然密度(g/cm^3)	孔隙率(%)	吸水率(%)	软化系数
花岗岩	2.50~2.84	2.30~2.80	0.04~2.80	0.10~0.70	0.75~0.97
闪长岩	2.60~3.10	2.52~2.96	0.25左右	0.30~0.38	0.60~0.84
辉长岩	2.70~3.20	2.55~2.98	0.29~0.13	—	0.44~0.90
辉绿岩	2.60~3.10	2.53~2.97	0.29~1.13	0.80~5.00	0.44~0.90
玄武岩	2.60~3.30	2.54~3.10	1.28	0.30	0.71~0.92
砂岩	2.50~2.75	2.20~2.70	1.60~28.30	0.20~7.00	0.44~0.97
页岩	2.57~2.77	2.30~2.62	0.40~10.00	0.51~1.44	0.24~0.55
泥灰岩	2.70~2.75	2.45~2.65	1.00~10.00	1.00~3.00	0.44~0.54
石灰岩	2.48~2.76	2.30~2.70	0.53~27.00	0.10~4.45	0.58~0.94
片麻岩	2.63~3.01	2.60~3.00	0.30~2.40	0.10~3.20	0.91~0.97
片岩	2.75~3.02	2.69~2.92	0.02~1.85	0.10~0.20	0.49~0.80

续上表

岩石名称	相对密度	天然密度（g/cm^3）	孔隙率（%）	吸水率（%）	软化系数
板岩	2.84~2.86	2.70~2.87	0.45	0.10~0.30	0.52~0.82
大理岩	2.70~2.87	2.63~2.75	0.10~6.00	0.10~0.80	—
石英岩	2.63~2.84	2.60~2.80	0.00~8.70	0.10~1.45	0.96

（三）岩石的力学性质

岩石的力学性质指岩石在各种静力、动力作用下所表现的性质，主要包括变形和强度。岩石在外力作用下首先产生变形，当外力继续增加，达到或超过某一极限时，便开始破坏。岩石的变形与破坏是岩石受力后发生变化的两个阶段。

岩石抵抗外荷作用而不破坏的能力称岩石的强度。荷载过大并超过岩石能承受的能力时，便造成破坏，岩石开始破坏时所能承受的极限荷载称为岩石的极限强度，简称为强度。

按外力作用方式的不同，可将岩石强度分为抗压强度、抗拉强度和抗剪切强度。

1.抗压强度

岩石单向受压时，抵抗压碎破坏的最大轴向压应力称为岩石的极限抗压强度，简称抗压强度（R）。

$$R=\frac{P}{A} \tag{3-2-6}$$

式中：R——抗压强度，kPa；

P——试样破坏时的总压力，kN；

A——岩石受压截面面积，m^2。

抗压强度通常在室内用压力机对岩样进行加压试验确定。目前试件多采用立方体或圆柱体。抗压强度的主要影响因素有：岩石的矿物成分、颗粒大小、结构、构造，岩石的风化程度，试验条件等。

2.抗拉强度

岩石在单向拉伸破坏时的最大拉应力，称为抗拉强度（σ_L）。

$$\sigma_L=\frac{P}{A} \tag{3-2-7}$$

式中：σ_L——抗拉强度，kPa。

其余符号意义同前。

抗拉强度试验一般有轴向拉伸法和劈裂法，实际常利用抗拉强度与抗压强度之间的关系间接确定。抗拉强度主要决定于岩石中矿物组成之间的黏聚力的大小。由于岩石的抗拉强度很小，所以，当岩层受到挤压形成褶皱时，常在弯曲变形较大的部位受拉破坏，产生张性裂隙。

3.抗剪切强度（τ）

岩石在一定的压力条件下，被剪破时的极限剪切应力值，称为抗剪切强度（τ）。根据岩石受剪时的条件不同，通常把抗剪切强度分为三种类型。

（1）抗剪断强度

抗剪断强度是指在岩石剪断面上有一定垂直压应力作用，被剪断时的最大剪应力值。

$$\tau = \sigma \tan\varphi + c \tag{3-2-8}$$

式中：τ——岩石抗剪断强度，kPa；

σ——破裂面上的法向应力，kPa；

φ——岩石的内摩擦角；

c——岩石的黏聚力，kPa。

室内测定抗剪断强度时一般采用剪力仪。

(2)抗剪强度

抗剪强度是指沿已有的破裂面剪切滑动时的最大剪切力，测试该指标的目的在于求出抗剪系数值，为坝基、桥基、隧道等基底滑动和稳定验算提供试验数据。

$$\tau = \sigma \tan\varphi \tag{3-2-9}$$

(3)抗切强度

抗切强度是指压应力等于零时的抗剪切强度，它是测定岩石黏聚力的一种方法。

$$\tau = c$$

常见岩石的抗压、抗剪及抗拉强度指标列于表3-2-6中。

常见岩石的抗压、抗剪及抗拉强度(MPa) 表3-2-6

岩石名称	抗压强度	抗剪强度	抗拉强度
花岗岩	100~250	14~50	7~25
闪长岩	150~300	—	15~30
辉长岩	150~300	—	15~30
玄武岩	150~300	20~60	10~30
砂岩	20~170	8~40	4~25
页岩	5~100	3~30	2~10
石灰岩	30~250	10~50	5~25
白云岩	30~250	—	15~25
片麻岩	50~200	—	5~20
板岩	100~200	15~30	7~20
大理岩	100~250	—	7~20
石英岩	150~300	20~60	10~30

(四)岩石的工程分类

1.按岩石强度分类

工程上，根据岩石单轴饱和抗压强度将其划分为五类，见表3-2-7。

岩石按强度分类 表3-2-7

<table>
<tr><th>坚硬程度</th><th>岩石单轴饱和抗压强度 R_c(MPa)</th><th>代表性岩石</th></tr>
<tr><td>坚硬岩</td><td>$R_c>60$</td><td rowspan="2">1.花岗岩、闪长岩、玄武岩等岩浆岩类；
2.硅质、铁质胶结的砾岩及砂岩、石灰岩、白云岩等沉积岩类；
3.片麻岩、大理岩、石英岩、片岩、板岩等变质岩类</td></tr>
<tr><td>较坚硬岩</td><td>$30<R_c\leqslant 60$</td></tr>
<tr><td>较软岩</td><td>$15<R_c\leqslant 30$</td><td rowspan="3">1.凝灰岩等；
2.泥砾岩、泥质砂岩、泥质页岩、泥岩等沉积岩类；
3.云母片岩或千枚岩等变质岩类</td></tr>
<tr><td>软岩</td><td>$5<R_c\leqslant 15$</td></tr>
<tr><td>极软岩</td><td>$R_c\leqslant 5$</td></tr>
</table>

软质岩石往往具有一些特殊性质，如可压缩性、软化性、可溶性等，这类岩石不仅强度低，而且抗水性也差，在水的长期作用下，其内部的联结力会逐渐降低，甚至消失。

2.按岩石施工难易程度分类

按岩石施工难易程度划分为三级，见表3-2-8。

岩石的工程分级　　表3-2-8

岩石等级	岩石类别	岩石名称	钻1m所需的净钻时间(min)			爆破$1m^3$所需炮眼长度(m)		开挖方法
			湿式凿岩一字合金钻头	湿式凿岩普通淬火钻头	双人打眼(工日)	路堑	隧道导坑	
Ⅳ	软石	各种松软岩石、盐岩、胶结不紧的砾岩、泥质页岩、砂岩、煤，较坚实的泥灰岩、块石土及漂石土、软的节理较多的石灰岩	—	7以内	0.2以内	0.2以内	2.0以内	部分用撬棍或十字镐及大锤开挖，部分用爆破法开挖
Ⅴ	次坚石	硅质页岩、砂岩、白云岩、石灰岩、坚实的泥灰岩、软玄武岩、片麻岩、正长岩、花岗岩	15以内	7~20	0.2~1.0	0.2~0.4	2.0~3.5	用爆破法开挖
Ⅵ	坚石	硬玄武岩、坚实的石灰岩、白云岩、大理岩、石英岩、闪长岩、粗粒花岗岩、正长岩	15以上	20以上	1.0以上	0.4以上	3.5以上	用爆破法开挖

3.按岩石风化程度分类

按岩石风化程度的分类如表3-2-9所示。

按风化程度划分的岩石等级　　表3-2-9

风化程度	风化系数(k_f)	野外特征
未风化	0.9~1.0	岩质新鲜，偶见风化痕迹
微风化	0.8~0.9	结构基本未变，仅节理面有渲染或略有变色，有少量风化裂隙
中风化	0.4~0.8	结构部分破坏，沿节理面有次生矿物，风化裂隙发育，岩体被切割成岩块，用镐难挖，岩芯钻方可钻进
强风化	<0.4	结构大部分破坏，矿物成分已显著变化，风化裂隙发育，岩体破碎，用镐可以挖掘，干钻不易钻进
全风化	—	结构基本破坏，但尚可辨认，有残余强度，可用镐挖，干钻可钻进

本单元小结

本单元重点介绍了岩石的基本概念和主要鉴定特征，认识了常见的岩石类型，分析了岩石的主要工程地质性质。

1.岩浆岩是岩浆作用的产物。岩浆岩的主要矿物成分有石英、正长石、斜长石、角闪石、辉石、橄榄石、黑云母等。按其生成环境可分为深成岩、浅成岩和喷出岩。深成岩呈全晶质等粒结构，块状构造，致密坚硬，物理力学性质较好，一般是理想的建筑物地基和建筑材料。浅成岩多为斑状结构，块状构造。喷出岩呈隐晶质、斑状结构，流纹、气孔、杏仁状及块状构造，一般原生节理发育，透水性强，抗风化能力差，强度较低。但结构致密的块状构造的喷出岩，强度高，抗风化能力强，也属于良好的建筑物地基和建筑材料。

2.沉积岩是在地表环境下，先成岩石经一系列外动力地质作用形成的岩石。沉积岩的物质组成有碎屑物质、黏土矿物 、化学沉积矿物、有机质及生物残骸等。沉积岩的结构包括碎屑结构 、黏土结构、化学结晶结构及生物结构。其特有的构造包括层理构造、层面构造和化石。沉积岩在地壳表面分布最为广泛，其主要由碎屑的机械沉积物和溶液的化学沉积物胶结、固结而形成，强度不高，而且一般沉积物的层理构造发育，使得其力学性质各向异性显著。常见的有砾岩、砂岩、页岩、泥岩、石灰岩及白云岩。

3.变质岩是在变质作用下形成的岩石。变质岩特有的矿物有滑石、蛇纹石、绿泥石、石榴子石等。变质岩的结构包括变晶结构、变余结构、碎裂结构。变质岩特有的构造包括板状构造 、千枚状构造、片状构造和片麻状构造。常见的变质岩有板岩、千枚岩、片岩、片麻岩、大理岩和石英岩。

4.岩石的工程地质性质包括物理性质、水理性质和力学性质，其各种指标是定量评价岩石工程性质的可靠依据。影响岩石工程地质性质的因素主要有矿物成分、结构、构造、风化及水等。

试验 3-2-1 岩石学简易鉴定

教学过程设计

教学过程	课堂活动	时间	方法手段	资源
引入	回忆三大类岩石的主要鉴定特征	10min	1.讲授； 2.分组讨论； 3.学生互评； 4.学生操作	1.实训报告； 2.板书； 3.标本：矿物岩石
教学过程组织	1.请书写实训报告中相关内容。 2.介绍岩石鉴定步骤、用具、方法，最后定名。 3.区分岩浆岩与沉积岩（写出其主要特征并列表）。 4.区分岩浆岩与沉积岩的活动。 （1）学生每7~8人一组，共分4组； （2）每组分析2块标本的特征及不同，并定名； （3）每两组互换标本结果； （4）每组选一个代表向全班作汇报； （5）小组互评； （6）教师讲评。 5.区分三大岩类（列表）。 6.区分三大岩类的活动。 （1）学生每7~8人一组，共分4组； （2）每组分析4~5块标本的特征及不同，并定名； （3）每两组互换标本结果； （4）每组选一个代表向全班作汇报； （5）小组互评； （6）教师讲评。 7.总结	10min 5min 10min 20min 15min 35min 5min		

一、目的和适用范围

本方法适用于借助常规工具和试剂做简单试验，通过肉眼观察，鉴定公路工程岩样的岩石特征，其目的在于确定岩石的名称或类别。

二、仪器设备

常用工具：铁锤、硬度计或其他检验硬度用的工具（如手指甲、铁刀刃、钢刀刃、玻璃片等）、放大镜或显微镜、试剂、稀盐酸（浓度10%）。

三、试验步骤

（1）试样准备。为了获得有代表性的岩石样品，野外工作期间要选择的标本数不应少于3个。对于不规则试样，样品规格为体积不小于$100cm^3$的近似立方体，并应除掉松动部分和表面附着物。

（2）用铁锤敲击岩石试样，使之出现新鲜断面。

（3）通过肉眼，同时借助放大镜或显微镜仔细观察新鲜断面的岩石结构和构造，注重观察其节理、裂隙、结晶程度、矿粒大小、胶结物等特征结构，并作描述。用硬度计或其他检验硬度用的工具在新鲜断面上进行划痕试验，以确定矿物的硬度。硬度对比的标准从软到硬依次由下列10种矿物组成：①滑石；②石膏；③方解石；④萤石；⑤磷灰石；⑥正长石；⑦石英；⑧黄玉；⑨刚玉；⑩金刚石。

（4）在新鲜断面上滴几滴稀盐酸，观察滴酸的岩石部位表面变化，如有无泡沫产生等。

（5）分析岩石的矿物组成、结构和构造，确定岩石名称或类别。

第一，根据岩石的产状，特殊的结构、构造，主要的或特殊的物质成分来区分岩浆岩、沉积岩和变质岩三大类岩石。

第二，如果确定是岩浆岩，则可根据颜色（矿物成分）和结构、构造决定岩石名称。因为在岩浆岩中，深色岩石含铁镁矿物多，多属基性或超基性岩类；如果颜色浅，则主要是硅铝矿物，一般为中性岩类或酸性岩类。然后，根据结构、构造，可确定其生成环境，这样就可以把岩浆岩类岩石区分开。

第三，如果确定是沉积岩，则先根据胶结物的有无，把碎屑岩和化学岩、生物化学岩区分开。如果是碎屑岩，则应根据碎屑的大小分出砾岩（角砾岩）、砂岩或黏土岩；如果是化学岩或生物化学岩，则可用稀盐酸鉴别：岩石起泡者为石灰岩，粉末起泡者为白云岩，起泡后留下土状斑点者为泥灰岩。

第四，如果确定是变质岩，则应根据构造进一步划分，在定向构造岩石中，具片理状构造的为片岩或千枚岩，具片麻状构造的为片麻岩，而如果是厚板状的，则为板岩。在块状构造的岩石中，滴稀盐酸起泡者为大理岩，不起泡者为石英岩。

四、结果整理

请按岩石学鉴定记录所列项目进行岩相描述，并根据岩相特征确定岩石名称或类别。

模块四 土的工程性质及土工试验

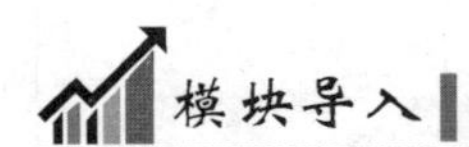

模块导入

地壳中的岩石长期暴露地表，经风化、剥蚀、搬运和沉积，形成固体矿物、水和气体的集合体称为土，包括岩块、岩屑、砾石、砂、黏土等。土在地壳表面分布广泛，几乎无处不有。土与人类活动的关系密切，它不仅是地下水的埋藏处所，且可作支承建筑物荷载的地基或作为建筑物周围的围岩介质，又是来源丰富的天然建筑材料。所以土的工程性质及其在天然和人为因素作用下的变化，将直接影响工程的规划、设计、施工和运用。

学习目标

【能力目标】

1.根据土工试验结果，判断公路土质填料的性能，能确定其是否可以做路基填料；

2.根据土工试验结果，能检测土质填方路基压实质量。

【知识目标】

1.掌握土的三相组成与颗粒分析试验方法；

2.掌握土的物理性质与土的密度和含水率试验方法；

3.掌握土的工程分类；

4.掌握黏性土物理状态指标计算与界限含水率试验方法；

5.掌握土的压实性与击实和CBR试验方法。

【素质目标】 在试验过程中，具有沟通和协作能力，并具有规范操作土工试验的能力。

单元1 土的三相组成

教学过程设计

教学过程	课 堂 活 动	时间	方法手段	资 源
引入	岩石与土的关系	5min	1.多媒体讲授； 2.分组讨论； 3.学生互评	1.PPT； 2.学习手册； 3.板书； 4.实例
教学过程组织	1.请书写并记忆学习手册中知识评价内容。 2.介绍土的三相组成。 固、液、气—理解三相关系—重点为固相。 3.认识粒组的划分（从成因理解）。 4.学生活动——记忆粒组的划分。 （1）学生每7~8人一组，共分4组； （2）每人分别记忆； （3）教师提问并总结。 5.介绍粒度成分及颗粒分析。 6.学生活动——分析粒度成分。 （1）学生每7~8人一组，共分4组； （2）每组分别分析； （3）教师提问并总结。 7.判定粗粒土的级配特征。 8.学生活动——判定粗粒土的级配。 （1）学生每7~8人一组，共分4组； （2）每组分别分析具体实例的级配特征； （3）教师提问并总结。 9.介绍土中的液相和气相。 10.总结	5min 5min 10min 10min 10min 10min 10min 10min 10min 5min		

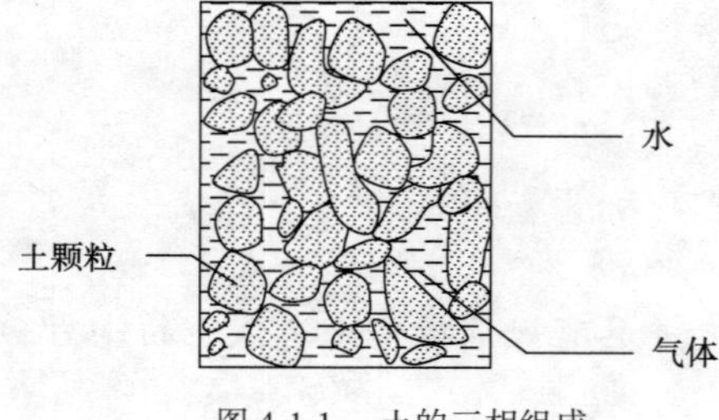

图4-1-1 土的三相组成

土是由三相（固、液、气）所组成的体系，如图4-1-1所示。土中固体矿物构成土的骨架，骨架之间贯穿着大量孔隙，孔隙中充填着液体和气体。相系组成之间的变化，将导致土的性质的改变。土的相系之间的质和量的变化是鉴别其工程地质性质的一个重要依据。随着环境的变化，土的三相比例也发生相应的变化，土体三相比例不同，土的状态和工程性质也随之各异。

由固体和气体（液体为零）组成的土为干土。干燥状态的黏土呈干硬状态，干燥状态的砂土呈松散状态。

由固体、液体和气体三相组成的土为湿土。湿黏土多为可塑状态。

由固体和液体（气体为零）组成的为饱和土。饱和状态的细砂或粉土，遇到强烈地震，可能产生液化，而使工程建筑物受到破坏；饱和状态的黏土地基，受到建筑物荷载的作用会发生沉降。

由此可见,研究土的工程性质,首先需从最基本的、组成土的三相本身开始研究。

一、土中固体颗粒

土中固体颗粒是土的三相组成中的主体,其粒度成分、矿物成分决定着土的工程性质。

(一)粒度成分

土粒组成土体的骨架,了解各个土粒的特征以及土粒集合体的特征,是学习土的工程性质的重要内容之一。

1.土颗粒的大小

自然界中的土是由大小不同的颗粒组成的,土粒的大小称为粒度。土颗粒大小相差悬殊,有大于几十厘米的漂石,也有小于几微米的胶粒。天然土的粒径一般是连续变化的,为便于研究,工程上把大小相近的土粒合并为组,称为粒组。粒组间的分界线是人为划定的,划分时使粒组界限与粒组性质的变化相适应,并按一定的比例递减关系划分粒组的界限值。每个粒组的区间内,常以其粒径加上、下限给粒组命名,如砾粒、砂粒、粉粒、黏粒等。各组内还可细分为若干亚组。我国《公路土工试验规程》(JTG E40—2007)中的粒组方案如表4-1-1所示。

粒组划分 表4-1-1

200　60　20　5　2　0.5　0.25　0.075　0.002(mm)

巨粒组		粗粒组						细粒组	
漂石(块石)	卵石(小块石)	砾(角砾)			砂			粉粒	黏粒
		粗	中	细	粗	中	细		

注:关于划分粒组的粒径界限,不同国家、不同部门有不同规定,但总的来看大同小异。

2.粒度成分及粒度成分的分析方法

土的粒度成分是指土中各种不同粒组的相对含量(以干土质量的百分比表示)。或者说土是由不同粒组以不同数量的配合,故又称为"颗粒级配"。例如:经分析,某种土中含黏粒55%,粉粒35%,砂粒10%,即该土中各粒组干质量占该土总质量的百分比含量。粒度成分可用来描述土的各种不同粒径土粒的分布特征。

为了准确地测定土的粒度成分,所采用的各种手段统称为粒度成分分析或颗粒分析。其目的在于确定土中各粒组颗粒的相对含量。

目前,我国常用的粒度成分分析方法有:对于粗粒土,即粒径大于0.075mm的土,用筛分法直接测定;对于粒径小于0.075mm的土,用沉降分析法。当土中粗细粒兼有时,可联合使用上述两种方法。

(1)筛分法

将所称取的一定质量干土样放在筛网孔逐级减小的一套标准筛上摇振,然后分层测定各筛中土粒的质量,即为不同粒径粒组的土质量,计算出每一粒组质量占土样总质量的百分数,并可计算小于某一筛孔直径土粒的累计质量及累计百分含量。

(2)沉降分析法

沉降分析法就是根据土粒在液体中沉降的速度与粒径的平方成正比的关系由司笃克斯

(Stokes)定理确定。土粒越大,在静水中沉降速度越快;反之,土粒越小,沉降速度越慢。

3.粒度成分的表示方法

常用的粒度成分的表示方法有:表格法、累计曲线法和三角坐标法。

(1)表格法

以列表形式直接表达各粒组的相对含量,它用于粒度成分的分类是十分方便的。表格法有两种不同的表示方法,一种是以累计百分含量表示的,如表4-1-2所示;另一种是以粒组的粒度成分表示的,如表4-1-3所示。累计百分含量是直接由试验求得的结果,粒组的粒度成分是由相邻两个粒径的累计百分含量之差求得的。

粒度成分的累计百分含量表示法 表4-1-2

粒径 d_i (mm)	粒径小于或等于 d_i 的累计百分含量 P_i(%)		
	A土样	B土样	C土样
10		100.0	
5	100.0	75.0	
2	98.8	55.0	
1	92.9	42.7	
0.5	76.5	34.7	
0.25	35.0	28.5	100.0
0.10	9.0	23.6	92.0
0.075		19.0	77.6
0.010		10.9	40.0
0.005		6.7	28.9
0.001		1.5	10.0

粒度成分分析结果 表4-1-3

粒组(mm)	A土样	B土样	C土样
10~5		25.0	
5~2	1.2	20.0	
2~1	5.9	12.3	
1~0.5	16.4	8.0	
0.5~0.25	41.5	6.2	
0.250~0.100	26.0	4.9	8.0
0.100~0.075	9.0	4.6	14.4
0.075~0.010		8.1	37.6
0.010~0.005		4.2	11.1
0.005~0.001		5.2	18.9
<0.001		1.5	10.0

(2)累计曲线法

累计曲线法是一种图示的方法,通常用半对数坐标纸绘制,横坐标(按对数比例尺)表示粒

径 d_i,纵坐标表示小于某一粒径的土粒的累计百分数 P_i(注意:不是某一粒径的百分含量)。采用半对数坐标,可以把细粒的含量更好地表达清楚,若采用普通坐标,则不可能做到这一点。

图 4-1-2 是根据表 4-1-2 提供的资料,在半对数坐标纸上点出各粒组累计百分数及粒径对应的点,然后将各点连成一条平滑的曲线,即得该土样的累计曲线。

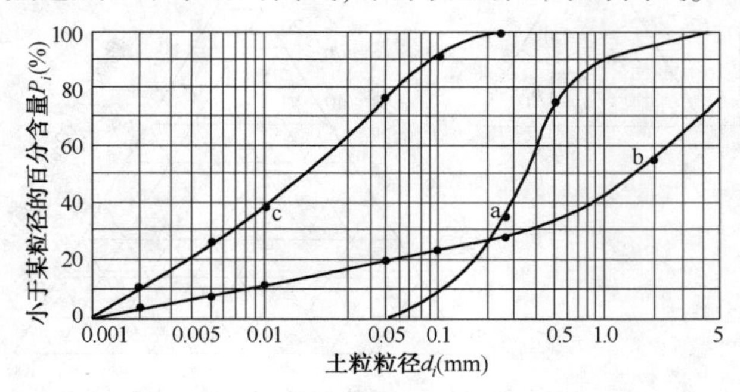

图 4-1-2 粒度成分累计曲线

累计曲线的用途主要有以下两个方面:

①由累计曲线可以直观地判断土中各粒组的分布情况。曲线 a 表示该土绝大部分是由比较均匀的砂粒组成的;曲线 b 表示该土是由各种粒组的土粒组成,土粒极不均匀;曲线 c 表示该土中砂粒极少,主要是由粉粒和黏粒组成。

②由累计曲线可确定土粒的级配指标。

不均匀系数 C_u:

$$C_u = \frac{d_{60}}{d_{10}} \tag{4-1-1}$$

曲率系数 C_c:

$$C_c = \frac{d_{30}^2}{d_{60} \times d_{10}} \tag{4-1-2}$$

式中:d_{10}、d_{30}、d_{60}——分别相当于累计百分含量为 10%、30%、60%的粒径;d_{10}称为有效粒径,d_{60}称为限制粒径,d_{30}称为中间粒径。

不均匀系数 C_u 反映大小不同粒组的分布情况。C_u 越大表示土粒大小的分布范围越广,颗粒大小越不均匀,其级配越好,作为填方工程的土料时,则比较容易获得较大的密实度。

曲率系数 C_c 表示的是累计曲线的分布范围,反映累计曲线的整体形状,或称反映累计曲线的斜率是否连续。

一般情况下,工程上把 $C_u<5$ 的土看作是均粒土,属级配不良的土;$C_u>5$ 时,称为不均粒土。经验证明,当级配连续时,C_c 的范围为 1~3;因此当 $C_c<1$ 或 $C_c>3$ 时,均表示级配不连续。

从工程上看,$C_u \geq 5$ 且 $C_c = 1 \sim 3$ 的土,称为级配良好的土;不能同时满足上述两个要求的土,称为级配不良的土。

(3)三角坐标法

三角坐标法也是一种图示法,可用来表达黏粒、粉粒和砂粒三种粒组的百分含量。它是利用几何上等边三角形中任意一点到三边的垂直距离之和恒等于三角形的高的原理,即 $h_1+h_2+h_3=H$(图 4-1-3)来表达粒度成分。如取三角形的高 H 为 100%,h_1 为黏土颗粒的含量,h_2

为砂土颗粒的含量，h_3 为粉土颗粒的含量，则图 4-1-3 中 m 点即表示土样的粒度成分中黏粒、粉粒及砂粒的百分含量分别为 23%、47%和 30%。

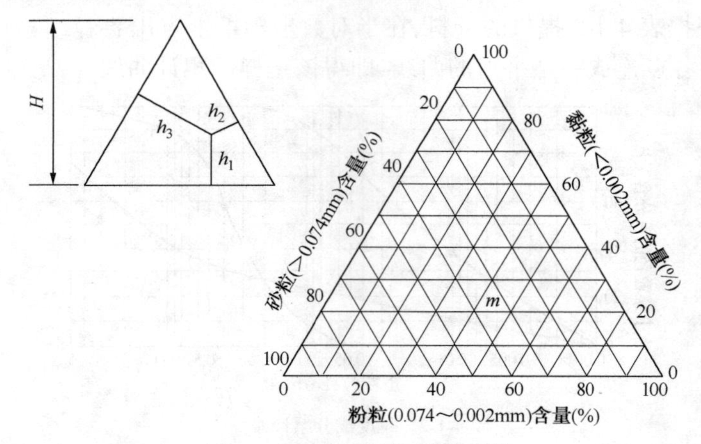

图 4-1-3　三角坐标表示粒度成分

（二）矿物成分

土是由矿物组成的，不同的矿物具有不同的特性，影响土的物理力学性质。对土进行工程地质研究时，必须注意土的矿物成分、矿物的特性及其对土的物理力学性质的影响。组成土的矿物可分为原生矿物、次生矿物和有机质。土的固体颗粒物质分为无机矿物颗粒和有机质。

1.原生矿物

原生矿物即岩浆在冷凝过程中形成的矿物，如石英、长石、云母等。由它们构成的粗粒土，例如漂石、卵石、圆砾等，都是岩石的碎屑，其矿物成分与母岩相同。由于其颗粒大，比表面积小（单位体积内颗粒的总表面积），与水的作用能力弱，其抗水性和抗风化作用都强，故工程性质比较稳定。若级配好，则土的密度大，强度高，压缩性低。

2.次生矿物

次生矿物系原生矿物经化学风化作用后而形成的新矿物（例如黏土矿物）。它们颗粒细小，呈片状，是黏性土固相的主要成分。

下面以三种主要黏土矿物为例，介绍其结构特征和基本的工程特性。

（1）蒙脱石是由两层硅氧晶片之间夹一层铝氢氧晶片所组成，称为 2∶1 型结构单位层或三层型单位结构层。由于单位结构层之间是 O^{2-} 对 O^{2-} 的连接，故其键力很弱，很容易被具有氢键的水分子楔入而分开，因此，当土中蒙脱石含量较大时，则该土可塑性和压缩性高，强度低，渗透性小，具有较大的吸水膨胀和脱水收缩的特性。

（2）伊利石的结构与蒙脱石一样，同属 2∶1 型结构单位层，层之间同样键力较弱。但是，伊利石在构成时，部分硅片中的 Si^{4+} 被低价的 Al^{3+}、Fe^{3+} 等所取代，因而在相邻结构层间将出现若干一价阳离子（K^+）以补偿正电荷的不足。嵌入的 K^+ 离子，增强了伊利石层间的连接作用。所以伊利石层间结构优于蒙脱石，其膨胀性和收缩性都较蒙脱石小。

（3）高岭石结构是由一层硅氧晶片和一层铝氢氧晶片组成的单位结构层，属于 1∶1 型结构单位层或两层型,高岭石矿物就是由若干重叠的单位结构层构成的。这种结构层一面露出氢氧基,另一面则露出氧原子。单位层间的连接是氧原子与氢氧基之间的氢键,它具有较强的连接力,因此层间的距离不易改变,水分子不能进入,单位结构层活动性较小,使得高岭石的亲水性、膨胀性和收缩性均小于伊利石,更小于蒙脱石。

3.有机质

在自然界一般土,特别是淤泥质土中,通常都含有一定数量的有机质,当其在黏性土中的质量分数达到或超过5%(在砂土中的质量分数达到或超过3%)时,就开始会对土的工程性质产生显著的影响。例如,在天然状态下,这种黏性土的含水率显著增大,呈现高压缩性和低强度等性质。有机质土对土的工程性质的影响,实质在于它比黏土矿物有更强的胶体特性和亲水性。所以,有机质比黏土矿物对土性质的影响更大。

二、土中的水

土中的水是土的液体相的组成部分。它们以不同形式和不同状态存在着,对土的工程性质起着不同的作用和影响。土中的水按其工程地质性质可分为以下几类。

1.结合水

黏土颗粒与水相互作用,土粒表面通常是带负电荷的,在土粒周围会产生一个电场。水溶液中的阳离子一方面受土粒表面的静电引力作用,一方面又受到布朗运动(热运动)的扩散力作用,这两个相反趋向作用的结果,使土粒周围的阳离子呈不均匀分布,其分布与地球周围的大气层分布相仿。在土粒表面所吸附的阳离子是水化阳离子,土粒表面除水化阳离子外,还有一些水分子也为土粒所吸附,吸附力极强。土粒表面被强烈吸附的水化阳离子和水分子构成了吸附水层(也称为强结合水或吸着水)。在土粒表面,阳离子浓度最大,随着离土粒表面距离的加大,阳离子浓度逐渐降低,直至达到孔隙中水溶液的正常浓度为止。

强结合水紧靠土粒表面,厚度只有几个水分子厚,小于0.003 1μm(1μm=0.001mm),受到约1 000MPa(1万个大气压)的静电引力,使水分子紧密而整齐地排列在土粒表面不能自由移动。强结合水的性质与普通水不同,其性质接近固体。它的特征是:①没有溶解盐类的能力;②具有很大的黏滞性、弹性和抗剪强度,不能传递静水压力;③只有吸热变成蒸汽时才能移动,-78℃低温才冻结成冰。

当黏土只含强结合水时呈固体坚硬状态,将干燥的土移至天然湿度的空气中,则土的质量将增加,直到土中吸着的强结合水达到最大吸着度为止。土粒越细,土的比表面积越大,则最大吸着度就越大。

弱结合水是紧靠于强结合水的外围形成一层结合水膜。其密度大于普通液态水。它仍然不能传递静水压力,但水膜较厚的弱结合水能向邻近的较薄的水膜缓慢移动。

当土中含有较多的弱结合水时,土则具有一定的可塑性。砂土比表面积较小,几乎不具可塑性,而黏土的比表面积较大,其可塑性范围较大。

2.自由水

自由水是存在于土粒表面电场影响范围以外的水。因为水分子离土粒较远,在土粒表面的电场作用以外,水分子自由散乱地排列,它的性质和普通水一样,能传递静水压力,冰点为0℃,有溶解能力,主要受重力作用的控制。自由水包括下列两种。

(1)毛细水

这种水位于地下水位以上土粒细小的孔隙中,是介于结合水与重力水之间的一种过渡型水,受毛细作用而上升。粉土中孔隙小,毛细水上升高,在寒冷地区要注意由于毛细水而引起的路基冻胀问题,尤其要注意毛细水源源不断地使地下水上升产生的严重冻胀。

毛细水水分子排列的紧密程度介于结合水和普通液态水之间,其冰点也在普通液态水之下。毛细水还具有极微弱的抗剪强度。

(2)重力水

重力水是位于地下水位以下较粗颗粒的孔隙中,是只受重力控制,水分子不受土粒表面吸引力影响的普通液态水。其受重力作用由高处向低处流动,具有浮力的作用。重力水能传递静水压力,并具有溶解土中可溶盐的能力。

3.气态水

气态水以水汽状态存在于土的孔隙中。它能从气压高的空间向气压低的空间运移,并可在土粒表面凝聚转化为其他各种类型的水。气态水的迁移和聚集使土中水和气体的分布状态发生变化,可使土的性质发生改变。

4.固态水

固态水是当气温降至0℃以下时,由液态的自由水冻结而成。由于水的密度在4℃时为最大,低于0℃的冰,不冷缩,反而膨胀,使基础发生冻胀,因此寒冷地区基础的埋置深度要考虑冻胀问题。

三、土中气体

土中气体指土的固体矿物之间的孔隙中没有被水充填的部分。土中气体除含有空气中的主要成分 O_2 外,含量最多的是 H_2O、CO_2、N_2、CH_4、H_2S 等气体。一般土中气体比空气中含有更多的 CO_2,较少的 O_2,较多的 N_2。土中气体与大气的交换越困难,两者的差别就越大。

土中气体可分为自由气体和封闭气泡两类。自由气体与大气相连通,通常在土层受力压缩时即逸出,对土的工程性质影响不大;封闭气泡与大气隔绝,对土的工程性质影响较大,在受外力作用时,随着压力的增大,这种气泡可被压缩或溶解于水中,压力减小时,气泡会恢复原状或重新游离出来。若土中封闭气泡很多时,将使土的压缩性增高,渗透性降低。

四、土的结构

土的结构是指土颗粒之间的相互排列和连接形式的综合特征。同一种土,原状土和重塑土的力学性质有很大差别。也就是说,土的结构对土的性质有很大影响。土的结构种类有以下几种。

1.单粒结构

单粒结构是碎石类土和砂土的结构特征。其特点是土粒间没有连接或只有极微弱的水连接,可以略去不计。按土粒间的相互排列方式和紧密程度不同,可将单粒结构分为松散结构和紧密结构,如图4-1-4所示。

在静荷载作用下,尤其在振动荷载作用下,具有松散结构的土粒,易于变位压密,孔隙度降低，地基发生突然沉陷，导致建筑物破坏。尤其是具有松散结构的砂土，在饱水情况下受振动时，会变成流动状态，对建筑物的破坏性更大。而具有紧密结构的土层，在建筑物的静荷载作用下不会压缩沉陷，在振动荷载作用下，孔隙度的变化也很小，不致造成破坏。紧密结构的砂土只有在侧向松动，如开挖基坑后，才会变成流沙状态。所以，紧密结构是最理想的结构。

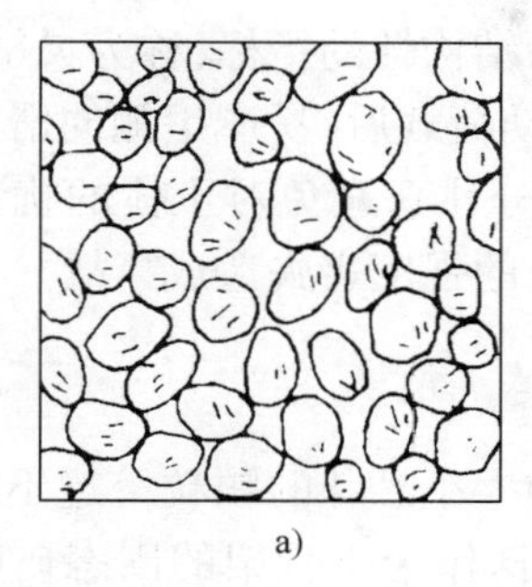

a)

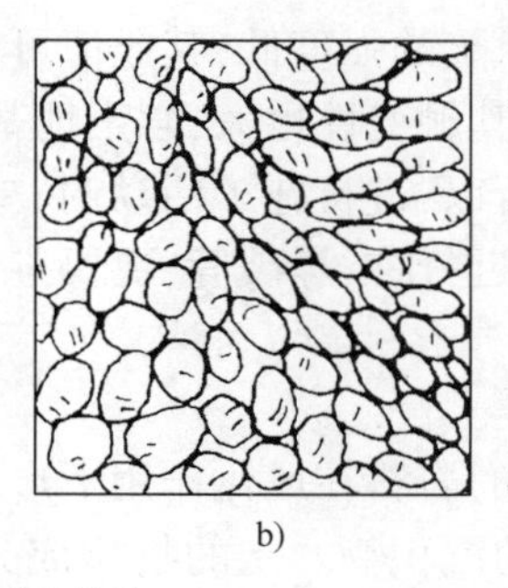

b)

图 4-1-4　土的单粒结构

a）松散结构；b）紧密结构

单粒结构的紧密程度取决于矿物成分、颗粒形状、均匀程度和沉积条件等。片状矿物组成的砂土最松散；浑圆的颗粒组成的砂土比带棱角的颗粒组成的砂土紧密；土粒愈不均匀，结构愈紧密；急速沉积的较缓慢沉积的土结构松散。

2.蜂窝结构

蜂窝结构主要是细粒土具有的结构形式之一，如图 4-1-5a）所示。当土粒粒径在 0.002～0.02mm 时，单个土粒在水中下沉，碰到已沉积的土粒，因土粒之间的分子引力大于土粒自重，则下沉的土粒被吸引，不再下沉，逐渐由单个土粒串联成小链状体，边沉积边合围而成内包孔隙的似蜂窝状的结构。这种结构的孔隙一般远大于土粒本身尺寸，若沉积后土层没有受过比较大的上覆压力，在建筑物的荷载作用下会产生较大沉降。

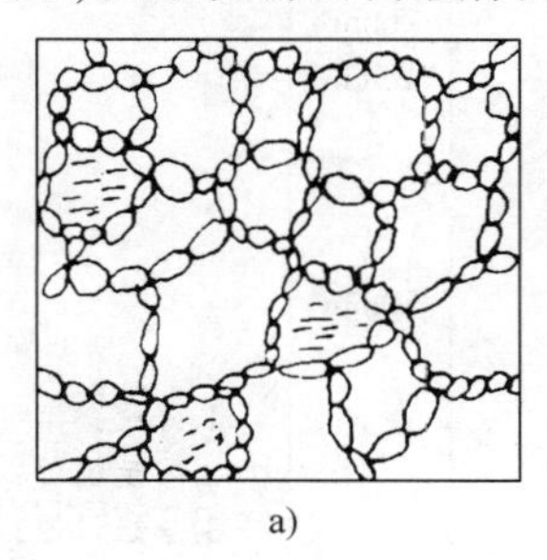

a)

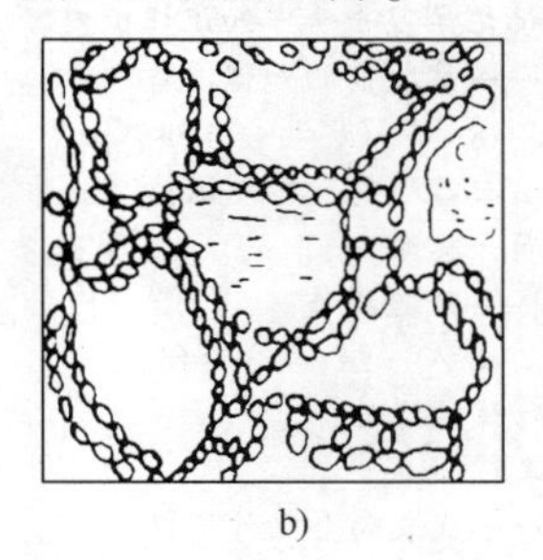

b)

图 4-1-5　黏性土的絮凝结构示意图

a）蜂窝结构；b）絮状结构

3.絮状结构（又称二级蜂窝结构）

这是颗粒最细小的黏土特有的结构形式，如图 4-1-5b）所示。当土粒粒径小于 0.002mm 时，土粒能在水中长期悬浮。这种土粒在水中运动，相互碰撞而吸引，逐渐形成小链环状的土粒集合，质量增大而下沉，当一个小链环碰到另一小链环时，相互吸引，不断扩大形成大链环状，称为絮状结构。因小链环中已有孔隙，大链环中又有更大的孔隙，故形象地称为二级蜂窝结构。絮状结构比蜂窝状结构具有更大的孔隙率，在荷载作用下可能产生更大的沉降。

土的结构在形成过程中以及形成之后，当外界条件变化时(例如荷载条件、湿度条件、温度条件或介质条件的变化)，都会使土的结构发生变化。土体失水干缩时，会使土粒间的连接增强；土体在外力作用下(压力或剪力)，絮状结构会趋于平行排列的定向结构，使土的强度及压缩性都随之发生变化。保持原来天然含水率，但天然结构被破坏的重塑土的强度比保持天然结构的原状土的强度低，其比值可作为结构性的指标，称为灵敏度。

灵敏度高的土，其触变性也大，软土地基受动荷载后，易产生侧向滑动、沉降或基底面向两侧挤出等现象。所以，进行施工活动时，要十分注意避免对土体的扰动，防止发生过大的变形，特别在边坡附近打桩、爆破等，更要避免土的强度丧失造成事故。

本单元小结

土是连续、坚固的岩石在风化作用下形成的大小悬殊的颗粒经过不同的搬运方式，在各种自然环境中生成的沉积物。土的物质成分包括作为土骨架的固态矿物颗粒、孔隙中的水以及气体。因此，土一般是由颗粒(固相)、水(液相)和气(气相)所组成的三相体系。各种土的颗粒大小和矿物成分差别很大，土的三相间的数量比例也不尽相同，而且土粒与其周围的水又发生了复杂的物理化学作用。所以，要研究土的性质就必须了解土的三相组成以及在天然状态下土的结构和构造等特征。

试验 4-1-1　土的比重测定

教学过程设计

教学过程	课堂活动	时间	方法手段	资源
引入	土的比重的概念及本试验的目的和适用范围	5min	1.讲授； 2.演示操作； 3.分组讨论； 4.学生互评	1.试验仪器； 2.试验指导； 3.板书； 4.学习手册
教学过程组织	1.请书写并记忆学习手册中知识评价内容。 2.学生活动——试验前的知识准备。 (1)学生每7~8人一组，共分4组； (2)任选一组回答所需准备知识； (3)教师提问并总结。 3.学生活动——试验操作。 (1)学生每7~8人一组，共分4组； (2)分组进行试验操作； (3)交换结果； (4)每组选一个代表向全班作汇报； (5)小组互评； (6)教师讲评。 4.学生活动——结果整理。 (1)学生每7~8人一组，共分4组； (2)分组进行试验结果分析； (3)交换结果； (4)每组选一个代表向全班作汇报； (5)小组互评； (6)教师讲评。 5.总结	5min 10min 50min 15min 5min		

一、试验目的与适用范围

(1)巩固土的比重的概念;
(2)掌握测定土的比重的主要方法;
(3)了解试验的基本原理及比重瓶的正确使用;
(4)掌握煮沸(或抽气)的排气方法的操作技巧;
(5)为换算土的孔隙比、孔隙度、饱和度、粒度分析、压缩试验的资料整理提供基础数据;
(6)本试验法适用于粒径小于5mm的土。

二、基本原理

土的比重是土在105~110℃下,烘干至恒量时的质量与同体积4℃蒸馏水质量的比值。其测定是应用排除与土同体积液体的方法进行的,一般采用比重瓶法。该法是用比重瓶盛烘干土称重,求得土质量,并根据干土在比重瓶中排开液体(一般用蒸馏水)即代表土粒体积的方法求得土比重。一般可采用煮沸和抽气两种排气方法。但土中含水溶盐或活性胶体(如盐渍土、有机土过多)时,则需要采用中性溶液(如煤油、苯等)来代替蒸馏水,用抽气法排气。

三、仪器设备

(1)比重瓶:容量100mL或50mL。
(2)天平:称量200g,感量0.001g。
(3)恒温水槽:灵敏度±1℃。
(4)砂浴。
(5)真空抽气设备。
(6)温度计:测量范围0~50℃,分度值为0.5℃。
(7)其他:烘箱、蒸馏水、中性液体(如煤油等)、漏斗、滴管、孔径2mm及5mm筛等。

四、试验步骤

(一)试验准备

将比重瓶洗净烘干,土在105~110℃下烘干,将比重瓶和土样冷却备用。

(二)试验步骤

(1)称干土质量:称烘干比重瓶质量,准确至0.001g。再取烘干土样15g,用小漏斗倒入比重瓶中,然后称瓶和土的质量,两次质量差即为干土质量(m_s)。

(2)煮沸排气:为排除土中空气,将已装有干土的比重瓶,注蒸馏水至瓶的一半处,摇动比重瓶,使土样浸泡20h以上,再将瓶在砂浴中煮沸,煮沸时间自悬液沸腾时算起,砂及低液限黏土应不少于30min,高液限黏土应不少于1h,使土粒分散。注意沸腾后调节砂浴温度,不得使土液溢出瓶外。

(3)称瓶、水、土的总质量：如用长颈比重瓶用滴管调整液面恰至刻度(以弯液面下缘为准)。如用短颈比重瓶，塞好瓶塞后多余的水分自瓶塞毛细管中溢出，擦干瓶外水分后称瓶、水、土的总质量(m_2)并测出瓶中水温度，准确至0.5℃。

(4)称瓶+水质量：根据测得的温度，从已绘制的温度与瓶、水、土总质量关系曲线中查得瓶、水总质量。如比重瓶体积事先未经过温度校正，则立即倒净比重瓶并洗净，向瓶中注蒸馏水至满瓶[与(3)称瓶、水、土的总质量同]，将瓶外水分擦干后称瓶水总质量(m_1)，其水的温度应与 m_2 水温相同。

五、结果整理

1.用蒸馏水测定时

$$G_s = \frac{m_s}{m_1 + m_s - m_2} \times G_{wt} \tag{4-1-3}$$

式中：G_s——土的比重，计算至0.001；

m_s——干土质量，g；

m_1——瓶、水总质量，g；

m_2——瓶、水、土总质量，g；

G_{wt}——t℃时蒸馏水的比重(查表)，准确至0.001。

2.用中性液体测定时

$$G_s = \frac{m_s}{m'_1 + m_s - m'_2} \times G_{kt} \tag{4-1-4}$$

式中：m'_1——瓶、中性液体总质量，g；

m'_2——瓶、土、中性液体总质量，g；

G_{kt}——t℃时中性液体比重，准确至0.001。

本试验必须进行两次平行测定，取算术平均值，以两位小数表示，其平行差值不得大于0.02。

六、注意事项

(1)煮沸排气时，必须防止悬液溅出，火力不宜过猛，要防止烧干。

(2)比重瓶满刻度时液面的位置前后几次应该一致，以下缘为准。

(3)比重瓶外面及刻度以上的水分必须擦拭干净，称重必须很准确。

(4)对有机质含量高的土可不予烘干即做试验，待试验结束后，再测其烘干质量。

(5)试样用水，规定为蒸馏水，要求水质纯度高，不含任何被溶解的固体物质。

(6)计算式中的 m_1 和 m_2 及 m'_1 和 m'_2 必须在同一温度下称量。

(7)同一黏性土的比重，从冬季到夏季随着大气温度的升高及水蒸气压力的增大而减小。砂性土的比重则受温度影响极小。建议对黏性土用控制烘箱相对温度相等的方法进行测定。

(8)对含有某一定量的可溶盐、不亲水性胶体或有机质的土，必须用中性液体(如煤油)测定，并用真空抽气法排除土中气体。

试验 4-1-2 土的颗粒分析(筛分试验)

教学过程设计

<table>
<tr><th>教学过程</th><th>课 堂 活 动</th><th>时间</th><th>方法手段</th><th>资 源</th></tr>
<tr><td>引入</td><td>粒度成分的概念及本试验目的和使用范围</td><td>5min</td><td rowspan="2">1.讲授;
2.演示操作;
3.分组讨论;
4.学生互评</td><td rowspan="2">1.试验仪器;
2.试验指导;
3.板书;
4.学习手册</td></tr>
<tr><td>教学过程组织</td><td>1. 请书写并记忆学习手册中知识评价内容。
2.学生活动——试验前知识准备。
(1)学生每7~8人一组,共分4组;
(2)任选一组回答所需准备知识;
(3)教师提问并总结。
3.学生活动——试验操作。
(1)学生每7~8人一组,共分4组;
(2)分组进行试验操作;
(3)交换结果;
(4)每组选一个代表向全班作汇报;
(5)小组互评;
(6)教师讲评。
4.学生活动——结果处理。
(1)学生每7~8人一组,共分4组;
(2)分组进行试验结果分析;
(3)交换结果;
(4)每组选一个代表向全班作汇报;
(5)小组互评;
(6)教师讲评。
5.总结</td><td>5min
10min

50min

15min

5min</td></tr>
</table>

一、试验目的和适用范围

(1)验证并巩固粒组和粒度成分的概念;

(2)掌握粗粒土的主要粒度分析方法;

(3)掌握粒度成分的计算方法,累计百分含量的求解和累积曲线的绘制方法;

(4)了解土的级配情况,供土的分类,概略判断土的工程性质及选择建材提供所需的资料;

(5)本试验方法适用于分析粒径大于0.075mm的土颗粒组成。对于粒径大于60mm的土样,本试验方法不适用。

二、基本原理

利用一套不同孔径的筛,分离出与上下两筛孔径相适应的粒组。

将已知质量的土样放入按孔径大小依次套装的筛子最顶层,振摇筛子,粗粒留在上面筛中,而细粒漏到下面去,称各筛上剩余土样质量,就可算出各粒组的百分含量。

三、仪器设备

（1）标准筛：粗筛（圆孔）孔径为60mm、40mm、20mm、10mm、5mm、2mm；细筛（圆孔）孔径为2.0mm、1.0mm、0.5mm、0.25mm、0.075mm。

（2）天平：称量5 000g，感量5g；称量1 000g，感量1g；称量200g，感量0.2g。

（3）摇筛机。

（4）其他：烘箱、筛刷、烧杯、木碾、研钵等。

四、试验步骤

（一）试验准备

1.对无凝聚性的土

从风干的土样中，用四分法按下列规定取出具有代表性土样：

小于2mm颗粒的土取100~300g；

最大粒径小于10mm的土取300~900g；

最大粒径小于20mm的土取1 000~2 000g；

最大粒径小于40mm的土取2 000~4 000g；

最大粒径大于40mm的土取4 000g以上。

2.对含有黏土粒的砂砾土

将土样放在橡皮板上，用木碾将黏结的土团充分碾散、拌匀、烘干、称量。如土样过多，则用四分法称取代表性土样。

将试样置于盛有清水的瓷盆中，浸泡并搅拌，使粗细颗粒分散。

（二）试验步骤

1.对无凝聚性的土

（1）土样过筛：将大于2mm的试样按从大到小的次序，通过大于2mm的各级粗筛，将留在筛上的土分别称量。

2mm筛下的土如数量过多，可用四分法缩分至100~800g，将试样按从大到小的次序通过小于2mm的各级细筛。可用摇筛机进行振摇，振摇时间为10~15min。

（2）称筛余质量：由最大孔径的筛开始，顺序取下各筛，在白纸上轻扣摇晃，至每分钟筛下数量不大于该级筛余质量的1%为止。漏下的土样应放在下一级筛内，并将留在各筛上的土样用毛刷刷净，分别称量。筛后各级筛上和筛底土总质量与筛前试样总质量之差不应大于1%。

如2mm筛下的土样不超过试样总质量的10%，可省略细筛分析；如2mm筛上的土样不超过试样总质量的10%，可省略粗筛分析。

2.对含有黏土粒的砂砾土

（1）将土样放在橡皮板上，用木碾将黏土的土团充分碾散、拌匀、烘干、称量。如土样过多，则用四分法称取代表性土样。

将试样置于盛有清水的瓷盆中，浸泡并搅拌，使粗细颗粒分散。

将浸润后的混合液过 2mm 筛，边冲边洗过筛，直到筛上仅留大于 2mm 以上的土粒为止。然后，将筛上洗净的砂砾烘干称量，按以上方法进行粗筛分析。

(2)通过 2mm 筛下的混合液存放在盆中，待稍沉淀，将上部悬液过 0.075mm 洗筛，用带橡皮头的玻璃棒研磨盆内浆液，再加清水，搅拌、研磨、静置、过筛，反复进行，直至盆内悬液澄清。最后将全部土粒倒在 0.075mm 筛上用水冲洗，直至筛上仅留大于 0.075mm 净砂为止。

(3)将大于 0.075mm 的净砂烘干称量，并进行细筛分析。

将大于 2mm 颗粒及 0.075～2mm 的颗粒从原称量的总质量中减去，即为小于 0.075mm 颗粒质量。如果小于 0.075mm 颗粒质量超过总土质量的 10%，则将这部分土烘干、取样，另做密度计或移液管分析。

五、结果整理

(1)按下式计算小于某粒径颗粒质量百分数：

$$X=\frac{A}{B}\times 100 \tag{4-1-5}$$

式中：X——小于某粒径的质量百分数，%，计算至 0.01；

A——小于某粒径的颗粒质量，g；

B——试样的总质量，g。

(2)当小于 2mm 的颗粒用四分法取样时，按下式计算试样中小于某粒径的颗粒质量占总土质量的百分数：

$$X=\frac{a}{b}\times p\times 100 \tag{4-1-6}$$

式中：X——小于某粒径颗粒的质量占总土质量的百分数，%，计算至 0.01；

a——通过 2mm 筛的试样中小于某粒径的颗粒质量，g；

b——通过 2mm 筛的土样中所取试样质量，g；

p——粒径小于 2mm 的粒径质量百分数，%。

(3)在半对数坐标纸上，以小于某粒径的颗粒质量百分数为纵坐标，以粒径(mm)的对数为横坐标，绘制颗粒大小级配曲线，求出各粒组的颗粒质量百分数，以整数(%)表示。

(4)必要时按下式计算不均匀系数：

$$C_u=\frac{d_{60}}{d_{10}} \tag{4-1-7}$$

式中：C_u——不均匀系数，计算至 0.1，且含两位以上有效数字；

d_{60}——限制粒径，即土中小于该粒径的颗粒质量为 60% 的粒径，mm；

d_{10}——有效粒径，即土中小于该粒径的颗粒质量为 10% 的粒径，mm。

本试验要求筛后各级筛上和筛底土的总质量与筛前试样质量之差不大于 1%。

单元2 土的物理性质指标

教学过程设计

教学过程	课堂活动	时间	方法手段	资源
引入	介绍土的物理性质指标类型	5min	1.多媒体讲授； 2.分组讨论； 3.学生互评	1.PPT； 2.学习手册； 3.板书； 4.实例
教学过程组织	1.请书写并记忆学习手册中知识评价内容。 2.介绍土的三相图。 3.认识土的实测指标的物理意义和测定方法。 4.认识其他物理指标。 5.学生活动——记忆物理指标（ρ、ρ_d、w、G_s、e、n 和 S_r）。 （1）学生每7~8人一组，共分4组； （2）每人分别记忆； （3）教师提问并总结。 6.讲解利用三相图计算土的物理指标。 7.学生活动——计算土的物理指标。 （1）学生每7~8人一组，共分4组； （2）每组分别计算出各种物理指标； （3）交换结果； （4）每组选一个代表向全班作汇报； （5）小组互评； （6）教师讲评。 8.总结	5min 5min 15min 15min 10min 15min 15min 5min		

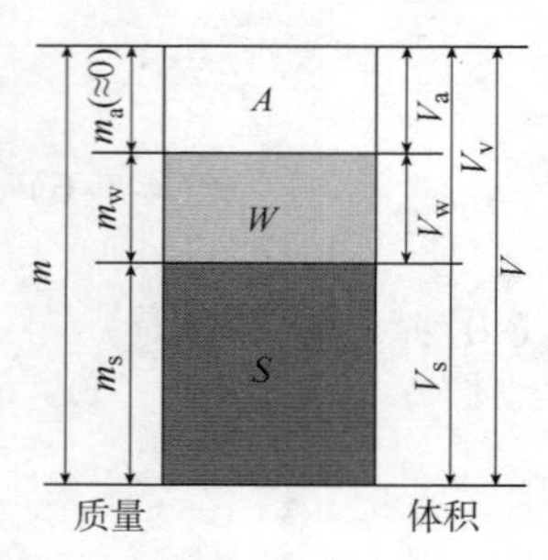

图4-2-1 土的三相图

土是土粒（固相）、水（液相）和空气（气相）三者所组成的。土的物理性质就是研究三相的质量与体积间的相互比例关系以及固、液两相相互作用表现出来的性质。定量研究三相之间的比例关系，即土的物理性质指标的物理意义和数值大小。利用物理性质指标可间接地评定土的工程性质。

为了更好地表示三相比例指标，把土体中实际上是分散的三个相（图4-2-1），抽象地分别集合在一起：固相集中于下部，液相居中部，气相集中于上部，构成理想的三相图。三相之间存在如下关系：

土的体积：

$$V=V_s+V_w+V_a$$

土中孔隙体积：

$$V_v=V_w+V_a$$

土的质量：

$$m=m_s+m_w+m_a$$

可以认为 $m_a\approx 0$，所以

$$m=m_s+m_w$$

式中：V_s、V_w、V_a——分别是土中土粒、水、气体的体积；

m_s、m_w、m_a——分别是土中土粒、水、气体的质量。

一、土的物理性质指标

1.土粒密度

土粒密度是指固体颗粒的质量 m_s 与其体积 V_s 之比，即单位体积土粒的质量，即：

$$\rho_s=\frac{m_s}{V_s} \quad (g/cm^3) \tag{4-2-1}$$

土粒密度仅与组成土粒的矿物密度有关，而与土的孔隙大小和含水多少无关。土粒密度仅说明土的固体部分的质量与体积的比例关系，实质上是土中各种矿物密度的加权平均值。大多数造岩矿物的密度相差不大，因此土粒密度值一般在 2.65～2.80 g/cm^3 之间。土粒密度是实测指标，可在试验室内直接测定。常用的测定方法有比重瓶法、浮力法、浮称法等。

2.土的比重

土的比重又称土粒相对密度，是指土在 105～110℃ 下烘干至恒重时的质量与同体积 4℃蒸馏水质量的比值。即：

$$G_s=\frac{\text{固体土颗粒的质量}}{\text{同体积 4℃蒸馏水质量}}=\frac{m_s}{V_s\rho_{w,4℃}} \tag{4-2-2}$$

3.土的密度

土的密度是指土的总质量与总体积之比，也即土的单位体积的质量。土的总体积包括土粒的体积 V_s 和土粒间孔隙的体积 V_v，土的总质量包括土粒的质量 m_s 和水的质量 m_w，空气的质量往往忽略不计。按孔隙中填充水的程度不同，土的密度可分为天然密度、干密度、饱和密度和浮密度四类。

(1)天然密度

天然状态下土的密度称为天然密度，以下式表示：

$$\rho=\frac{m}{V}=\frac{m_s+m_w}{V_s+V_v} \quad (g/cm^3) \tag{4-2-3}$$

天然密度综合反映了土的物质组成和结构特征。一定粒度成分的土，当结构较密实时，单位体积土中固相质量较多，土的密度就较大；当土的结构较疏松时，其值则较小。在结构相同的情况下，土的天然密度值随孔隙中水分含量的增减而增减。土的密度表征了三相间的体积和质量的比例关系。土的密度可在室内及现场直接测定，用来计算其他指标，是非常重要的参数。常用的测定土的天然密度的方法有环刀法、灌砂法等。

(2)干密度

土的干密度是指土的孔隙中完全没有水时单位体积的质量，即固体颗粒的质量与土的总体积之比值，以下式表示：

$$\rho_d=\frac{m_s}{V} \quad (g/cm^3) \tag{4-2-4}$$

干密度反映了土的孔隙性。干密度的大小取决于土的结构情况，因为它与含水率无关，因此，它反映了土的孔隙的多少。工程上常把干密度作为评定土体紧密程度的标准，以控制填土工程的施工质量。土的干密度一般在 1.40~1.70g/cm³ 范围内。

（3）饱和密度

土的孔隙完全被水充满时，单位体积土的质量，称为饱和密度，以下式表示：

$$\rho_{sat}=\frac{m_s+V_v\rho_w}{V}\quad (g/cm^3) \tag{4-2-5}$$

式中：ρ_w——水的密度（工程计算中可取 1g/cm³）；

其余符号意义同前。

（4）浮密度

土的浮密度又称为有效密度，是指土受水的浮力时单位体积土的质量，以下式表示：

$$\rho'=\frac{m_s-V_s\rho_w}{V}=\rho_{sat}-\rho_w\quad (g/cm^3) \tag{4-2-6}$$

4.土的含水性

土的含水性是指土中含水的情况，说明土的干湿程度。

（1）含水率

土中所含水分的质量与固体颗粒质量之比称为土的含水率，一般用百分率表示，即：

$$w=\frac{m_w}{m_s}\times100\%=\frac{m-m_s}{m_s}\times100\% \tag{4-2-7}$$

土的含水率是表征土中液相体与固相体在质量上的比例关系，含水率越大，表明土中水分越多。含水率是实测指标，常用的测定方法有烘干法和酒精燃烧法等。

（2）饱和度

含水率仅表明土的孔隙中含水的绝对数量，而不能表示土中水的相对含量，也就是土中孔隙被水充满的程度。土的饱和度 S_r 说明孔隙中水的填充程度，即土中水的体积与孔隙体积之比，以百分数表示，即：

$$S_r=\frac{V_w}{V_v}\times100\% \tag{4-2-8}$$

饱和度愈大，表明土的孔隙中充水愈多，它应在 0~100%之间；干燥时，$S_r=0$。孔隙全部被水充填时，$S_r=100\%$。工程上将 S_r 作为砂土湿度划分的标准。

①$0<S_r<50\%$，稍湿的；

②$50\%\leqslant S_r\leqslant80\%$，很湿的；

③$80\%<S_r\leqslant100\%$，饱和的。

颗粒较粗的砂土和粉土，对含水率的变化不敏感，当含水率发生某种改变时，它的物理力学性质变化不大，所以对砂土和粉土的物理状态可用 S_r 来表示。但对黏性土而言，它对含水率的变化十分敏感，随着含水率的增加，体积膨胀，结构也发生改变。当黏土处于饱和状态时，其力学性能可能降低为零；同时，还因黏粒间多为结合水，而不是普通液态水，这种水的密度大于 1，则值也偏大，故对黏性土一般不用 S_r 这一指标。工程研究中，一般将 S_r 大于 95%的天然黏性土视为完全饱和土；而对于砂土，S_r 大于 80%时就认为已达到饱和了。

5.土的孔隙性

(1)孔隙比

孔隙比是指土中孔隙体积与固体颗粒的体积之比值,以小数表示,即:

$$e=\frac{V_v}{V_s} \tag{4-2-9}$$

土的孔隙比可直接反映土的密实程度,孔隙比愈大,土愈疏松;孔隙比愈小,土愈密实。它是确定地基承载力的指标。

(2)孔隙率

孔隙率是指土的孔隙体积与土体积之比,或单位体积土中孔隙的体积,以百分数表示,即:

$$n=\frac{V_v}{V}\times 100\% \tag{4-2-10}$$

孔隙比和孔隙率都说明土中孔隙体积的相对数值。孔隙率直接说明土中孔隙体积占土体积的百分比值,概念非常清楚。因地基土层在荷载作用下产生压缩变形时,孔隙体积和土体总体积都将变小,显然,孔隙率不能反映孔隙体积在荷载作用前后的变化情况。一般情况下,土粒体积可看作不变值,故孔隙比能反映土体积变化前后孔隙体积的变化情况。因此,工程计算中常用孔隙比这一指标。

自然界土的孔隙率与孔隙比的数值取决于土的结构状态,故它是表征土结构特征的重要指标。数值越大,土中孔隙体积越大,土结构越疏松;反之,结构越密实。

二、基本物理性质指标间的相互关系

土的比重、天然密度、含水率、孔隙比、孔隙率、饱和度、干密度、饱和密度和有效密度并非各自独立、互不相关的。ρ、G_s、w 为基本物理性质指标,必须由试验测定,其余的指标均可由以上三个试验指标计算得到。

1.孔隙比与孔隙率的关系

$$n=\frac{e}{1+e} \quad 或 \quad e=\frac{n}{1-n} \tag{4-2-11}$$

2.干密度与湿密度、含水率的关系

$$\rho_d=\frac{\rho}{1+w} \tag{4-2-12}$$

3.孔隙比与比重、干密度的关系

$$\rho_d=\frac{\rho_s}{1+e} \tag{4-2-13}$$

$$e=\frac{\rho_s}{\rho_d}-1 \tag{4-2-14}$$

$$e=\frac{G_s\rho_w}{\rho_d}-1 \tag{4-2-15}$$

4.饱和度与含水率、比重、孔隙比的关系

$$S_r = \frac{wG_s}{e} \tag{4-2-16}$$

常见的物理性质指标及其相互关系换算公式见表4-2-1。

三相指标关系换算公式 表4-2-1

指标名称	换算公式	指标名称	换算公式
干密度ρ_d	$\rho_d=\frac{\rho}{1+w}$	饱和密度ρ_{sat}	$\rho_{sat}=\frac{\rho(\rho_s-1)}{\rho_s(1+w)}+1$
孔隙比e	$e=\frac{\rho_s(1+w)}{\rho}-1$	饱和度S_r	$S_r=\frac{\rho_s\rho w}{\rho_s(1+w)-\rho}$
孔隙率n	$n=1-\frac{\rho}{\rho_s(1+w)}$	浮重度γ'	$\gamma'=\frac{\gamma(\gamma_s-\gamma_w)}{\gamma_s(1+w)}$

例题1 某原状土样，经试验测得天然密度$\rho=1.67\text{g/cm}^3$，含水率$w=12.9\%$，土的比重$G_s=2.67$，求孔隙比e、孔隙度n和饱和度S_r。

解：绘三相草图。

(1)设土的体积$V=1.0\text{cm}^3$，根据密度定义得：

$$m=\rho V=1.67\times1=1.67(\text{g})$$

(2)根据含水率定义得：

$$m_w=wm_s=0.129m_s$$

从三相图可知：

$$m=m_a+m_w+m_s$$

$\because m_a=0, m_w+m_s=m$，即$0.129m_s+m_s=1.67$

$\therefore m_s=\frac{1.67}{1.129}=1.18(\text{g})$

$m_w=1.67-1.48=0.19(\text{g})$。

(3)根据土的比重定义可得：

$$G_s=\frac{m_s}{V_s\cdot\rho_{w,4℃}}=\frac{\rho_s}{\rho_w}$$

$\because G_s=1.67 \quad \rho_w=1$

$\rho_s=1.67\times1=1.67(\text{g/cm}^3)$

$\therefore V_s=\frac{m_s}{\rho_s}=\frac{1.48}{2.67}=0.554(\text{cm}^3)$

(4)$V_w=\frac{m_w}{\rho_w}=\frac{0.190}{1.0}=0.190(\text{cm}^3)$

(5)从三相可知：

$$V=V_a+V_w+V_s=1(\text{cm}^3)$$

或

$$V_a=1-V_w-V_s=1-0.554-0.190=0.256(\text{cm}^3)$$

$\therefore V_v=V-V_s=1-0.554=0.446$。

(6)根据孔隙比定义：$e=\dfrac{V_v}{V_s}$，得：

$$e=\frac{V_a+V_w}{V_s}=\frac{0.256+0.19}{0.554}=0.805$$

(7)根据孔隙度定义：$n=\dfrac{V_v}{V}$，得：

$$n=\frac{V_a-V_w}{V}=\frac{0.256+0.19}{1}=0.446=44.6\%$$

或

$$n=\frac{e}{1+e}=\frac{0.805}{1+0.805}=0.446=44.6\%$$

(8)根据饱和度定义：$S_r=\dfrac{V_w}{V_v}$，得：

$$S_r=\frac{V_w}{V_a+V_w}=\frac{0.19}{0.256+0.19}=0.426=42.6\%$$

例题 2 薄壁取样器采取的土样，测出其体积 V 与质量 m 分别为 38.4cm^3 和 67.21g，把土样放入烘箱烘干，并在烘箱内冷却到室温后，测得质量为 49.35g。试求土样的 ρ（天然密度）、ρ_d（干密度）、w（含水率）、e（孔隙比）、n（孔隙率）和 S_r（饱和度）。（已知 $G_s=2.69$）

解：

$$\rho=\frac{m}{V}=\frac{m_s+m_w}{V_s+V_v}=\frac{67.21}{38.40}=1.75(\text{g/cm}^3)$$

$$\rho_d=\frac{m_s}{V}=\frac{m-m_v}{V}=\frac{49.35}{38.40}=1.29(\text{g/cm}^3)$$

$$w=\frac{m_w}{m_s}\times100\%=\frac{m-m_s}{m_s}=\frac{67.21-49.35}{49.35}\times100\%=36.2\%$$

$$e=\frac{G_s\rho_w}{\rho_d}-1=\frac{2.69\times1}{1.285}-1=1.093$$

$$n=\frac{e}{1+e}=\frac{1.093}{1+1.093}\times100\%=52.22\%$$

$$S_r=\frac{w\cdot G_s}{e}=\frac{36.19\times2.69}{1.093}=89.07\%$$

本单元小结

土的物理性质就是研究三相的质量与体积间的相互比例关系以及固、液两相相互作用表现出来的性质。本单元定量研究了三相之间的比例关系，即土的物理性质指标的物理意义和数值大小。

土的物理性质主要指标有：比重、天然密度、含水率（这三个指标需在试验室实测）和由这三个指标计算得出的指标，即干密度、饱和密度、孔隙率、孔隙比和饱和度等。这些指标随着土体所处的条件的变化而改变，如地下水位的升高或降低，土中水的含量也相应增大或减小；密实的土，其气相和液相占据的孔隙体积小。这些变化都可以通过相应指标的数值反映出来。

试验 4-2-1　土体密度测定（环刀法）

教学过程设计

教学过程	课　堂　活　动	时间	方法手段	资　源
引入	土体密度的概念及本试验的试验目的和使用范围	5min		
教学过程组织	1.请书写并记忆学习手册中知识评价内容。	5min		
	2.学生活动——试验前知识准备。	5min		
	(1)学生每7~8人一组，共分4组；			
	(2)任选一组回答所需准备知识；			
	(3)教师提问并总结。			
	3.学生活动——试验操作。	20min		
	(1)学生每7~8人一组，共分4组；			
	(2)分组进行试验操作；			
	(3)交换结果；		1.讲授；	1.试验仪器；
	(4)每组选一个代表向全班作汇报；		2.演示操作；	2.试验指导；
	(5)小组互评；		3.分组讨论；	3.板书；
	(6)教师讲评。		4.学生互评	4.学习手册
	4.学生活动——结果处理。	5min		
	(1)学生每7~8人一组，共分4组；			
	(2)分组进行试验结果分析；			
	(3)交换结果；			
	(4)每组选一个代表向全班作汇报；			
	(5)小组互评；			
	(6)教师讲评。			
	5.总结	5min		

一、试验目的和适用范围

(1)巩固土的密度的概念；

(2)掌握土的天然密度的主要测定方法；

(3)为换算干密度、孔隙比、孔隙度及工程计算提供基础数据；

(4)环刀法适用于细粒土。

二、基本原理

土的密度是指土的单位体积的质量。土在天然状态下的密度称为天然密度；当土中完全无水时的密度称为干密度。

环刀法是利用一定体积的环刀割取试样，以测得土的体积，然后称其质量，即可算出土的天然密度。

三、仪器设备

(1)环刀:内径6~8cm,高2~5.4cm,壁厚1.5~2.2mm。
(2)天平:感量0.1g。
(3)其他:测径器、修土刀、钢丝锯、凡士林等。

四、试验步骤

(一)试验准备

用测径器测出环刀的内径(d)和高度(h),计算出环刀的体积($V=\pi d^2h/4$);称环刀质量(m_2),在环刀内壁上涂上一薄层凡士林。

(二)试验步骤

(1)切取土样:按工程需要取原状土或配制所需状态的扰动土样,用修土刀将土样上部削成略大于环刀直径的土柱,将环刀刃口向下放在土样上,然后将环刀垂直下压至土样伸出环刀上部为止;削去两端余土,使之与环刀口面齐平。

(2)称土样质量:擦净环刀外壁,在天平上称得环刀与土样的总质量(m_1),准确至0.1g;称量后自环刀中取代表性土样测含水率。

五、结果整理

按下列公式计算湿密度和干密度:

$$\rho=\frac{m_1-m_2}{V} \tag{4-2-17}$$

$$\rho_d=\frac{\rho}{1+0.01w} \tag{4-2-18}$$

式中:ρ——湿密度,g/cm³,计算至0.01g/cm³;
ρ_d——干密度,g/cm³,计算至0.01g/cm³;
m_1——环刀与土的总质量,准确至0.1g;
m_2——环刀质量,准确至0.1g;
w——含水率,%。

本试验须进行两次平行测定,其平行差值不得大于0.03g/cm³,求其算术平均值。

六、注意事项

(1)用环刀切土时,应垂直下压,用力不可过猛,尽量避免扰动土样。
(2)切平环刀外端土样,应尽量保持土样体积与环刀体积一致。
(3)称土样质量时,必须抹净环刀圈上所余土样,否则将影响土样的真正质量。
(4)对环刀的容积和质量,按规定需定期校正。

试验 4-2-2　土的含水率测定(酒精燃烧法)

教学过程设计

教学过程	课堂活动	时间	方法手段	资源
引入	含水率的概念及本试验的试验目的和适用范围	5min	1.讲授； 2.演示操作； 3.分组讨论； 4.学生互评	1.试验仪器； 2.试验指导； 3.板书； 4.学习手册
教学过程组织	1.请书写并记忆学习手册中知识评价内容。 2.学生活动——试验前知识准备。 (1)学生每7~8人一组,共分4组; (2)任选一组回答所需准备知识; (3)教师提问并总结。 3.学生活动——试验操作。 (1)学生每7~8人一组,共分4组; (2)分组进行试验操作; (3)交换结果; (4)每组选一个代表向全班作汇报; (5)小组互评; (6)教师讲评。 4.学生活动——结果处理。 (1)学生每7~8人一组,共分4组; (2)分组进行试验结果分析; (3)交换结果; (4)每组选一个代表向全班作汇报; (5)小组互评; (6)教师讲评。 5.总结	5min 5min 20min 5min 5min		

一、试验目的与适用范围

本试验方法适用于快速简易测定细粒土(含有机质的土除外)的含水率。

二、基本原理

土的含水率是土在105~110℃下烘至恒量时所失去的水分质量和达恒量后干土质量的比值。测定含水率的方法很多,一般有烘干法、酒精燃烧法、比重法等。根据加热后水分蒸发的原理,将已知质量的土样加热烘干冷却后称干土质量,同时计算出失去水分的质量,即可算出含水率。本节主要采用酒精燃烧法测定土的含水率。

三、仪器设备

(1)称量盒:铝盒。

(2)天平:感量0.01g。

(3)酒精:纯度95%以上。

(4)其他:火柴、滴管、调土刀等。

四、试验步骤

(1)取代表性试样(黏质土5~10g,砂类土20~30g),放入称量盒内,称湿土质量m,准确至0.01g。

(2)用滴管将酒精注入放有试样的称量盒中,直至盒中出现自由液面为止。为使酒精在试样中充分混合均匀,可将盒底在桌面上轻轻敲击。

(3)点燃盒中酒精,燃至火焰熄灭。

(4)将试样冷却数分钟,按上述步骤重新燃烧两次。

(5)待第三次火焰熄灭冷却后,立即称干土质量 m_s,精确至0.01g。

五、成果整理

按下式计算含水率:

$$w=\frac{m-m_s}{m_s}\times 100 \tag{4-2-19}$$

式中 w——含水率,%;

m——湿土质量,g;

m_s——干土质量,g。

本试验需进行两次平行测定,取其算术平均值,允许平行差值应符合表4-2-2的规定。

含水率测定的允许平行差值 表4-2-2

含水率(%)	允许平行差值(%)	含水率(%)	允许平行差值(%)
5以下	0.3	40以上	≤2
5~40	≤1	对层状和网状构造的冻土	<3

六、注意事项

进行第二次或第三次燃烧时,一定要在第一次或第二次燃烧火焰完全熄灭后,并在冷却数分钟后,再向盒中注入酒精进行燃烧,以防发生事故。

单元3 土的物理状态指标

教学过程设计

教学过程	课堂活动	时间	方法手段	资源
引入	介绍土的物理状态	10min		
教学过程组织	1.请书写并记忆学习手册中知识评价内容。 2.认识黏性土的稠度状态。 3.介绍界限含水率的概念及分类。 4.介绍塑性指数和液性指数。 5.学生活动——计算塑性指数和液性指数。 (1)学生每7~8人一组,共分4组; (2)每组分别计算塑性指数和液性指数; (3)教师提问并总结。 6.介绍界限含水率测定试验。 7.介绍无黏性土的紧密状态。 8.学生活动——判定无黏性土的紧密状态。 (1)学生每7~8人一组,共分4组; (2)每组分别判定; (3)教师提问并总结。 9.总结	5min 5min 10min 5min 15min 10min 15min 10min 5min	1.多媒体讲授; 2.分组讨论; 3.学生互评	1.PPT; 2.学习手册; 3.板书; 4.实例

一、黏性土的物理状态指标

黏性土的物理状态常以稠度来表示。稠度的涵义是指土体在各种不同的湿度条件下，受外力作用后所具有的活动程度。黏性土的颗粒很细，黏粒粒径 $d<0.002$mm，细土粒周围形成电场，电分子引力吸引水分子定向排列，形成黏结水膜。土粒与土中的水相互作用十分显著，关系极密切。例如，同一种黏性土，当它的含水率较小时，土呈半固体坚硬状态；当含水率适当增加，土粒间距离加大，土呈现可塑状态；如含水率再增加，土中出现较多的自由水时，黏性土变成液体流动状态，如图4-3-1所示。黏性土的稠度，可以决定黏性土的力学性质及其在建筑物作用下的性状。

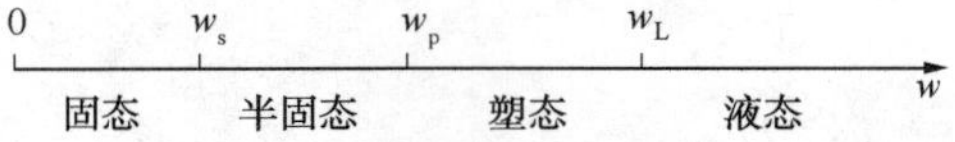

图 4-3-1　黏性土的稠度

黏性土的稠度，反映土粒之间的联结强度随着含水率高低而变化的性质。其中，各不同状态之间的界限含水率具有重要的意义。相邻两稠度状态，既相互区别又是逐渐过渡的，稠度状态之间的转变界限叫稠度界限，用含水率表示，称界限含水率。

1.液限 w_L

液限是指黏性土呈液态与塑态之间的界限含水率。我国目前一般采用液塑限联合测定仪来测定黏性土的液限。

2.塑限 w_p

塑限是指黏性土呈塑态与半固态之间的界限含水率。可以用滚搓法测定土的塑限，取含水率接近塑限的试样一小块，用手掌在毛玻璃板上轻轻搓滚，直至土条直径达3mm时，产生裂缝并开始断裂为止。若将土条搓成3mm时仍未产生裂缝及断裂，表示这时试样的含水率高于塑限，则将其重新捏成一团，重新搓滚；土条直径大于3mm时即行断裂，表示试样含水率小于塑限，应弃去，重新取土加适量水调匀后再搓，直至合格。也可用液塑限联合测定法来确定土的塑限。

3.缩限 w_s

缩限是指黏性土呈半固态与固态之间的界限含水率。这是因为土样含水率减小至缩限后，土体体积发生收缩而得名。其测定方法常用收缩皿法。

4.塑性指数 I_p

塑性指数 I_p 是指黏性土与粉土的液限与塑限的差值，去掉百分数，记为 I_p。塑性指数表示土处在可塑状态的含水率变化范围。显然，塑性指数越大，土处于可塑状态的含水率范围也越大，可塑性就越强。土中黏土颗粒含量越高，则土的比表面积和相应的结合水含量越高，因而 I_p 越大。

$$I_p=(w_L-w_p)\times100 \tag{4-3-1}$$

应当注意，w_L 和 w_p 都是界限含水率，以百分数表示。而 I_p 只取其数值，去掉了百分数。

由于塑性指数在一定程度上综合反映了影响黏性土特征的各种重要因素，因此，当土的生成条件相似时，塑性指数相近的黏性土，一般表现出相似的物理力学性质，所以常用塑性指数作为黏性土分类的标准。

5.液性指数 I_L

液性指数是指黏性土的天然含水率和塑限的差值与液限和塑限差值之比，用小数表示，即：

$$I_L = \frac{w - w_p}{w_L - w_p} \quad (4\text{-}3\text{-}2)$$

式中：w——土的天然含水率，%；

w_L——液限含水率，%；

w_p——塑限含水率，%。

从式(4-3-2)可见，当土的天然含水率 w 小于 w_p 时，I_L 小于0，天然土处于坚硬状态；当 w 大于 w_L 时，I_L 大于1，天然土处于流动状态；当 w 在 w_p 与 w_L 之间时，I_L 在0~1之间，天然土处于可塑状态。因此可以利用液性指数 I_L 来表征黏性土所处的稠度状态。I_L 值越大，土质越软；反之，土质越硬。黏性土的状态，可根据液性指数值划分为坚硬、硬塑、可塑、软塑及流塑五种，其具体划分标准如表4-3-1所示。

黏性土的状态 表4-3-1

状　态	坚　硬	硬　塑	可　塑	软　塑	流　塑
液性指数 I_L	$I_L \leqslant 0$	$0 < I_L \leqslant 0.25$	$0.25 < I_L \leqslant 0.75$	$0.75 < I_L \leqslant 1.0$	$I_L > 1.0$

6.灵敏度(S_t)

黏性土的原状土无侧限抗压强度与原状土结构完全破坏的重塑土的无侧限抗压强度的比值称为灵敏度。灵敏度反映黏性土结构性的强弱。

$$S_t = \frac{q_u}{q'_u} \quad (4\text{-}3\text{-}3)$$

式中：S_t——黏性土的灵敏度；

q_u——原状土的无侧限抗压强度；

q'_u——与原状土密度、含水率相同，结构完全破坏的重塑土的无侧限抗压强度。

对黏性土来说，q_u 为定值，q'_u 值的大小决定灵敏度。根据灵敏度将黏性土分下列几类：

(1) $S_t = 2 \sim 4$，一般黏性土；

(2) $S_t = 4 \sim 8$，灵敏黏性土；

(3) $S_t \geqslant 8$，特别灵敏黏性土。

灵敏度越高的土，其结构性越强，受扰动后土的强度降低就越多，施工时应特别注意保护基槽，使结构不受扰动，避免降低地基强度。

二、无黏性土的紧密状态指标

无黏性土一般是指碎石土和砂土，粉土属于砂土和黏性土的过渡类型，但是其物质组成、结构及物理力学性质更接近砂土，故列入无黏性土一并讨论。

无黏性土的紧密状态是判定其工程性质的重要指标，它综合反映了无黏性土颗粒的岩石和矿物组成、粒度成分、颗粒形状和排列等对其工程性质的影响。一般说来，无论在静荷载或动荷载作用下，密实状态的无黏性土与其疏松状态的表现很不一样。密实者具有较高的强度，结构稳定，压缩性小；疏松者则强度较低，稳定性差，压缩性较大。因此在岩土工程勘察与评价时，首先要对无黏性土的紧密程度作出判断。

土的孔隙比一般可以用来描述土的密实程度，但砂土的密实程度并不单独取决于孔隙比，其在很大程度上还取决于土的级配情况。粒径级配不同的砂土即使具有相同的孔隙比，但由于颗粒大小和排列不同，所处的密实状态也会不同。为了同时考虑孔隙比和级配的影响，故引入相对密实度的概念。

1.相对密实度

当砂土处于最密实状态时，其孔隙比称为最小孔隙比 e_{min}，而砂土处于最疏松状态时的孔隙比则称为最大孔隙比 e_{max}。试验标准规定了一定的方法测定砂土的最小孔隙比和最大孔隙比，然后可按下式计算砂土的相对密实度 D_r。

$$D_r = \frac{e_{max} - e}{e_{max} - e_{min}} \tag{4-3-4}$$

式中：e_{max}——最大孔隙比；

e_{min}——最小孔隙比；

e——天然孔隙比。

从式(4-3-4)可以看出，当粗粒土的天然孔隙比接近于最小孔隙比时，相对密实度 D_r 接近于1，说明土接近于最密实的状态，而当天然孔隙比接近于最大孔隙比时，则表明砂土处于最松散的状态，其相对密实度接近于0。根据相对密实度可以将粗粒土划分为密实、中密和松散三种密实度。

疏松 $0<D_r \leq 0.33$；

中密 $0.33<D_r \leq 0.67$；

密实 $D_r>0.67$。

2.标准贯入试验

从理论上讲，用相对密实度划分砂土的密实度是比较合理的。但由于测定砂土的最大孔隙比和最小孔隙比试验方法的缺陷，试验结果与实际常有较大的出入，同时也由于很难在地下水位以下的砂层中取得原状砂样，砂土的天然孔隙比很难准确地测定，这就使相对密实度的应用受到限制。因此，在工程实践中，通常用标准贯入锤击数来划分砂土的密实度。

标准贯入试验是用规定的锤重(63.5kg)和落距(76cm)把标准贯入器(带有刃口的对开管，外径50mm，内径35mm)打入土中，记录贯入一定深度(30cm)所需的锤击数 N 值的原位测试方法。标准贯入试验的贯入锤击数反映了土层的松密和软硬程度，是一种简便的测试手段。

《公路桥涵地基与基础设计规范》(JTG D63—2007)规定砂土的密实度应根据标准贯入锤击数按表4-3-2的规定分为密实、中密、稍密和松散四种状态。

砂土的密实度 表4-3-2

标准贯入锤击数 N	密 实 度	标准贯入锤击数	密 实 度
$N \leq 10$	松散	$15<N \leq 30$	中密
$10<N \leq 15$	稍密	$N>30$	密实

本单元小结

土是土粒(固相)、水(液相)和空气(气相)三者所组成的。土的三相组成、物质的性质、相对含量以及土的结构构造等各种因素,必然在土的轻重、松密、干湿、软硬等一系列物理性质和状态上有不同的反映。本单元主要介绍了表征黏性土物理状态和无黏性土紧密状态的指标。

试验 4-3-1 界限含水率测定

教学过程设计

教学过程	课 堂 活 动	时间	方法手段	资 源
引入	液限和塑限含水率的概念及本试验的试验目的和适用范围	5min		
教学过程组织	1.请书写并记忆学习手册中知识评价内容。 2.学生活动——试验前知识准备。 (1)学生每7~8人一组,共分4组; (2)任选一组回答所需准备知识; (3)教师提问并总结。 3.学生活动——试验操作。 (1)学生每7~8人一组,共分4组; (2)分组进行试验操作; (3)交换结果; (4)每组选一个代表向全班作汇报; (5)小组互评; (6)教师讲评。 4.学生活动——结果处理。 (1)学生每7~8人一组,共分4组; (2)分组进行试验结果分析; (3)交换结果; (4)每组选一个代表向全班作汇报; (5)小组互评; (6)教师讲评。 5.总结	5min 20min 115min 30min 5min	1.讲授; 2.演示操作; 3.分组讨论; 4.学生互评	1.试验仪器; 2.试验指导; 3.板书; 4.学习手册

一、试验目的与适用范围

(1)巩固稠度和塑性的理论;

(2)掌握塑限和液限的测定方法;

(3)为进行土的分类和分析判断土的物理力学特征提供数据;

(4)本试验适用于粒径不大于0.5mm、有机质含量不大于试样总质量5%的土。

二、基本原理

黏性土的液限、塑限和塑性指数是评价黏性土物理性质的稠度指标。目前通常采用液塑限联合测定仪，同时测定黏性土的塑限和液限。

塑限是指黏性土呈塑态与半固态之间的界限含水率；液限是指黏性土由可塑状态转变到流动状态时的界限含水率。此时土具有一定阻力，以一定重量的锥体放入土中，土具有一定抗剪强度，抵抗锥体下沉，故锥体只能下沉到一定的距离，此时的抗剪强度就是土在液限时的阻力，此时的含水率就是液限。

通过大量的试验进行对比，认为锥质量100g、入土深度20mm，这时计算剪力为2.6kPa，同各国锥式仪标准也基本接近。

三、仪器设备

(1)100型液塑限联合测定仪：锥质量为100g，锥角为30°。

(2)天平：称量200g，感量0.01g。

(3)其他：筛(孔径0.5mm)、调土刀、调土皿、称量盒、研钵(附带橡皮头的研杵或橡皮板、干燥器、吸管、凡士林、蒸馏水等。

四、试验步骤

(一)试验准备

取有代表性的天然含水率或风干土样进行试验，如土中含大于0.5mm的土粒或杂物时，应将风干土样用带橡皮头的研杵研碎或用木棒在橡皮板上压碎，过0.5mm筛。

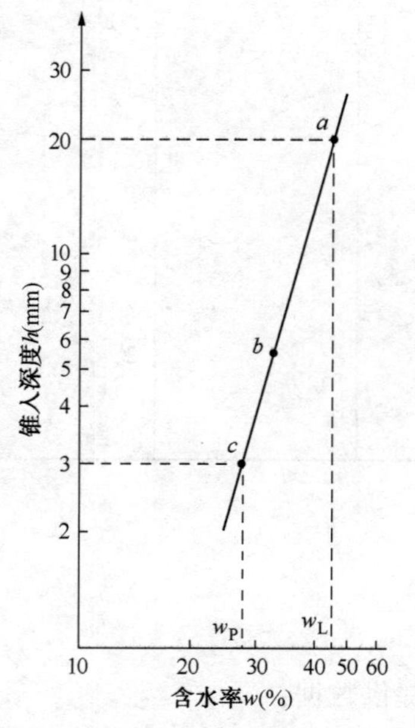

图4-3-2 锥入深度与含水率关系示意

(二)试验步骤

(1)取0.5mm筛下的代表性土样200g，分开放入3个盛土皿中，加不同数量的蒸馏水，使土样的含水率分别控制在液限(a点)、略大于塑限(c点)和二者的中间状态(b点)，如图4-3-2所示。用调土刀调匀，盖上湿布，放置18h以上。测定a点的锥入深度应为(20±0.2)mm；测定c点的锥入深度应控制在5mm以下；对于砂类土，测定c点的锥入深度可大于5mm。

(2)装土进杯：将制备的土样充分搅拌均匀，分层装入盛土杯，用力压密，使空气逸出。对于较干的土样，应先充分搓揉，用调土刀反复压实。试杯装满后，将土刮成与杯边齐平。

(3)放锥入土：将装好土样的试杯放在联合测定仪的升降座上，转动升降旋钮，待锥尖与土样表面刚好接触时停止升降，扭动锥下降旋钮，同时开动秒表，经 5s，松开旋钮，锥体停止下落，从仪器读数上记录锥入深度 h_1。

改变锥尖与土体接触位置(两次锥入位置距离不小于 1cm)，重复上述步骤，得锥入深度 h_2。h_1-h_2 应不大于 0.5mm，否则应重做。取 h_1-h_2 的平均值作为该点的锥入深度 h。

(4)测含水率：去掉锥尖入土处沾有凡士林的土，取 10g 以上的土样两份，分别装入称量盒内，称质量(准确至 0.01g)，测含水率 w_1、w_2(准确至 0.1%)。计算含水率平均值 w。

重复第(2)~(4)步骤，对其他两个含水率土样进行试验，测定其锥入深度和含水率。

五、成果整理

在双对数坐标纸上，以含水率 w 为横坐标，锥入深度 h 为纵坐标，点绘 a、b、c 三点含水率的 $h-w$ 图，连此三点，应呈一条直线，如三点不在同一直线上，要通过 a 点与 b、c 两点连成两条直线。根据液限(a 点含水率)在 h_p-w_L 图(图 4-3-3)上查得 h_p，以此 h_p 再在 $h-w$ 图上的 ab 及 ac 两直线上求出相应的两个含水率，当两个含水率的差值小于 2%时，以两点含水率的平均值与 a 点连成一直线。当两个含水率的差值不小于 2%时，应重做试验。

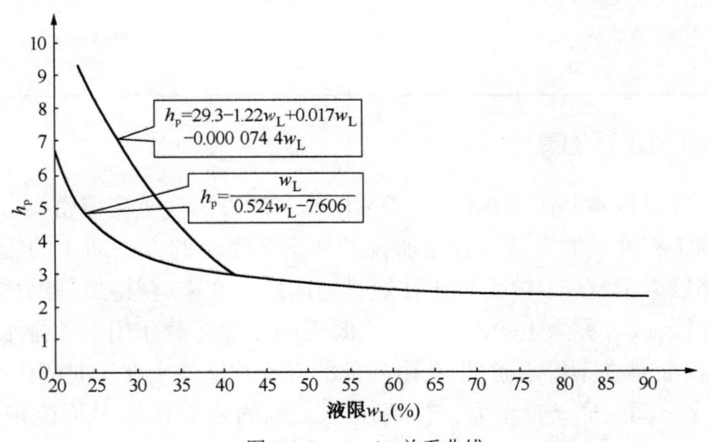

图 4-3-3 w_L-h_p 关系曲线

在 $h-w$ 图上，查得纵坐标入土深度 h=20mm 所对应的横坐标的含水率 w 即为该土样的液限 w_L。查塑限：根据求出的液限，通过液限 w_L 与塑限时入土深度 h_p 的关系曲线，查得 h_p，再由 $h-w$ 图求出入土深度为 h_p 时所对应的含水率，即为该土样的塑限。查 $w-h_p$ 关系图时，须先通过简易鉴别法及筛分法把砂类土与细粒土区别开来，再按这两种土分别采用相应的 w_L-h_p 关系曲线；对于细粒土，用双曲线确定 h_p 值；对于砂类土，则用多项式曲线确定 h_p 值。

本试验须进行两次平行测定，取其算术平均值，以整数(%)表示。其允许差值为：高液限土小于或等于 2%，低液限土小于或等于 1%。

单元4 土的压实性

教学过程设计

教学过程	课　堂　活　动	时间	方法手段	资　源
引入	介绍公路路基施工过程	10min		
教学过程组织	1.请书写并记忆学习手册中知识评价内容。 2.介绍压实的意义。 3.认识击实仪。 4.介绍击实试验过程及结果处理。 5.分析影响击实效果的因素。 6.学生活动——分析影响因素。 (1)学生每7~8人一组,共分4组; (2)每组分析影响因素; (3)交换结果; (4)每组选一个代表向全班作汇报; (5)小组互评; (6)教师讲评。 7.计算路基压实度。 8.学生活动——计算压实度。 (1)学生每7~8人一组,共分4组; (2)每组提交计算结果; (3)教师提问并总结。 9.总结	5min 5min 5min 10min 15min 20min 5min 10min 5min	1.多媒体讲授; 2.分组讨论; 3.学生互评; 4.图板展示	1.PPT; 2.学习手册; 3.板书; 4.实例

一、土的压实性对工程的意义

为了改善填土和软弱地基的工程性质,常采用压实的方法使土变得密实,这往往是一种经济合理的改善土的工程性质的方法。这里所说的使土变密实的方法即土的压实性,是指采用人工或机械对土施以夯击、振动作用,使土在短时间内压实变密,获得最佳结构,以改善和提高土的力学强度的性能,或者称为土的击实性。它既不同于静荷载作用下的排水固结过程,也不同于一般压缩过程,而是在不排水条件下,由外部的夯压功能使土在短时间内得到新的结构强度,包括增强粗粒土之间的嵌挤锁结力,增加细粒土之间的分子引力,从而改善土的性质。

在建造路堤、土坝、挡土墙、埋设管道、基础的垫层以及回填土等工程中,土作为建筑材料,需要将土按一定要求进行堆填和压实。填土不同于天然土层,因为经过挖掘、搬运之后,原状结构已被破坏,含水率亦已变化,堆填时必然在土团之间留下许多大孔隙。未经压实的填土强度低,压缩性大且不均匀,遇水易发生塌陷、崩解等都是显而易见的。为使其满足工程要求,必须按一定标准压实。特别是像道路路堤这样的土工构筑物,在车辆的频繁运行和反复动荷载作用下,可能出现过大或不均匀的沉陷、坍落甚至失稳滑动,从而恶化运营条件以及增加维修工作量。所以,对路堤、机场跑道等填土工程必须按一定标准压实,使之具有足够的密实度,以确保行车平顺和安全。在地基处理方面也常应用土的压实性,如重锤夯实松软地基使之提高承载力。

实践表明，由于土的基本性质复杂多变，不同土类对外界因素作用的反应也不同。因此，就土的压实而言，同一压实功对于不同状态的土的压实效果可以完全不同，而为了达到同样的压实效果又可能要花费相当大的不符合技术经济要求的代价。因此，为了技术上可靠和经济上合理，就需要了解土的压实特性与变化规律，以利工程实践。本节从土质学与土力学的角度介绍土压实的机理、压实土的力学特性、指标及在现场填土中的应用。

还必须指出，土的压实性（或称击实性）与土的压缩性不同，不仅因荷载性质决定了概念上的差异，而且两者在试验的目的、要求和方法以及所要获取的指标数据等方面也是不同的。

二、击实试验与土的压实特性

1.击实试验

击实试验是研究土的压实性能的室内试验方法。击实是指对土瞬时地重复施加一定的机械功使土体变密的过程。在击实过程中，由于击实功是瞬时地作用在土上，土中气体有所排出，而土中含水率却基本不变，因此，可以预先将土样调制成所需含水率，再将它击实成所需要的密度。研究土的击实性的目的在于揭示击实作用下土的干密度、含水率和击实功三者之间的关系和基本规律，从而选定工程适宜的击实功。

击实试验所用的主要设备是击实仪。目前我国通用的击实仪有两种，即轻型击实仪和重型击实仪，并根据击实土的最大粒径，分别采用两种不同规格的击实筒。击实筒的规格如表4-4-1所示，图中大击实筒适用于最大粒径为 40mm 的土，小击实筒适用于最大粒径为20mm 的土。击实仪的基本部分是击实筒和击实锤，见图4-4-2，前者用来盛装制备土样，后者对土样施以夯实功能。做击实试验时，将含水率为一定值的土样分层装入击实筒内，每铺一层后都用击实锤按规定的落距锤击一定的次数，然后由击实筒的体积和筒内被击实土的总质量算出被击实土的湿密度 ρ，再从已被击实的土中取样测定其含水率 w，由式(4-4-1)算出击实土样的干密度 ρ_d（它可以反映出土的密实程度）。

击实试验方法 表 4-4-1

试验方法	类别	锤底直径(cm)	锤质量(kg)	落高(cm)	试筒尺寸		试样尺寸		层数	每层击数	击实功(kJ/m³)	最大粒径(mm)
					内径(cm)	高(cm)	高度(cm)	容积(cm³)				
轻型	Ⅰ-1	5	2.5	30	10	12.7	12.7	997	3	27	598.2	20
	Ⅰ-2	5	2.5	30	15.2	12	12	2 177	3	59	598.2	40
重型	Ⅱ-1	5	4.5	45	10	12.7	12.7	997	5	27	2 687.0	20
	Ⅱ-2	5	4.5	45	15.2	12	12	2 177	3	98	2 677.2	40

$$\rho_d=\frac{\rho}{1+w} \tag{4-4-1}$$

这样，通过对一个土样的击实试验就得到一对数据，即击实土的含水率 w 和干密度 ρ_d。对同一种土样按不同含水率做击实试验，便可得到一组成对的含水率和干密度，将这些数据绘制成击实曲线如图 4-4-3 所示，击实曲线表明在一定击实功作用下土的含水率与干密度的关系。

例如，试验时，将同一种土料调制好的 6 个不同含水率土样编号，逐个分层盛入击实筒中，按一定功进行击实，使击实后的土高于击实筒，取去套筒，刮平余土，脱去卡环，称土样质量（m），并以击实筒的体积（V）除之，即该号土的湿密度（ρ），然后按测定含水率的方法测出该号土样的含水率 w，按公式（4-4-1）求出该号土样的干密度。

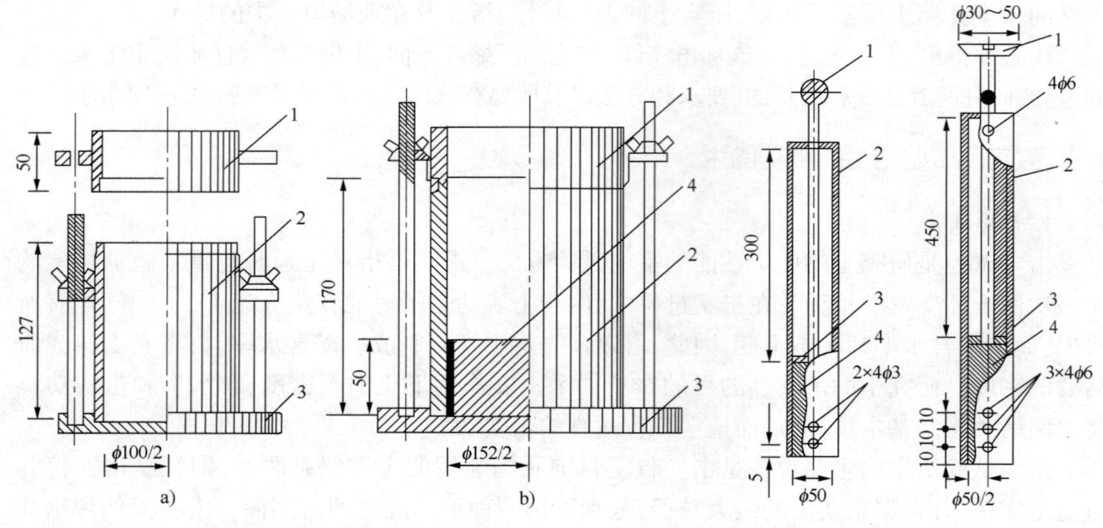

图 4-4-1　击实筒示意图（尺寸单位：mm）
1-套筒；2-击实筒；3-底板；4-垫块

图 4-4-2　击锤和导杆（尺寸单位：mm）
1-提手；2-导筒；3-硬橡皮垫；4-击锤

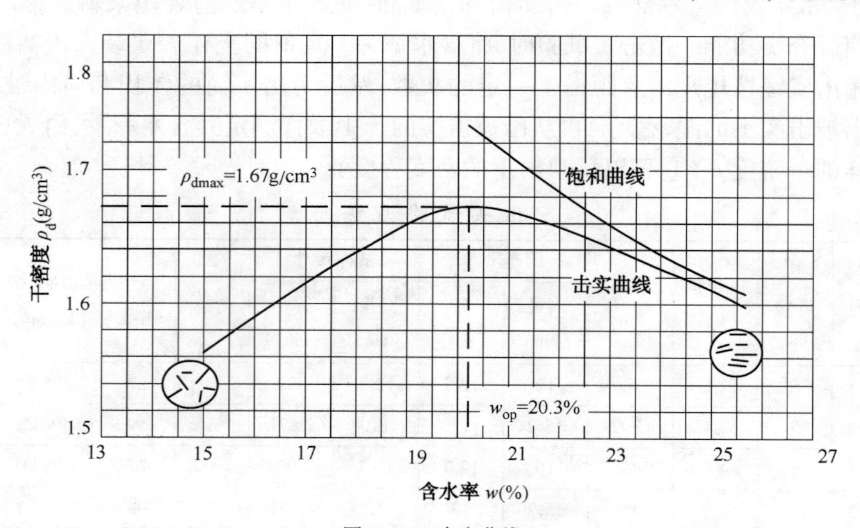

图 4-4-3　击实曲线

逐次对 6 个不同含水率的土样按上述方法进行试验，即可得到 6 个点所相应的干密度和含水率，再将其 6 个相应的坐标值点绘在以纵坐标为 ρ_d、横坐标为 w 的直角坐标系上，然后将 6 个点连成匀滑曲线，即得击实曲线。

2.土的压实特性

(1)击实曲线

击实试验所得到的击实曲线如图 4-4-3 所示，该曲线图是研究土的压实特性的基本关系图。从图中可见，击实曲线（ρ_d-w 曲线）上有一峰值，此处的干密度最大，称为最大干密度。与 ρ_{dmax}对应的土样含水率则称为最佳含水率 w_{op}（或称最优含水率）。峰点表明，在一定的击实功的作用下，只有当压实土料为最佳含水率时，击实的效果最好，土才能被击实至最大干密度，达到最为密实的填土密度；而土的含水率小于或大于最佳含水率时，所得干密度均小于最大干密度。

最佳含水率和最大干密度这两个指标是十分重要的，对于路基设计和施工有很多用处。大量工程实践表明，最佳含水率与塑限相接近。在缺乏试验资料时，可参考采用 $w_{op}=w_p$ 或 $w_{op}=w_p+2$，也可用经验公式 $w_{op}=(0.65\sim0.75)\ w_L$（此即最佳含水率与塑限的关系）等作为选择合适的制备土样含水率范围。

从图 4-4-3 的曲线形态还可看到，曲线左段比右段的坡度陡，这表明含水率变化对于干密度的影响在偏干（指含水率低于最佳含水率）时比偏湿（指含水率高于最佳含水率）时更为明显。

在图 4-4-3 曲线图中还给出了饱和曲线，它表示当土处于饱和状态时的 ρ_d 与 w 的关系。从饱和曲线与击实曲线的位置关系可看出，击实曲线在峰值以右逐渐接近于饱和曲线，并且大体上与它平行；在峰值以左，则两根曲线差别较大，而且随着含水率减小，差值迅速增加，击实土是不可能被击实到完全饱和状态的。试验证明，黏性土在最佳击实情况下（即击实曲线峰点）所对应的饱和度约为 80%。这一点可以这样来理解：当土的含水率接近或大于最佳值时，土的孔隙中的气体越来越处于与大气不连通的状态，击实作用已不能将其排出土体外，即击实土是不可能被击实到完全饱和的。因此，当干密度相同时，击实曲线上各点的含水率都小于饱和曲线上相应的含水率，也就是击实曲线必然位于饱和曲线的左下侧而不可能与饱和曲线有交点。还应注意到，这里讨论的是黏性土，黏性土的渗透性小，在击实或碾压的过程中，土中水来不及渗出，可以认为压实的过程含水率保持不变，因此，对于饱和曲线来说，必然是含水率愈高得到的压实干密度愈小。

(2) 填土含水率的控制

由于黏性填土存在着最佳含水率，因此在填土施工时可将土料的含水率控制在最佳含水率左右，以期用较小的能量获得最大的密度。当含水率控制在最佳含水率的干侧时（即小于最佳含水率），击实土的结构具有凝聚结构的特征。这种土比较均匀，强度较高，较脆硬，不易压密，但浸水时容易产生附加沉降。当含水率控制在最佳含水率的湿侧时（即大于最佳含水率），土具有分散结构的特征。这种土的可塑性大，适应变形的能力强，但强度较低，且具有不等向性。所以，土的含水率比最佳含水率偏高或偏低，填土的性质各有优缺点，在设计土料时要根据对填土提出的要求和当地土料的天然含水率选定合适的含水率，一般选用的含水率要求在 $w_{op}\pm(2\sim3)\%$范围内。

(3) 不同土类与不同击实功对压实特性的影响

在同一击实功条件下，不同土类的击实特性不一样。图 4-4-4 是 5 种不同土料的击实试验结果，图 4-4-4a) 是 5 种不同的粒径土的级配曲线，图 4-4-4b) 是 5 种土料在同一标准击实试验中所得到的 5 条击实曲线。从图可见，含粗粒越多的土样其最大干密度越大，而最佳含水率越小，即随着粗粒土的增多，曲线形态虽不变，但峰点向左上方移动。

表 4-4-2 中是两种土样的物理指标，对这两种土做击实试验，试验结果如图 4-4-5 所示，在击次数相同时，图中土样 b 比图中土样 a 具有高得多的最大干密度和低得多的最佳含水

率,而图中土样 b 的黏粒含量及塑性指数均比土样 a 小。图 4-4-6 的变化也反映出土粒状态不同(表 4-4-2)对击实结果的影响。

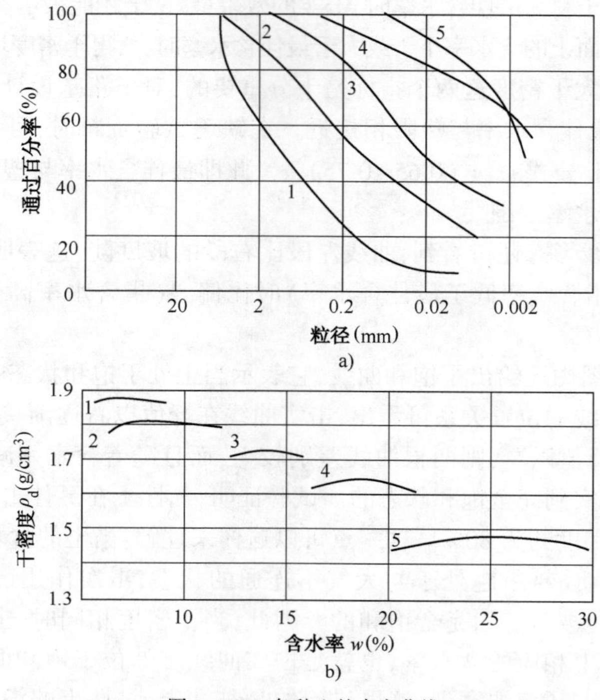

图 4-4-4　各种土的击实曲线

土样的物理指标

表 4-4-2

土　样	粒度组成(%)			液塑限指标			土　名
	>0.05	0.05~0.005	<0.005	液限	塑限	塑性指数	
a	9	58	33	37%	21%	16	重亚黏土
b	54	29	17	23%	13%	10	轻亚黏土

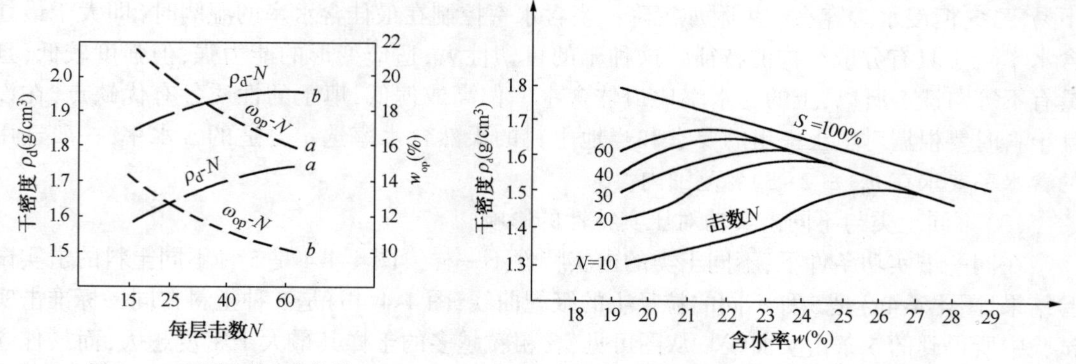

图 4-4-5　不同土的击实效果　　　　图 4-4-6　击实功对击实曲线的影响

同一种土,在不同的击实功作用下得到的击实曲线如图 4-4-6 所示。曲线表明,随着击实功的增大,击实曲线形态不变,但位置发生了向左上方的移动,即 ρ_{dmax} 增大而 w_{op} 却减小了。所以,对于同一种土,最佳含水率和最大干密度并不是定值,而是随着击实功而变化。图中的曲线形态还表明,当土为偏干时,增加击实功对提高干密度的影响较大,偏湿时则收效不大,故对偏湿的土用增大击实功的方法提高它的密实度是不经济的。

(4)土压实特性的机理

总的来说,土的压实性是复杂的,其内在机理解释或者说压实理论尚在发展中。由于有些因素是无法或难以测定的,20 世纪 70 年代经过学者们不断研究和探索,基本上认为土的压实特性同土的组成、结构、土粒的表面现象、毛细管压力、孔隙水和孔隙气体压力等均有关系,所以其影响因素是复杂的。但可以这样简要地理解:压实的作用是使土体变形和结构调整以至密实。在松散土体的含水率处于偏干状态时,由于粒间引力(可能还包括了毛细管压力)使土保持着比较疏松的状态或凝聚状态,土中孔隙大都相互连通,水少而气多,在一定的外部压实功作用下,虽然土孔隙中的气体易被排出,密度可以增大,但由于水膜润滑作用不明显以及外部功能不足以克服粒间引力,土粒相对移动不显著,压实效果比较差;随着含水率逐渐加大,水膜变厚、土体变软,引力也减弱,施以外部压实功则土粒移动(水膜润滑)而挤密,压实效果渐佳;在最佳含水率附近时,虽然土中孔隙更少连通或不连通,孔隙中的水和气处于封闭状态而不能排出,以及击实时土内产生的孔隙水压力和孔隙气压力虽也降低了击实功作用,但试验结果却证明,这时土中所含的水量,最有利于土粒受击实时发生相对移动使土变密,以至能被击实至最大干密度,或者说,在最佳含水率时土的密度达到了该压实功下的极限值,干密度不再提高;当含水率再增加到偏湿状态时,孔隙中出现了自由水,击实时不可能使土中气体排出,而孔隙压力却更为显著,抵消了部分击实功,所以击实功效反而下降。这便出现了图 4-4-3 中的右段击实曲线所示的干密度下降的趋势及结果。

压实作用对土结构的调整,还可用图 4-4-3 中两个小圆中所示意的土结构变化来说明。图中左侧小圆内表示的是击实前的土粒结构(所谓片架结构)示意。在击实作用中,无论是在现场或是室内试验,作用力均来自一个方向,击实作用会使黏土的片状颗粒沿一个方向排列起来,当含水率增大时,润滑作用也促使结构转变为较为紧密的片堆结构,如图 4-4-3 中右侧小圆所示。

由上述可见,构成土的压实特性变化的外因主要有三个方面,即土类、制备含水率(反映土的原始物理状态)和外部击实功大小。这三者的不同组合与作用通过土的颗粒变位,结构调整,引力和孔隙压力(包括水和气)的作用等内在因素表现出不同的结果。

(5)压实特性在现场填土中的应用

上述所揭示的土的压实特性均是从室内击实试验中得到的。可见,工程上填土的压实与室内的试验条件是有差别的,如填筑路堤时压路机对填土的碾压和击实试验中的锤击的区别,但工程实践表明,用室内击实试验来模拟工地压实是可靠的。为便于工地压实质量的施工控制,工程上采用压实度这一指标。压实度的定义是:

$$D_{c}=\frac{\text{填土的干密度}}{\text{室内标准击实试验的}\ \rho_{\mathrm{dmax}}}\times 100\% \tag{4-4-2}$$

D_{c} 值越接近于 1,表示对压实质量的要求越高,这应用于主要受力层或者重要工程中;对于路基的下层或次要工程,D_{c} 值可取得小一些。从工地压实和室内击实试验对比可见,击实试验是研究土的压实特性的室内基本方法，而且对实际填方工程提供了两方面用途：一是用来判别在某一击实功作用下土的击实性能是否良好及土可能达到的最佳密实度范围与相应的含水率值，为填方设计（或为现场填筑试验设计）合理选用填筑含水率和填筑密度提供依据；另一方面为研究现场填土的力学特性而制备试样，提供合理的密度和含水率。

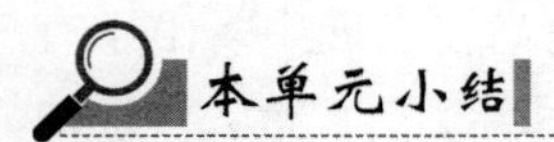

本单元小结

在工程建设中，经常遇到填土压实的问题，为了提高填土的强度，增加土的密实度，降低其透水性和压缩性，通常用分层压实的方法来处理地基，这是一种经济合理的改善土的工程性质的方法。一般通过研究土的最佳含水率和最大干密度来提高击实效果，最佳含水率和最大干密度采用现场或室内击实试验测定。

试验 4-4-1　土的击实试验

教学过程设计

教学过程	课　堂　活　动	时间	方法手段	资　源
引入	压实性的概念及本试验的试验目的和适用范围	5min		
教学过程组织	1.请书写并记忆学习手册中知识评价内容。 2.学生活动——试验前的知识准备。 (1)学生每7~8人一组，共分4组； (2)任选一组回答所需准备知识； (3)教师提问并总结。 3.学生活动——试验操作。 (1)学生每7~8人一组，共分4组； (2)分组进行试验操作； (3)交换结果； (4)每组选一个代表向全班作汇报； (5)小组互评； (6)教师讲评。 4.学生活动——结果处理。 (1)学生每7~8人一组，共分4组； (2)分组进行试验结果分析； (3)交换结果； (4)每组选一个代表向全班作汇报； (5)小组互评； (6)教师讲评。 5.总结	10min 10min 120min 30min 5min	1.讲授； 2.演示操作； 3.分组讨论； 4.学生互评	1.试验仪器； 2.试验指导； 3.板书； 4.学习手册

一、试验目的与适用范围

(1)验证并巩固最佳含水率的概念和理论；

(2)掌握最佳含水率的测定方法；

(3)了解击实仪的构造和使用；

(4)确定土的最佳含水率与相应的最大干密度，借以了解土的压实性能，作为工地土基压实控制的依据；

(5)本试验分轻型击实和重型击实，轻型击实适用于粒径不大于20mm的土，重型击实适用于粒径不大于40mm的土。

二、基本原理

击实是用锤击使土密度增大(土颗粒在外力作用下重新排列)的一种方法。土的压实性与所做的击实功及土的含水率有关。用标准击实试验方法，是在一定夯实功能下测定各种细粒土(含砾土等土)的压实性(以干密度表示)与含水率的关系，从而求出在该标准功下的最佳含水率与相应的最大干密度，作为工地土基压实控制的依据。

三、仪器设备

(1)标准击实仪。
(2)烘箱及干燥器。
(3)天平：感量0.01g。
(4)台秤：称量10kg。感量5g。
(5)圆孔筛：孔径40mm、20mm和5mm筛各1个。
(6)拌和工具：400mm×600mm、深70mm的金属盘、土铲。
(7)其他：喷水设备、碾土器、盛土盘、量筒、推土器、铝盒、修土刀、直尺。
击实试验方法种类见表4-4-1。

四、试验步骤

(一)试验准备

干土法(土不重复使用)按四分法至少准备5个试样，分别加入不同水分(按2%~3%含水率递增)、拌匀后闷料一夜备用。湿土法(土不重复使用)对于高含水率土，可省略过筛步骤，用手拣除大于40mm的粗石子即可，保持天然含水率的第一个土样，可立即用于击实试验。其余几个试样，将土分成小土块，分别风干，使含水率按2%~3%递减。

(二)试验步骤

(1)测击实筒的内径(d)和高度(h)，并计算出击实筒的体积(V)，称击实筒质量。各方法可按表4-4-3准备试料。

(2)分层击实：将击实筒放在坚硬的地面上，在筒壁上抹一薄层凡士林，并在筒底(小试筒)或垫块(大试筒)上放置蜡纸或塑料薄膜。取制备好的土样分3~5次倒入筒内。小筒按三层法时，每次800~900g(其量应使击实后的试样等于或略高于筒高的1/3)；按五层法时，每次400~500g(其量应使击实后的土样等于或略高于筒高的1/5)。对于大试筒，先将垫块放入筒内底板上，按五层法时，每层需试样约900g(细粒土)~1 100g(粗粒土)；按三层法时，每层需试样约1 700g。整平表面，并稍加压紧，然后按规定的击数进行第一层土击实，击实时击锤应自由垂直落下，锤迹必须均匀分布于土样面，第一层击实完后，将试样层面“拉毛”，然后再装入套筒，重复上述方法进行其余各层土的击实。小试筒击实后，试样不应高出顶面5mm；大试筒击实后，试样不应高出筒顶面6mm。

试样用量　　表4-4-3

使用方法	类别	试筒内径(cm)	最大粒径(mm)	试料用量(kg)
干土法，试样不重复使用	b	10	20	至少5个试样，每个3
		15.2	40	至少5个试样，每个6
湿土法，试样不重复使用	c	10	20	至少5个试样，每个3
		15.2	40	至少5个试样，每个6

(3)称筒和土的质量：用修土刀沿套筒壁削刮，使试样与套筒脱离后，扭动并取下套筒，齐筒顶细心削平试样，拆除底板，擦净筒外壁，称量，精确至1g。

(4)测含水率：用推土器推出筒内试样，从试样中心处取土样测其含水率，计算至0.1%。

(5)其他试件的击实：将试样充分搓散，然后按上述方法用喷雾器加水，拌和，每次增加2%~3%的含水率，其中有两个大于和两个小于最佳含水率，所需加水量按下式计算：

$$m_w=\frac{m_i}{1+0.01w_i}\times 0.01(w-w_i) \tag{4-4-3}$$

式中：m_w——所需的加水量，g；

m_i——含水率 w_i 时土样的质量，g；

w_i——土样原有含水率，%；

w——要求达到的含水率，%。

按上述步骤进行其他含水试样的击实试验。

五、成果整理

按下式计算击实后各点的干密度：

$$\rho_d=\frac{\rho}{1+0.01w} \tag{4-4-4}$$

式中：ρ_d——干密度，g/cm^3，计算至0.01；

ρ——湿密度，g/cm^3；

w——含水率，%。

以干密度为纵坐标、含水率为横坐标，绘制干密度与含水率的关系曲线，曲线上峰值点的纵、横坐标分别为最大干密度和最佳含水率，如图4-4-7所示。如曲线不能给出明显的峰值点，应进行补点或重做。

按下式计算空气体积等于零的等值线，并将这根线绘在含水率与干密度的关系图上。

$$w_{max}=\left[\frac{G_s\rho_w(1+w)-\rho}{G_s\rho}\right]\times 100 \tag{4-4-5}$$

$$w_{max}=\left(\frac{\rho_w}{\rho_d}-\frac{1}{G_s}\right)\times 100 \tag{4-4-6}$$

式中：w_{max}——饱和含水率，%，计算至0.01；

ρ——试样的湿密度，g/cm³；

ρ_d——试样的干密度，g/cm³；

G_s——试样比重，对于粗粒土，则为土中粗细颗粒的混合比重；

w——试样的含水率，%。

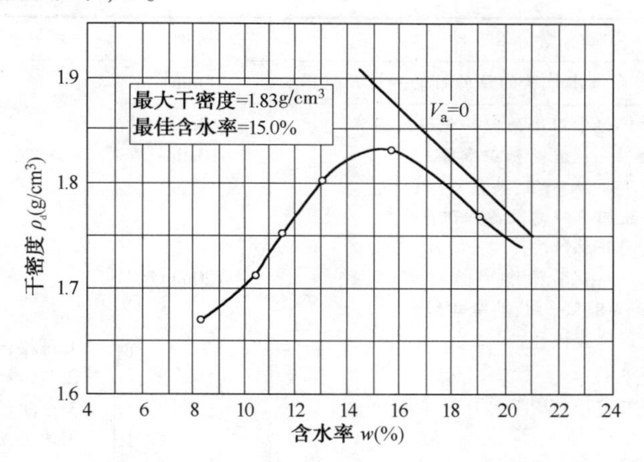

图 4-4-7 含水率与干密度的关系曲线示意

当试样中有大于 40mm 的颗粒时，应先取出大于 40mm 的颗粒，并求得其百分率 P，把小于 40mm 部分做击实试验，按式(4-4-7)、式(4-4-8)分别对试验所得的最大干密度和最佳含水率进行校正(适用于大于 40mm 颗粒的含量小于 30%时)。

最大干密度按下式校正：

$$\rho'_{dm}=\frac{1}{\dfrac{1-0.01P}{\rho_{dm}}+\dfrac{0.01P}{\rho_w G'_s}} \tag{4-4-7}$$

式中：ρ'_{dm}——校正后的最大干密度，g/cm³，计算至 0.01；

ρ_{dm}——用粒径小于 40mm 的土样试验所得的最大干密度，g/cm³；

P——试样中粒径大于 40mm 颗粒的百分数，%；

G'_s——粒径大于 40mm 颗粒的毛体积比重，计算至 0.01。

最佳含水率按下式校正：

$$w'_0=w_0(1-0.01P)+0.01Pw_2 \tag{4-4-8}$$

式中：w'_0——校正后的最佳含水率，%，计算至 0.01；

w_0——用粒径小于 40mm 的土样试验所得的最佳含水率，%；

P——意义同前；

w_2——粒径大于 40mm 颗粒的含水率，%。

本试验对含水率须进行两次平行测定，取其算术平均值，允许平行差值应符合表 4-4-4 的规定。

含水率测定的允许平行差值 表 4-4-4

含水率(%)	5 以下	40 以下	40 以上
允许平行差值	0.3	≤1	≤2

试验 4-4-2　承载比(CBR)测定

教学过程设计

教学过程	课　堂　活　动	时间	方法手段	资　　源
引入	CBR 值的概念及本试验的试验目的和适用范围	5min		
教学过程组织	1.请书写并记忆学习手册中知识评价内容。 2.学生活动——试验前知识准备。 (1)学生每 7~8 人一组,共分 4 组; (2)任选一组回答所需准备知识; (3)教师提问并总结。 3.学生活动——试验操作。 (1)学生每 7~8 人一组,共分 4 组; (2)分组进行试验操作; (3)交换结果; (4)每组选一个代表向全班作汇报; (5)小组互评; (6)教师讲评。 4.学生活动——结果处理。 (1)学生每 7~8 人一组,共分 4 组; (2)分组进行试验结果分析; (3)交换结果; (4)每组选一个代表向全班作汇报; (5)小组互评; (6)教师讲评。 5.总结	10min 10min 120min 15min 5min	1.讲授; 2.演示操作; 3.分组讨论; 4.学生互评	1.试验仪器; 2.试验指导; 3.板书; 4.学习手册

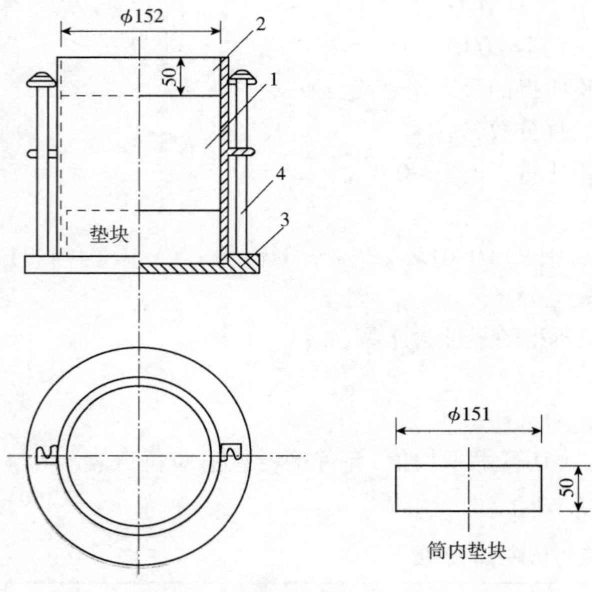

图 4-4-8　承载比试筒（尺寸单位:mm）

1-试筒;2-套环;3-夯击底板;4-拉杆

一、目的和适用范围

(1)本试验方法只适用于在规定的试筒内制件后,对各种土和路面基层、底基层材料进行承载比试验。

(2)试样的最大粒径宜控制在 20mm 以内,最大不得超过 40mm 且含量不超过 5%。

二、仪器设备

(1)圆孔筛:孔径 40mm、20mm 及 5mm 筛各 1 个。

(2)试筒:内径 152mm、高 170mm 的金属圆筒;套环,高 50mm;筒内垫块,直径 151mm、高 50mm;夯击底板,同击实仪。试筒的形式和主要尺寸如图 4-4-8 所示。也可用击实试验的大击实筒。

(3)夯锤和导管:夯锤的底面直径为50mm,总质量为4.5kg。夯锤在导管内的总行程为450mm,夯锤的形式和尺寸与重型击实试验法所用的相同。

(4)贯入杆:端面直径50mm、长约100mm的金属柱。

(5)路面材料强度仪或其他荷载装置:能量不小于50kN,能调节贯入速度至每分钟贯入1mm,要采用测力计式荷载装置,如图4-4-9所示。

(6)百分表:3个。

(7)试件顶面上的多孔板(测试件吸水时的膨胀量),如图4-4-10所示。

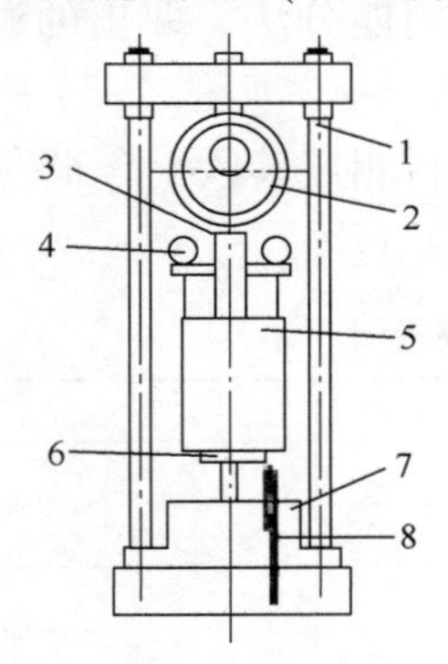

图4-4-9　手摇测力计式荷载装置示意图

1-框架;2-量力环;3-贯入杆;4-百分表;5-试件;6-升降台;7-蜗轮蜗杆箱;8-摇把

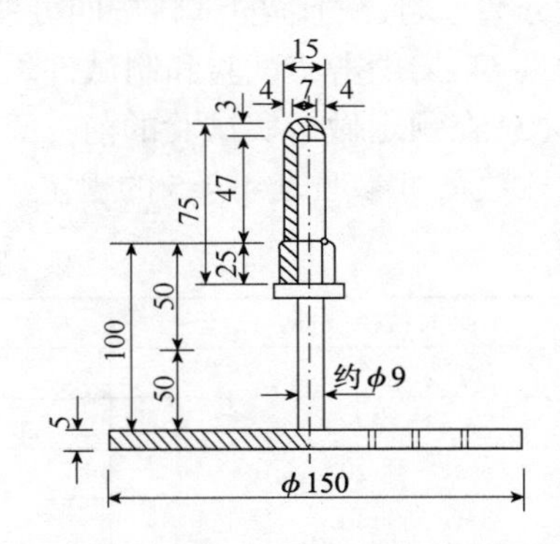

图4-4-10　带调节杆的多孔板(尺寸单位:mm)

(8)多孔底板(试件放上后浸泡于水中)。

(9)测膨胀量时支承百分表的架子,如图4-4-11所示。

(10)荷载板:直径150mm,中心孔眼直径52mm,每块质量1.25kg,共4块,并沿直径分为两个半圆块,如图4-4-12所示。

(11)水槽:浸泡试件用,槽内水面应高出试件顶面25mm。

(12)其他:台秤,感量为试件用量的0.1%;拌和盘;直尺;滤纸;脱模器等与击实试验相同。

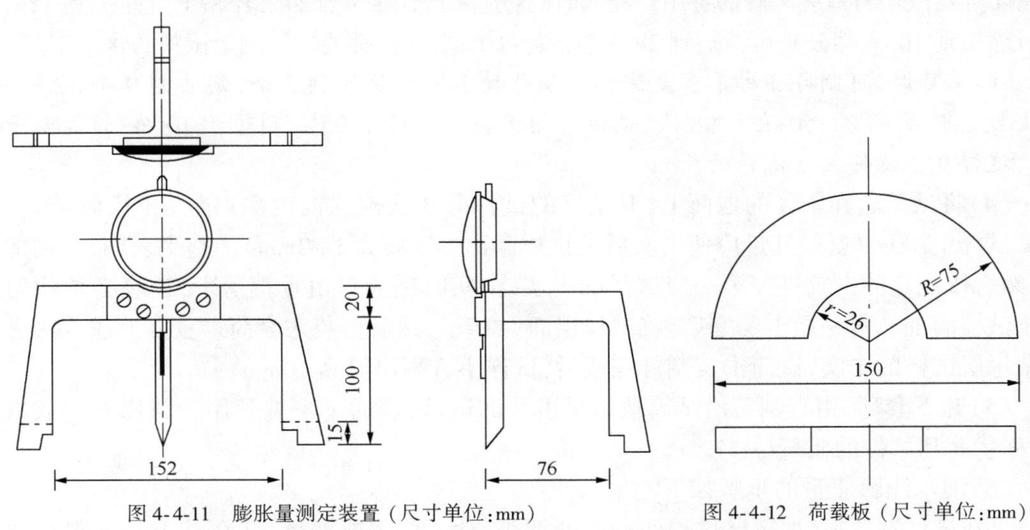

图4-4-11　膨胀量测定装置(尺寸单位:mm)

图4-4-12　荷载板(尺寸单位:mm)

三、试验步骤

（一）试样准备

（1）将具有代表性的风干试料（必要时可在 50 ℃ 烘箱内烘干）用木碾捣碎，但应尽量注意不使土或粒料的单个颗粒破碎。土团均应捣碎到通过 5mm 的筛孔。

（2）采取有代表性的试料 50kg，用 40mm 筛筛除大于 40mm 的颗粒，并记录超尺寸颗粒的百分数。将已过筛的试料按四分法取出约 25kg，再用四分法将取出的试料分成 4 份，每份质量 6kg，供击实试验和制试件之用。

（3）在预定做击实试验的前一天，取有代表性的试料测定其风干含水率。测定含水率用的试样数量可参照表 4-4-5 的规定。

测定含水率用试样的数量 表 4-4-5

最大粒径（mm）	试样质量（g）	个　数
<5	15 ~ 20	2
约 5	约 50	1
约 20	约 250	1
约 40	约 500	1

（二）试验步骤

（1）称试筒本身质量（m_1），将试筒固定在底板上，将垫块放入筒内，并在垫块上放一张滤纸，安上套环。

（2）将 1 份试料按重型击实试验法Ⅱ-2 规定的层数和每层击数，求试料的最大干密度和最佳含水率。

（3）将其余 3 份试料按最佳含水率制备 3 个试件，将一份试料铺于金属盘内，按事先计算得的该份试料应加的水量均匀地喷洒在试料上。用小铲将试料充分拌和到均匀状态，然后装入密闭容器或塑料口袋内浸润备用。浸润时间：重黏土不得少于 24h，轻黏土可缩短到 12h，砂土可缩短到 1h，天然砂砾可缩短到 2h 左右。制每个试件时，都要取样测定试料的含水率。

注：需要时，可制备 3 种干密度试件。如每种干密度试件制 3 个，则共制 9 个试件。每层击数分别为 30 次、50 次和 98 次，使试件的干密度从低于 95% 到等于 100% 的最大干密度。这样 9 个试件共需试料约 55kg。

（4）将试筒放在坚硬的地面上，取备好的试样分 3 次倒入筒内（视最大粒径而定）。每层需试样 1 700g 左右（其量应使击实后的试样高出 1/3 筒高 1~2mm）。整平表面，并稍加压紧，然后按规定的击数进行第一层试样的击实，击实时锤应自由垂直落下，锤迹必须均匀分布于试样面上。每一层击实完后，将试样层面“拉毛”，然后再装入套筒。重复上述方法进行其余每层试样的击实，试筒击实制件完成后，试样不宜高出筒高 10mm。

（5）卸下套环，用直刮刀沿试筒顶修平击实的试件，表面不平整处用细料修补。取出垫块，称量筒和试件的质量（m_2）。

（6）泡水测膨胀量的步骤如下：

①在试件制成后，取下试件顶面的破残滤纸，放一张完好滤纸，并在其上安装附有调节

杆的多孔板，在多孔板上加4块荷载板。

②将试筒与多孔板一起放入槽内(先不放水)，并用拉杆将模具拉紧，安装百分表，并读取初始读数。

③向水槽内放水，使水自由进到试件的顶部和底部，在浸泡期间，槽内水面应保持在试件顶面以上约25mm。通常试件要浸泡4昼夜。

④浸泡终了时，读取试件上百分表的终读数，并用式(4-4-9)计算膨胀量：

$$膨胀量=\frac{泡水后试件高度变化}{原试件高(120mm)}\times100 \tag{4-4-9}$$

⑤从水槽中取出试件，倒出试件顶面的水，静置15min，让其排水，然后卸去附加荷载和多孔板、底板和滤纸，并称其质量 (m_3) ，以计算试件的湿度和密度的变化。

(7)贯入试验。

①将泡水试验终了的试件放到路面材料强度试验仪的升降台上，调整偏球座，使贯入杆与试件顶面全面接触，在贯入杆周围放置4块荷载板。

②先在贯入杆上施加45N荷载，然后将测力和测变形的百分表的指针都调至整数，并记读起始读数。

③加荷使贯入杆以1~1.25mm/min的速度压入试件，记录测力计内百分表某些整读数(如20、40、60)时的贯入量，并注意使贯入量为250×10^{-2}mm时，能有5个以上的读数。因此，测力计内的第一个贯入量读数应是30×10^{-2}mm左右。

四、结果整理

(1)以单位压力(p)为横坐标，贯入量(l)为纵坐标，绘制p-l关系曲线，如图4-4-13所示。图上曲线1是合适的，曲线2开始段是凹曲线，需要进行修正。修正时，在变曲率点引一切线，与纵坐标交于O'点，O'即为修正后的原点。

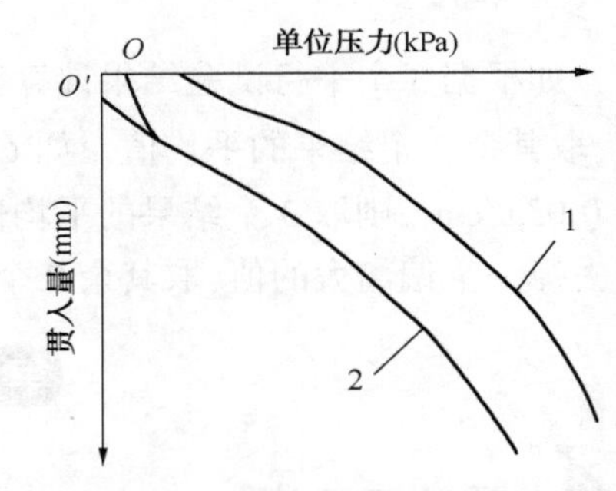

图4-4-13　单位压力与贯入量的关系曲线

(2)一般采用贯入量为2.5mm时的压力与标准压力之比作为材料的承载比(CBR)，即：

$$CBR=\frac{p}{7\,000}\times100 \tag{4-4-10}$$

式中：CBR——承载比，%，计算至0.1；

p——贯入量为2.5mm时的单位压力，kPa。

同时计算贯入量为5mm时的承载比：

$$CBR=\frac{p}{10\,500}\times100 \tag{4-4-11}$$

式中：CBR——承载比，%，计算至0.1；

p——贯入量为5mm时的单位压力，kPa。

如贯入量为5mm时的承载比大于2.5mm时的承载比，则要重做试验。重做后，如结果仍然如此，则采用5mm时的承载比。

(3)试件的湿密度用式(4-4-12)计算：

$$\rho=\frac{m_2-m_1}{2\,177} \tag{4-4-12}$$

式中：ρ——试件的湿密度，g/cm³，计算至0.01；

m_2——试筒和试件的合质量，g；

m_1——试筒的质量，g；

2 177——试筒的容积，cm³。

(4)试件的干密度用式(4-4-13)计算：

$$\rho_d=\frac{\rho}{1+0.01w} \tag{4-3-13}$$

式中：ρ_d——试件的干密度，g/cm³，计算至0.01；

w——试件的含水率，%。

(5)泡水后试件的吸水量按式(4-4-14)计算：

$$m_a=m_3-m_2 \tag{4-4-14}$$

式中：m_a——泡水后试件的吸水量，g；

m_3——泡水后试筒和试件的合质量，g；

m_2——试筒和试件的合质量，g。

五、精度要求

如根据3个平行试验结果计算得的承载比变异系数 C_V 大于12%，则去掉一个偏离大的值，取其余2个结果的平均值。如 C_V 小于12%，且3个平行试验结果计算的干密度偏差小于0.03g/cm³，则取3个结果的平均值。如3个试验结果计算的干密度偏差超过0.03g/cm³，则去掉一个偏离大的值，取其余2个结果的平均值。

单元5 土的工程分类

教学过程设计

教学过程	课 堂 活 动	时间	方法手段	资 源
引入	介绍土的基本工程性质	5min	1.多媒体讲授； 2.分组讨论； 3.学生互评	1.PPT； 2.学习手册； 3.板书； 4.实例
教学过程组织	1.请书写并记忆学习手册中知识评价内容。 2.介绍土的分类原则。 3.介绍公路桥涵地基与基础设计规范中土的分类。 4.介绍土工试验规程中土的分类。 5.学生活动——土的分类。 记忆—例题—定名。 (1)学生每7~8人一组，共分4组； (2)每组分析土的名称； (3)交换结果； (4)每组选一个代表向全班作汇报； (5)小组互评； (6)教师讲评。 6.总结	5min 10min 10min 30min 25min 5min		

一、概述

对于土的工程分类法,世界各国、各地区、各部门,根据自己的传统与经验,都有自己的分类标准。但总体看来,国内外对分类的依据在总的体系上在趋近于一致,各分类法的标准也都大同小异。土的工程分类一般原则是:①粗粒土按粒度成分及级配特征;②细粒土按塑性指数和液限;③有机土和特殊土则分别单独各列为一类;④各个分类体系中对定出的土名给予明确含义的文字符号,既可一目了然,也为运用电子计算机检索土质试验资料提供条件。我国对土的成分、级配、液限和特殊土有通用的基本代号,见表4-5-1。

土的成分代号　　表4-5-1

土的成分	代号	土的级配	代号	土的液限	代号	特殊土	代号
漂石	B	级配良好	W	高液限	H	黄土	Y
块石	B_a	级配不良	P	低液限	L	膨胀土	E
卵石	C_b					红黏土	R
小石块	Cb_a					盐渍土	St
砾	G					冻土	Ft
角砾	G_a						
砂	S						
粉土	M						
黏土	C						
细粒土(C和M合称)	F						
混合土(粗细粒土合称)	Sl						
有机质土	O						

土的名称可用一个基本代号表示;当由两个基本代号构成时,第一个代号表示土的主成分,第二个代号表示副成分(土的液限或土的级配);当由三个基本代号构成时,第一个代号表示土的主成分,第二个代号表示液限的高低(或级配的好坏),第三个代号表示土中所含次要成分,见表4-5-2。

土类的名称和代号　　表4-5-2

名　称	代　号	名　称	代　号	名　称	代　号
漂石	B	级配良好的砂	SW	含砾低液限黏土	CLG
块石	B_a	级配不良的砂	SP	含砂高液限黏土	CHS
卵石	C_a	粉土质砂	SM	含砂低液限黏土	CLS
小石块	Cb_a	黏土质砂	SC	有机质高液限粉土	MHO
漂石夹土	BSl	高液限粉土	MH	有机质低液限黏土	CLO
卵石夹土	CbSl	低液限粉土	ML	有机质高液限粉土	MHO
漂石质土	SlB	含砾高液限粉土	MHG	有机质低液限粉土	MLO
卵石质土	SlCb	含砾低液限粉土	MLG	黄土(低液限黏土)	CLY

续上表

名称	代号	名称	代号	名称	代号
级配良好砾	GW	含砂高液限粉土	MHS	膨胀土(高液限黏土)	CHE
级配不良砾	GP	含砂低液限粉土	MLS	红土(高液限粉土)	MHR
细粒质砾	GF	高液限黏土	CH	红黏土	R
粉土质砾	GM	低液限黏土	CL	盐渍土	St
黏土质砾	GC	含砾高液限黏土	CHG	冻土	Ft

二、《公路桥涵地基与基础设计规范》中土的分类

《公路桥涵地基与基础设计规范》(JTG D63—2007)中将土作为建筑物的地基和建筑场地进行分类。将公路桥涵地基的岩土分为岩石、碎石土、粉土、黏性土和特殊性岩土。

1.碎石土

碎石土为粒径大于2mm的颗粒含量超过总质量50%的土。碎石土按照表4-5-3可分为漂石、块石、卵石、碎石、圆砾、角砾六类。

碎石土的分类　　表4-5-3

土的名称	颗粒形状	颗粒级配
漂石	圆形及亚圆形为主	粒径大于200mm的颗粒超过总质量的50%
块石	棱角形为主	
卵石	圆形及亚圆形为主	粒径大于20mm的颗粒超过总质量的50%
碎石	棱角形为主	
圆砾	圆形及亚圆形为主	粒径大于2mm的颗粒超过总质量的50%
角砾	棱角形为主	

注:碎石土分类时应根据粒组含量从大到小以最先符合者确定。

2.砂土

砂土是粒径大于2mm的颗粒含量不超过总质量50%、粒径大于0.075mm的颗粒超过总质量50%的土。砂土可分为砾砂、粗砂、中砂、细砂和粉砂五类,见表4-5-4。

砂土分类　　表4-5-4

土的名称	颗粒级配
砾砂	粒径大于2mm的颗粒含量占总质量的25%~50%
粗砂	粒径大于0.5mm的颗粒含量超过总质量的50%
中砂	粒径大于0.25mm的颗粒含量超过总质量的50%
细砂	粒径大于0.075mm的颗粒含量超过总质量的85%
粉砂	粒径大于0.075mm的颗粒含量超过总质量的50%

3.粉土

粉土是塑性指数$I_p \leqslant 10$且粒径大于0.075mm的颗粒含量不超过总质量50%的土。

4.黏性土

黏性土为塑性指数$I_p > 10$且粒径大于0.075mm的颗粒含量不超过总质量50%的土。根

据塑性指数 I_p 分为黏土、粉质黏土，如表 4-5-5 所示。

黏性土的分类　　表 4-5-5

土的名称	塑性指数
粉质黏土	$10<I_p\leqslant 17$
黏土	$I_p>17$

三、《公路土工试验规程》中土的分类

《公路土工试验规程》(JTG E40—2007)中根据土的分类的一般原则，结合公路工程实践中的研究成果，提出土的统一分类体系，如图 4-5-1 所示。

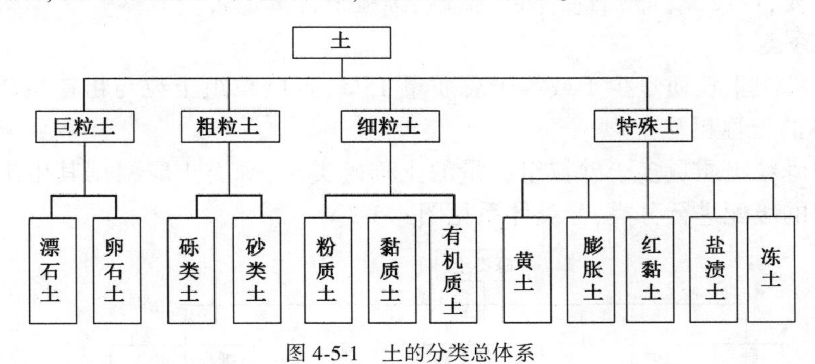

图 4-5-1　土的分类总体系

1. 巨粒土分类

巨粒组质量多于总质量 50% 的土称为巨粒土，分类体系见图 4-5-2。

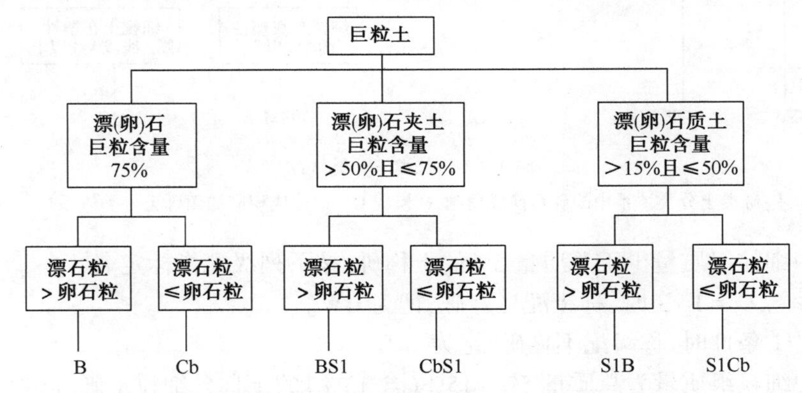

图 4-5-2　巨粒土分类体系

注：1.巨粒土分类体系中漂石换成块石，B 换成 B_a，即构成相应的块石分类体系。

2.巨粒土分类体系中的卵石换成小块石，Cb 换成 Cb_a，即构成相应的小块石分类体系。

巨粒组质量多于总质量 75%的土称漂(卵)石。

巨粒组质量为总质量 50%~75%(含 75%)的土称漂(卵)石夹土。

巨粒组质量为总质量 15%~50%(含 50%)的土称漂(卵)石质土。

巨粒组质量少于或等于总质量 15%的土，可扣除巨粒，按粗粒土或细粒土的相应规定分类定名。

（1）漂（卵）石按下列规定定名：

①漂石粒组质量多于总质量50%的土称漂石，记为B。

②漂石粒组质量少于或等于总质量50%的土称卵石，记为Cb。

（2）漂（卵）石夹土按下列规定定名：

①漂石粒组质量多于卵石粒组质量的土称漂石夹土，记为BSl。

②漂石粒组质量少于或等于卵石粒组质量的土称卵石夹土，记为CbSl。

（3）漂（卵）石质土按下列规定定名：

①漂石粒组质量多于卵石粒组质量的土称漂石质土，记为BSl。

②漂石粒组质量少于或等于卵石粒组质量的土称卵石质土，记为SlCb。

③如有必要，可按漂（卵）石质中的砾、砂、细粒土含量定名。

2.粗粒土分类

试样中巨粒组土粒质量少于或等于总质量15%，且巨粒组土粒与粗粒组质量之和多于总土质量50%的土称粗粒土。

粗粒土中砾粒组质量多于砂粒组质量的土称砾类土，砾类土应根据其中细粒含量和类别以及粗粒组的级配进行分类，分类体系见图4-5-3。

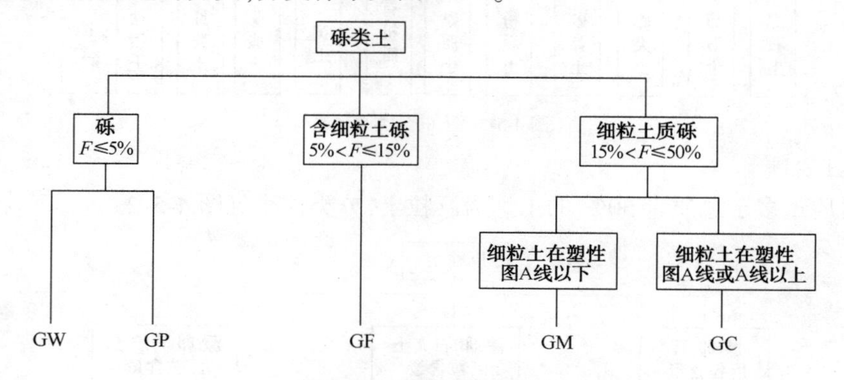

图4-5-3　砾类土分类体系

注：砾类土分类体系中的砾石换成角砾，G换成G_a，即构成相应的角砾土分类体系。

砾类土中细粒组质量少于总质量5%的土称砾，按下列级配指标定名：

①当$C_u \geqslant 5$，$C_c = 1 \sim 3$时，称级配良好砾，记为GW。

②不满足①条件时，称级配不良砾，记为GP。

砾类土中细粒组质量为总质量5%～15%（含15%）的土称含细粒土砾，记为GF。

砾类土中细粒组质量大于总质量的15%，并小于或等于总质量的50%时的土称细粒土质砾，按细粒土在塑性图中的位置定名：

①当细粒土位于塑性图A线以下时，称粉土质砾，记为GM。

②当细粒土位于塑性图A线或A线以上时，称黏土质砾，记为GC。

粗粒土中砾粒组质量小于或等于砂粒组质量的土称砂类土，砂类土应根据其中细粒含量和类别以及粗粒组的级配进行分类，分类体系见图4-5-4。根据粒径分组，由大到小，以首先符合者命名。

砂类土中细粒组质量少于或等于总质量5%的土称砂，按下列级配指标定名：

①当 $C_u \geqslant 5$,且 $C_c = 1 \sim 3$ 时,称级配良好砂,记为 SW。

②不满足①条件时,称级配不良砂,记为 SP。

砂类土中细粒组质量为总质量 5%~15%(含 15%)的土称含细粒土砂,记为 SF。

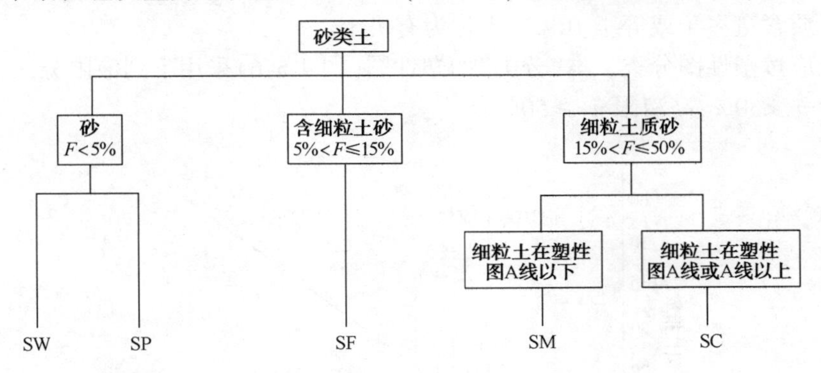

图 4-5-4 砂类土分类体系

注:需要时,砂可进一步细分为粗砂、中砂和细砂。

粗砂——粒径大于 0.5mm 颗粒多于总质量 50%;

中砂——粒径大于 0.25mm 颗粒多于总质量 50%;

细砂——粒径大于 0.0075mm 颗粒多于总质量 75%。

砂类土中细粒组质量大于总质量的 15%,并小于或等于总质量的 50%时的土称细粒土质砂,按细粒土在塑性图中的位置定名:

①当细粒土位于塑性图 A 线以下时,称粉土质砂,记为 SM。

②当细粒土位于塑性图 A 线或 A 线以上时,称黏土质砂,记为 SC。

3.细粒土分类

试样中细粒组质量多于或等于总质量 50%的土称细粒土,分类体系见图 4-5-5。

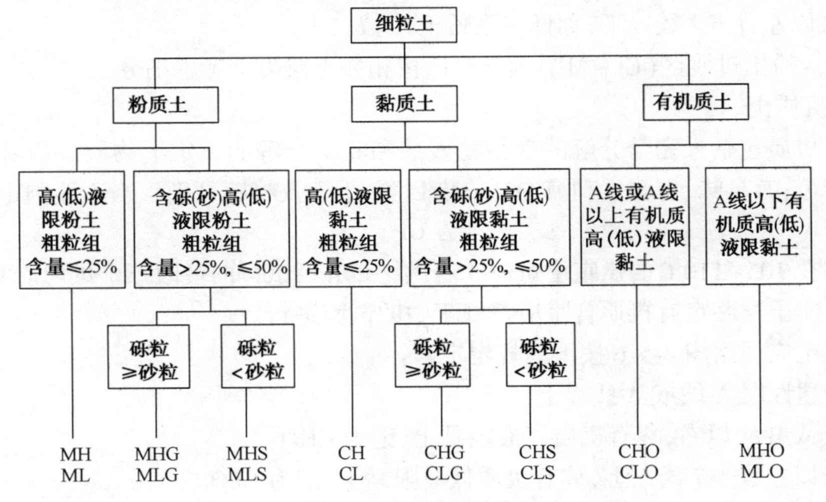

图 4-5-5 细粒土分类体系

(1)细粒土应按下列规定划分:

①细粒土中粗粒组质量少于或等于总质量 25%的土称粉质土或黏质土。

②细粒土中粗粒组质量为总质量25%~50%（含50%）的土称含粗粒的粉质土或含粗粒的黏质土。

③试样中有机质含量多于或等于总质量的5%，且少于总质量的10%的土称有机质土。试样中有机质含量多于或等于10%的土称为有机土。

细粒土应按塑性图分类。本“分类”的塑性图（图4-5-6）采用下列液限分区：

低液限 $w_L<50\%$；高液限 $w_L\geqslant 50\%$。

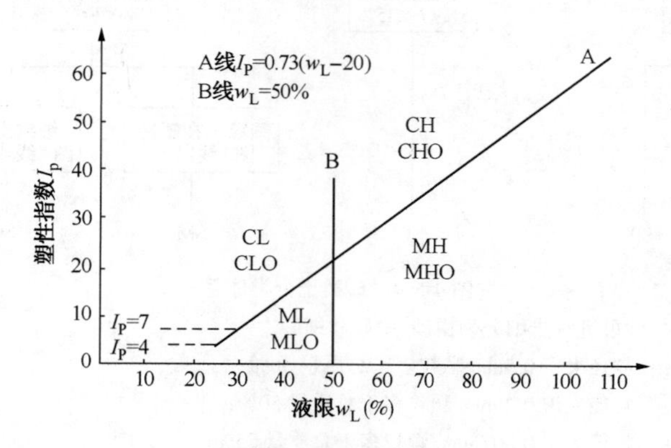

图4-5-6　塑性图

细粒土应按其在塑性图（图4-5-6）中的位置确定土名称：

①当细粒土位于塑性图A线或A线以上时，按下列规定定名：

在B线或B线以右，称高液限黏土，记为CH。

在B线以左，$I_p=7$线以上，称低液限黏土，记为CL。

②当细粒土位于塑性图A线以下时，按下列规定定名：

在B线或B线以右，称高液限粉土，记为MH。

在B线以左，$I_p=4$线以下，称低液限粉土，记为ML。

③黏土~粉土过渡区（CL~ML）的土可以按相邻土层类别考虑细分。

（2）有机质土。

土中有机质包括未完全分解的动植物残骸和完全分解的无定形物质。后者多呈黑色、青黑色或暗色；有臭味、有弹性和海绵感。借目测、手摸及嗅感判别。当不能判定时，可采用下列方法：

将试样在105~110℃的烘箱中烘烤。若烘烤24h后试样的液限小于烘烤前的3/4，则该试样为有机质土。测定有机质含量应按规程中的试验进行。

有机质土应根据图4-5-6按下列规定定名：

①位于塑性图A线或A线以上：

在B线或B线以右，称有机质高液限黏土，记为CHO；

在B线以左，$I_p=7$线以上，称有机质低液限黏土，记为CLO。

②位于塑性图A线以下：

在B线或B线以右，称有机质高液限粉土，记为MHO；

在B线以左，$I_p=4$线以下，称有机质低液限粉土，记为MLO。

③土～粉土过渡区（CL～ML）的土可以按相邻土层类别考虑细分。

本单元小结

土是自然历史的产物，它的成分、结构和性质千变万化，工程性质也千差万别，为了判别土的工程性质，合理选择研究方法，有必要对土进行科学分类，工程实践中需要适合工程用途的土分类，即按土的主要工程特性进行分类。土的合理分类具有很大的实际意义，根据分类名称可以大致判断土的工程特性，评价土作为建筑材料的适宜性，并结合其他指标来确定地基的承载力等。本单元主要介绍了《公路桥涵地基与基础设计规范》（JTG D63—2007）和《公路土工试验规程》（JTG E40—2007）中土的分类。

模块五 地质构造与地貌

模块导入

地质构造是地壳运动的产物，是岩层或岩体在地壳运动中，由于构造应力长期作用使之发生永久性变形变位的现象。地质构造大大改变了岩层和岩体原来的工程地质性质，褶皱和断裂使岩层或岩体产生弯曲、破裂和错动，破坏了岩层或岩体的完整性，降低了其稳定性，增大了其渗透性，使工程建筑的地质环境复杂化。

在陆地上有两种地表流水：暂时流水和常年流水。地表流水不仅是影响地表形态不断发展变化的一个带有普遍性的重要因素，而且经常影响着公路的建筑条件。

在工程建设中，地下水常带来不良影响，如地下水流动造成的流沙和管涌渗透破坏、水对地下结构的浮力、基坑承压水突涌、建筑材料腐蚀等，因此必须查明建筑地区的水文地质条件。

公路是建筑在地壳表面的线形建筑物，它常常穿越不同的地貌单元，在公路勘测设计、桥隧位置选择等方面，经常会遇到各种不同的地貌问题。因此，地貌成为评价公路工程地质条件的重要内容之一。

通过以阅读地质图为载体，可以对一个地区的地质条件有一个清晰的认识，在此基础上，根据自然地质条件的客观情况，结合工程具体要求，才能进行合理的工程布局和正确的工程设计。

学习目标

【能力目标】 根据地质资料能辨识基本的地质构造、地貌和地下水类型；知道其对公路工程建筑的影响；并能结合路线通过地带地质条件，进行公路工程地质选线。

【知识目标】

1.熟悉地质年代类型和地质年代表；

2.描述岩层产状三要素的意义、测定方法和表示方法；

3.描述地质构造的类型、野外识别方法及工程地质评价；

4.阅读简单地质图。

【素质目标】 能够在辨识地质构造过程中具有表达地质构造特征的能力；在地质图的阅读和剖面图绘制过程中，锻炼应用相关资料获取信息的能力。

单元1 地质构造

教学过程设计1

教学过程	课堂活动	时间	方法手段	资源
引入	视频	5min	1.多媒体讲授； 2.图板展示； 3.分组讨论； 4.学生互评	1.图板； 2.学习手册； 3.板书； 4.PPT； 5.视频
教学过程组织	1.请书写并记忆学习手册中知识评价内容。 2.介绍地质年代类型及地质年代表。 3.认识地质构造概念及类型。 4.认识岩层产状。 5.学生活动——认识产状三要素。 (1)学生每7~8人一组，共分4组； (2)每组分析产状要素； (3)教师提问并总结。 6.认识褶曲的特征。 7.学生活动——褶曲的工程评价。 (1)学生每7~8人一组，共分4组； (2)每组分析褶曲特征并给出工程评价； (3)教师提问并总结。 8.学生活动——断层的工程评价。 (1)学生每7~8人一组，共分4组； (2)每组分析断层特征并给出工程评价； (3)教师提问并总结。 9.总结	10min 10min 5min 10min 10min 10min 10min 15min 5min		

教学过程设计2

教学过程	课堂活动	时间	方法手段	资源
引入	公路设计中需要的地质图表介绍	5min	1.多媒体讲授； 2.图板展示； 3.分组讨论； 4.学生互评	1.图板； 2.学习手册； 3.板书； 4.PPT
教学过程组织	1.请书写并记忆学习手册中知识评价内容。 2.介绍地质图的组成。 3.介绍各种地质构造在地质平面图上的表现形式。 4.讲解阅读地质图的步骤和要求。 5.学生活动——阅读地质图。 (1)学生每7~8人一组，共分8组； (2)每组阅读地质图； (3)交换结果； (4)每组选一个代表向全班作汇报； (5)小组互评； (6)教师讲评。 6.总结	10min 5min 20min 10min 30min 10min		

教学过程设计3

教学过程	课堂活动	时间	方法手段	资源
教学过程组织	1.介绍地质剖面图的绘制。	15min		
	2.学生活动——绘制地质剖面图。	25min		
	(1)学生每7~8人一组,共分4组;			
	(2)每组绘制并提交剖面图;			
	(3)交换结果;			
	(4)每组选一个代表向全班作汇报;		1.多媒体讲授;	1.图板;
	(5)小组互评;		2.图板;	2.学习手册;
	(6)教师讲评。		3.分组讨论;	3.板书;
	3.根据地质图表判定公路通过地带的地质条件。	25min	4.学生互评	4.PPT
	4.学生活动——阅读钻孔柱状图。	15min		
	(1)学生每7~8人一组,共分4组;			
	(2)每组分析并提交桥基地质条件;			
	(3)教师提问并总结。			
	5.总结	10min		

现代地质学认为,地壳被划分成许多刚性的板块,而这些板块在不停地彼此相对运动。正是这种地壳运动,引起海陆变迁,产生各种地质构造,形成山脉、高原、平原、丘陵、盆地等基本地质构造形态。

地质构造的规模有大有小,但都是地壳运动的产物,是地壳运动在地层和岩体中所造成的永久变形。这些地质构造的形成,经历了长期复杂的地质过程,是地质历史的产物。地质构造大大改变了岩层和岩体原来的工程地质性质,褶皱和断裂使岩层或岩体产生弯曲、破裂和错动,破坏了岩层或岩体的完整性,降低了其稳定性,增大了其渗透性,使工程建筑的地质环境复杂化。因此,学习并了解地质构造的基本知识,对各类土木工程建筑的规划、设计、施工及正常使用,都具有重要的实际意义。

一、地质年代

地壳发展演变的历史叫做地质历史,简称地史。据科学推算,地球的年龄至少有45.5亿年。在这漫长的地质历史中,地壳经历了许多强烈的构造运动、岩浆活动、海陆变迁、剥蚀和沉积作用等各种地质事件,形成了不同的地质体。因此,查明地质事件发生或地质体形成的时代和先后顺序是十分重要的,要了解一个地区的地质构造、地层的相互关系,以及阅读地质资料和地质图件时,必须具备地质年代的知识。

(一)地层的地质年代

由两个平行或近于平行的界面(岩层面)所限制的同一岩性组成的层状岩石,称为岩层。岩层是沉积岩的基本单位,没有时代的含义。地层和岩层不同,在地质学中,把某一地质时期形成的一套岩层及其上覆堆积物统称为那个时代的地层。地层具有时代的新老概念,地层的上下或新老关系称为地层层序。要研究地层的层序,就要确定地层的地质年代。

确定地层的地质年代有两种方法:一种是绝对地质年代,用距今多少年以前来表示,是通过测定岩石样品所含放射性元素确定的;另一种是相对地质年代,指地质事件发生的先后顺序,是由该岩石地层单位与相邻已知岩石地层单位的相对层位的关系来确定的。在地质工作中,一般以应用相对地质年代为主。

(二)地层的相对地质年代

确定地层相对地质年代即判别地层的相对新老关系,可以通过层序、岩性、接触关系和古生物化石来确定。

1.生物演化律

按照生物演化的规律,从古到今,生物总是由低级到高级、由简单到复杂而逐步发展的。在地质年代的每一个阶段中,都发育有其生物群。因此,在不同地质年代沉积的岩层中,都会有不同特征的古生物化石。伴随着地壳发展演变的阶段性和周期性,生物物种也发生着相应的变化。

因此可以利用一些演化较快、存在时间短、分布较广泛、特征较明显的标准化石,作为划分地层相对地质年代的依据。

2.地层层序律

沉积岩在形成过程中,下面的总是先沉积的地层,上覆的总是后沉积的地层,形成自然的层序。若这种自然层序没有被褶皱或断层打乱,那么岩层的相对地质年代可以由其在层序中的位置来确定,如图5-1-1所示;若构造变动复杂的地区,岩层自然层位发生了变化,就难以直接通过层序来确定相对地质年代了,如图5-1-2所示。

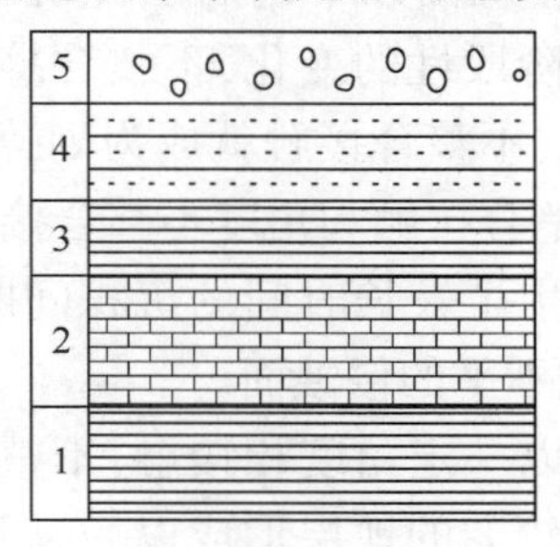

图5-1-1 正常层位
注:1~5表示岩层由老到新。

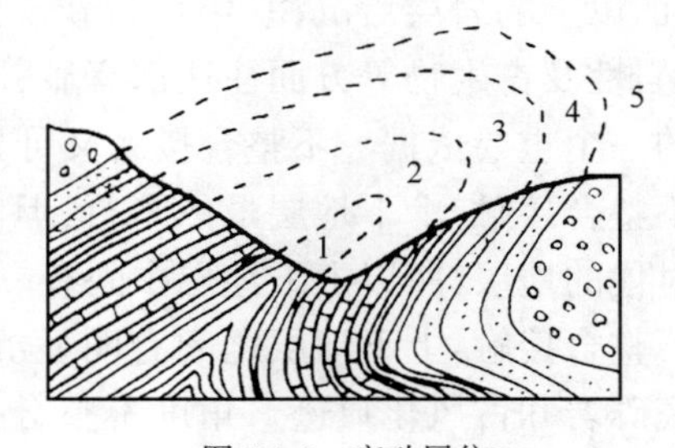

图5-1-2 变动层位
注:1~5表示地层形成的先后顺序。

3. 标准地层对比法

通常情况下,一定区域同一时期形成的岩层,其岩性特点应是一致或近似的。因此可以以岩石的组成、结构、构造等岩性特点,作为岩层对比的基础。但此方法具有一定的局限性和不可靠性。

4. 地质体之间的接触关系

上述生物演化律主要适用确定沉积岩的新老关系,它是建立相对地质年代的基础,但在无化石的岩浆岩和变质岩中,这种方法无能为力。地质历史上,地壳运动和岩浆活动的结果,往往可使不同岩层之间、岩层与侵入体之间、侵入体与侵入体之间互相接触。我们可以利用这种接触关系来确定不同岩系形成的先后顺序。沉积岩之间的接触关系有整合接触、平行不整合接触和角度不整合接触三种接触关系；岩浆岩与沉积岩之间的接触关系有沉积接触和侵入接触。

沉积岩的接触关系如图 5-1-3 所示。

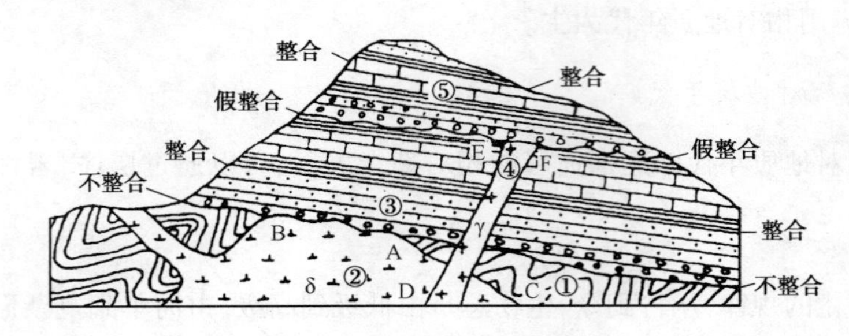

图 5-1-3　岩层接触关系剖面示意图

BA、EF-沉积接触；AC、DE-侵入接触；δ-闪长岩体；γ-花岗岩脉

(1)整合接触关系

一个地区在持续稳定的沉积环境下，地层依次沉积，各地层之间相互平行，地层间的这种连续、平行的接触关系称为整合接触。其特点是：沉积时间连续，上、下岩层产状基本一致。

(2)不整合接触关系

在很多沉积岩序列里，不是所有的原始沉积物都能保存下来。地壳上升可以形成侵蚀面，然后下降又被新的沉积物所覆盖，这种埋藏的侵蚀面称为不整合面。上下岩层之间具有埋藏侵蚀面的这种接触关系，称为不整合接触。不整合接触面以下的岩层先沉积，年代较老，不整合面以上的岩层后沉积，年代较新。由于发生了阶段性的变化，不整合接触面上下的岩层，在岩性及古生物等方面往往都有显著不同。因此，不整合接触就成为划分地层相对地质年代的一个重要依据。不整合接触又可分为平行不整合接触和角度不整合接触。

平行不整合接触：上下地层虽然平行，但它们之间发生了较长时间的沉积间断，期间缺失了部分时代的地层，所以上下地层中间有一明显的高低不平的侵蚀面。

角度不整合接触：上下地层之间有明显沉积间断，并以一定角度相接触，不整合面上往往保存着底砾岩和古风化痕迹。角度不整合接触是由于较老的地层形成以后，因强烈的构造运动使原来的水平沉积地层倾斜并隆起，遭受剥蚀，发生沉积间断，然后，地壳再下降，在剥蚀面上接受沉积，形成新地层。

(3)侵入接触关系

侵入接触关系即岩浆侵入到先形成的沉积岩层之中而形成的接触关系。侵入接触的主要标志是侵入体与围岩之间的接触带有接触变质现象。侵入体与围岩的界线常常很不规则，它说明岩浆侵入体的形成年代晚于发生变质的沉积岩层的地质年代，如图 5-1-3 所示。

(4)沉积接触关系

沉积岩覆盖于侵入体之上，其间存在着剥蚀面，剥蚀面上有侵入体被风化剥蚀形成的碎屑物，如图 5-1-3 所示。沉积接触的形成过程是当侵入体形成之后，地壳上升并遭受长期风化剥蚀，形成侵蚀面，然后地壳下降，在剥蚀面上接受新的沉积。它说明岩浆岩的形成年代早于沉积岩的地质年代。

(5)穿插关系

如图 5-1-4 所示,穿插的岩浆岩侵入体(如岩株、岩脉和岩基等)的形成年代,总是比被它们所侵入的最新岩层还要年轻,而比不整合覆盖在它上面的最老岩层要老。若两个侵入岩接触,岩浆侵入岩的相对地质年代亦可由穿插关系确定,一般是年轻的侵入岩脉穿过较老的侵入岩。

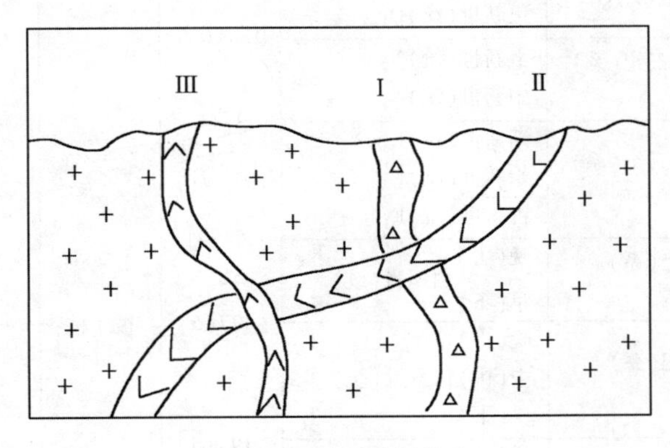

图 5-1-4 岩脉穿插关系

(三)地质年代表

1.地质年代单位和地层单位

地壳发生大的构造变动之后,自然地理条件将发生显著变化。因而,各种生物也将随之演变,以达到适者生存,这样就形成了地壳发展历史的阶段性。根据地壳运动和生物演变等特征,可以把地质历史划分为许多大小不同的年代单位。地质年代是指一个地层单位的形成时代或年代,在不同地质时代相应地形成不同的地层,故地层是地壳在各地质时代里变化的真实记录。

地质学家们根据几次大的地壳运动和生物界大的演变,把地质历史划分为五个“代”,每个代又分为若干“纪”,纪内因生物发展及地质情况不同,又进一步划分为若干“世”和“期”,以及一些更细的段落,这些统称为地质年代单位。相应于代、纪、世、期这些时期里形成的地层,分别为界、系、统、阶,它们是地层单位。例如,古生代是代表时间单位,古生界则表示古生代所沉积的地层。

2.地质年代表

19 世纪以来,人们在实践中逐步进行了地层的划分和对比工作,把地质年代单位和地层单位从老到新按顺序排列,形成了目前国际上大致通用的地质年代表,见表 5-1-1。地质年代表反映了地壳历史阶段的划分和生物演化的发展阶段。

确定和了解地层的时代,在工程地质工作中是很重要的,同一时代的岩层常有共同的工程地质特性。因此在分析地质构造时,必须首先查明地层的时代关系。如在四川盆地广泛分布的侏罗系和白垩系地层,因含有多层易遇水泥化的黏土岩,致使凡是这个时代地层分布的地区滑坡现象都很常见。但是不同时代形成的相同名称的岩层,往往岩性也有所区别。

地质年代表 表 5-1-1

相对年代				绝对年龄*（百万年）	生物开始出现时间		主要特征
宙（宇）	代（界）	纪（系）	世（统）		植物	动物	
显生宙（宇）	新生代（界）Kz	第四纪（系）Q	全新世（统）Q_4	0.02		←现代人	各种近代堆积物，冰川分布、黄土生成
			更新世（统）Q_{1-3}	1.5±0.5			
		第三纪（系）R 晚第三纪（系）N	上新世（统）N_2				主要成煤期，哺乳动物、鸟类发展；被子植物盛
			中新世（统）N_1				
		早第三纪（系）E	渐新世（统）E_3	37±2		←古猿	
			始新世（统）E_2				
			古新世（统）E_1				
	中生代（界）Mz	白垩纪（系）K	晚（上）白垩世（统）K_2	67±3			后期地壳运动强烈，岩浆活动，海水退出大陆；恐龙时代；裸子植物盛；华北为陆地，华南为浅海，鱼类、两栖类盛，成煤时代
			早（下）白垩世（统）K_1				
		侏罗纪（系）J	晚（上）侏罗世（统）J_3	137±5	←被子植物		
			中（中）侏罗世（统）J_2				
			早（下）侏罗世（统）J_1				
		三叠纪（系）T	晚（上）三叠世（统）T_3	195±5		←哺乳类	
			中（中）三叠世（统）T_2				
			早（下）三叠世（统）T_1				
	古生代（界） 晚古生代（界）Pz^2	二叠纪（系）P	晚（上）二叠世（统）P_2	230±10			
			早（下）二叠世（统）P_1				
		石炭纪（系）C	晚（上）石炭世（统）C_3	285±10			
			中（中）石炭世（统）C_2			←爬行类	
			早（下）石炭世（统）C_1				
		泥盆纪（系）D	晚（上）泥盆世（统）D_3	350±10	←裸子植物	←两栖类	
			中（中）泥盆世（统）D_2				
			早（下）泥盆世（统）D_1				
	早古生代（界）Pz^1	志留纪（系）S	晚（上）志留世（统）S_3	405±10	←蕨类植物	←鱼类	
			中（中）志留世（统）S_2				
			早（下）志留世（统）S_1				
		奥陶纪（系）O	晚（上）奥陶世（统）O_3	440±10		←无颌类	后期地壳运动强烈，大部处浅海环境，华北缺 O_3—S 地层；无脊椎动物时代
			中（中）奥陶世（统）O_2				
			早（下）奥陶世（统）O_1				
		寒武纪（系）∊	晚（上）寒武世（统）$∊_3$	500±10			
			中（中）寒武世（统）$∊_2$				
			早（下）寒武世（统）$∊_1$				
隐生宙（宇）	元古代（界）Pt	震旦纪（系）Z	晚（上）震旦世（统）Z_2	570±15		←无脊椎动物	海侵广泛原始单细胞生物时代，晚期构造运动强烈
			早（下）震旦世（统）Z_1				
	太古代（界）Ar			2 500±		←菌藻类	
地球初期发展阶段				4 000 4 600	无生物		

注：* 表中同位素年龄系据 1967 年国际地质年代委员会推荐数值。

二、地质构造

正如前面所提到的,地质构造是地壳运动的产物,是岩层或岩体在地壳运动中,由于构造应力长期作用使之发生永久性变形变位的现象,例如褶曲与断层等。地质构造的规模有大有小,大的褶皱带如内蒙古大兴安岭褶皱系、喜马拉雅褶皱系、松潘甘孜褶皱系等;小的只有几厘米,甚至要在显微镜下才能看得见,如片理构造、微型褶皱等。在这里,我们研究野外地质工作中常见的层状岩石表现的一些地质构造现象,如水平构造、单斜构造、褶皱构造和断裂构造等。

(一)岩层产状及其测定方法

各种地质构造无论其形态多么复杂,它们总是由一定数量和一定空间位置的岩层或岩石中的破裂面构成的。因此研究地质构造的一个基本内容就是确定这些岩层及破裂面的空间位置以及它们在地面上表现的特点。

1.岩层的产状

岩层是指两个平行或近于平行的界面所限制的同一岩性组成的层状岩石。岩层的产状指岩层在空间的展布状态。为了确定倾斜岩层的空间位置,通常要测量岩层的产状要素:走向、倾向和倾角,如图5-1-5所示。

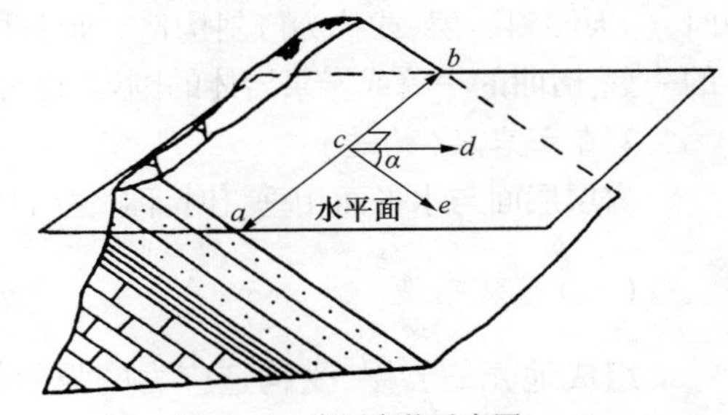

图5-1-5 岩层产状示意图

ab-走向线;cd-倾向;ce-倾斜线;α-倾角

(1)走向

岩层层面与假想水平面交线的水平延伸方向称为岩层的走向。岩层的走向用方位角表示,因此,同一岩层的走向可用两个方位角数值表示,指示该岩层在水平面上的两个延伸方向。

(2)倾向

垂直于走向线且沿岩层倾斜方向所引的直线称为倾斜线。此倾斜线在水平面的投影线所指的方位,称岩层的倾向。它表示岩层在空间的倾斜方向。

(3)倾角

岩层层面与水平面所夹的锐角,即岩层的倾角。它表示岩层在空间倾斜角度的大小。

由此可见,用岩层产状的三要素能表达经过构造变动后的构造形态在空间的位置。

2.岩层产状的野外测定及表示法

在野外通常使用地质罗盘来测量岩层产状。测量走向时,使罗盘的长边(即南北边)紧贴层面,将罗盘放平,水准泡居中,读指北针所示的方位角,就是岩层的走向。测量倾向时,将罗盘的短边紧贴层面,水准泡居中,读指北针所示的方位角,就是岩层的倾向。由于岩层的倾向只有一个,所以在测岩层的倾向时,要注意将罗盘的北端朝向岩层的倾斜方向。测倾角时,需将罗盘横着竖起来,使长边与岩层的走向垂直,紧贴层面,待倾斜器上的水准泡居中后,读悬锤所示的角度,即为倾角。

记录和描述岩层产状时,岩层产状要素用规定的文字和符号表示,一般用“倾向∠倾角”的形式来表述。例如,某岩层产状为一组走向北西300°,倾向南西210°,倾角37°,该岩层产状记录为:210°∠37°。

在地质图上,岩层的产状用"⅄37°"表示。长线表示岩层的走向,与长线相垂直的短线表示岩层的倾向,数字表示岩层的倾角。后面即将讲到的褶曲的轴面、裂隙面和断层面等,其产状意义、测量方法和表达形式与岩层的相同,不再重述。

(二)水平岩层和倾斜岩层

由于形成岩层的地质作用、形成时的环境和形成后所受的构造运动的影响不同,其在地壳中的空间方位也各不一样。但概括地说,一般有水平的、倾斜的和直立的岩层这三种情况。

1.水平岩层(构造)

该岩层覆盖大陆表面3/4面积的沉积岩,绝大多数都是在广阔的海洋和湖泊盆地中形成,其原始产状大部分是水平的。一个地区出露的岩层产状基本是水平的或近于水平的,则称为水平岩层。对于水平岩层,一般岩层时代越老,出露位置越低,岩层时代越新则分布的位置越高。水平岩层在地面上的露头宽度及形状主要与地形特征和岩层厚度有关。

2.倾斜岩层(构造)

水平岩层受地壳运动的影响后发生倾斜,使岩层层面和大地水平面之间具有一定的夹角时,称为倾斜岩层,或称为倾斜构造。倾斜构造是层状岩层中最常见的一种产状,它可以是断层的一盘,褶曲的一翼或岩浆岩体的围岩,也可能是因岩层受到不均匀的上升或下降所引起的。

3.直立岩层(构造)

岩层层面与水平面相垂直时,称直立岩层。其露头宽度与岩层厚度相等,与地形特征无关。

(三)褶皱构造

组成地壳的岩层,受构造应力的强烈作用后形成波状弯曲而未丧失其连续性的构造,称为褶皱构造。褶皱构造是岩层产生的永久性变形,是地壳表层广泛发育的基本构造之一。褶皱揭示了一个地区的地质构造规律,不同程度地影响着水文地质及工程地质条件,因此,研究褶皱的产状、形态、类型、成因及分布特点,对于查明区域地质构造和工程地质及水文地质条件具有重要意义。

1.褶曲的形态要素

褶曲是褶皱构造中的一个弯曲,是褶皱构造的组成单位。为了描述和表示褶曲在空间的形态特征,对褶曲各个组成部分给予一定的名称,每一个褶曲都有核部、翼部、轴面、轴及枢纽等几个组成部分,一般称为褶曲要素,如图5-1-6所示。

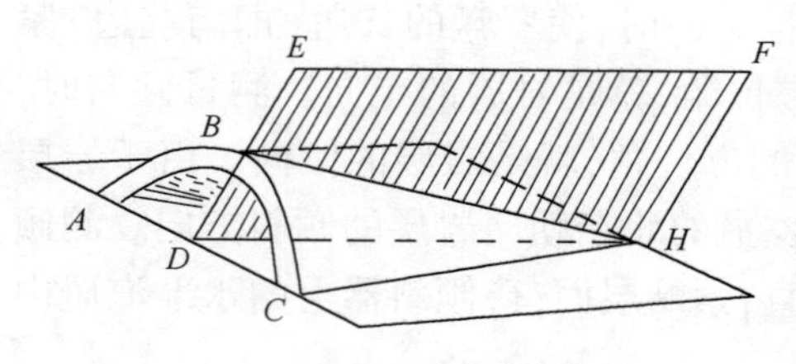

图5-1-6　褶曲要素

ABH、*CBH*-翼部;*DEFH*-轴面;*DH*-轴;*BH*-枢纽;*ABC*所包围的内部岩层-核

(1)核部:褶曲中心部位的岩层。

(2)翼部:位于核部两侧向不同方向倾斜的部分。

(3)轴面:从褶曲顶平分两翼的假想面。它可以是平面,亦可以是曲面;它可以是直立的、倾斜的或近似于水平的。

(4)轴:轴面与水平面的交线。轴的长度,表示褶曲延伸的规模。

(5)枢纽:轴面与褶曲同一岩层层面的交线,称为褶曲的枢纽。它有水平的、倾伏的,也有波状起伏的。

2.褶曲的基本形态

褶曲的基本类型有两种:向斜和背斜(图 5-1-7)。

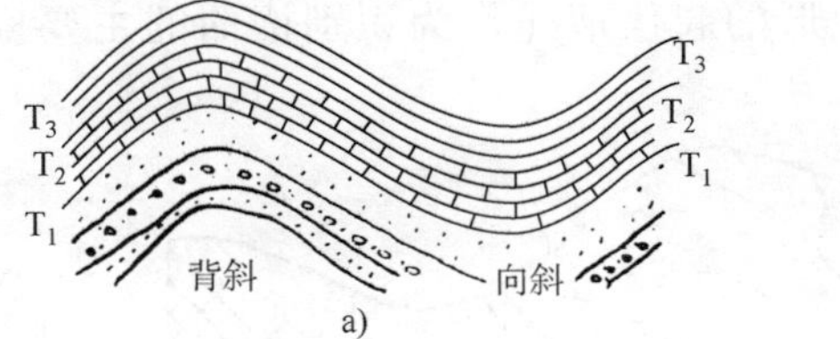

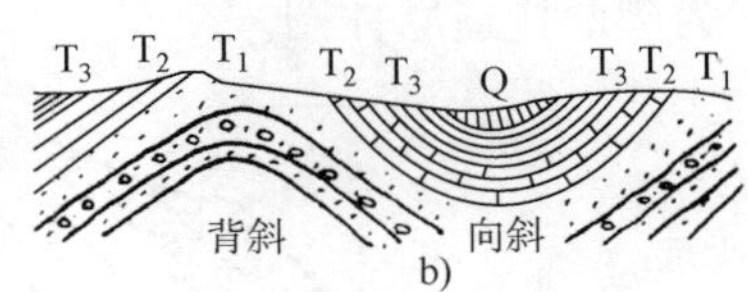

图 5-1-7　褶曲的基本形态示意图

a)外力作用破坏前;b)外力作用破坏后

(1)背斜:是岩层向上拱起的弯曲形态,经风化、剥蚀后露出地面的地层,分别向两侧呈对称出现,其中心部位(即核部)岩层较老,翼部岩层较新,呈相背倾斜。

(2)向斜:是岩层向下凹的弯曲形态,经风化、剥蚀后露出地面的地层,分别向两侧呈对称出现,其核部岩层较新,翼部岩层较老,呈相向倾斜。

3.褶曲的形态分类

(1)按褶曲的轴面特征分类

按褶曲的形态可分为直立褶曲、倾斜褶曲、倒转褶曲及平卧褶曲,如图 5-1-8 所示。

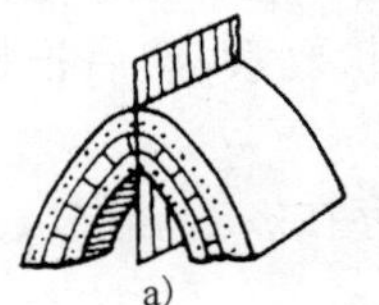

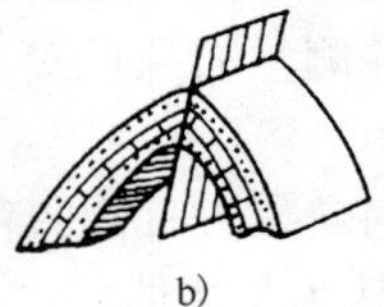

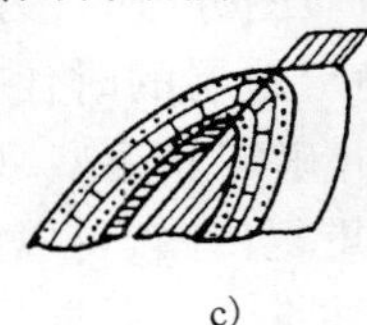

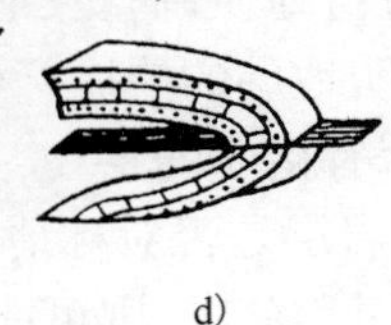

图 5-1-8　褶曲按轴面产状分类示意图

a)直立褶曲;b)倾斜褶曲;c)倒转褶曲;d)平卧褶曲

①直立褶曲:轴面与水平面垂直,两翼岩层向两侧倾斜,倾角近于相等。

②倾斜褶曲:轴面与水平面斜交,两翼岩层向两侧倾斜,倾角不等。

③倒转褶曲:轴面与水平面斜交,两翼岩层向同一方向倾斜,其中一翼层位倒转。

④平卧褶曲:轴面水平或近于水平,其中一翼层位正常,另一翼层位倒转。

(2)按枢纽的状态分类

按枢纽的状态可分为水平褶曲与倾伏褶曲,如图 5-1-9 所示。

①水平褶曲:枢纽水平,两翼同一岩层的走向基本平行。

②倾伏褶曲:枢纽倾斜,两翼同一岩层的走向不平行。

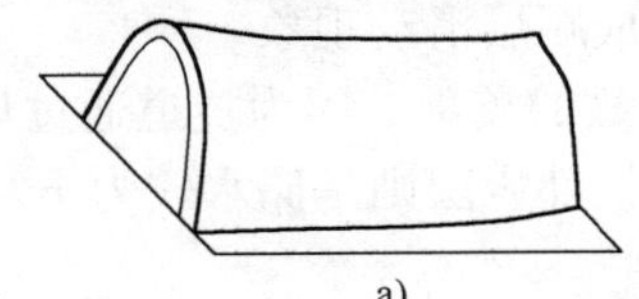

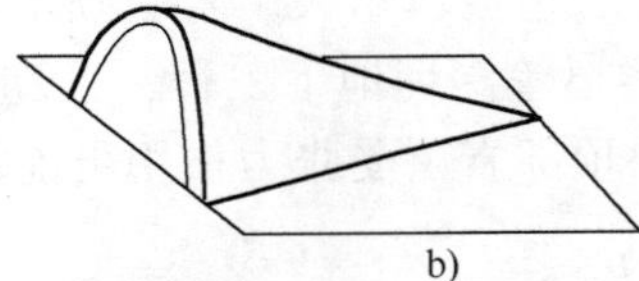

图 5-1-9　按褶曲枢纽产状分类示意图

a)水平褶曲;b)倾伏褶曲

4.褶曲的野外识别

一般情况下，人们容易认为背斜为山、向斜为谷，虽然存在这种地形，但实际情况要比这复杂得多。因为背斜遭受长期剥蚀，不但可以逐渐被夷为平地，而且由于背斜轴部的岩层裂隙发育，在一定的外力条件下，甚至可以发展成为谷地。所以向斜山与背斜谷的情况，在野外也是比较常见的。因此，不能完全以地形的起伏情况作为识别褶曲的主要标志。如图5-1-10所示为褶曲构造立体图。

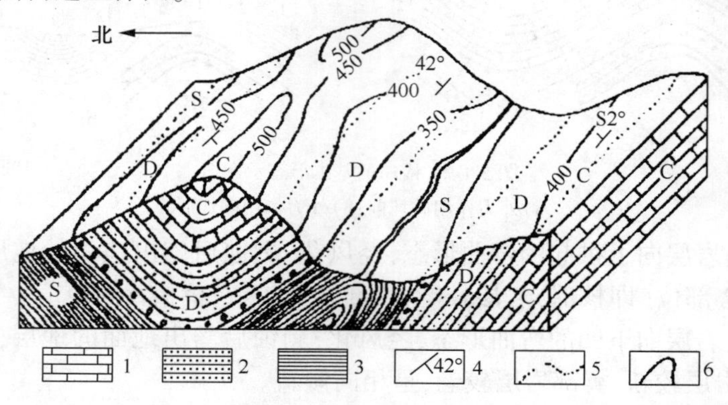

图5-1-10　褶曲构造立体图

1-石炭系；2-泥盆系；3-志留系；4-岩层产状；5-岩层界线；6-地形等高线

在野外进行地质调查及地质图分析时，为了识别褶曲，首先可沿垂直于岩层走向的方向进行观察，查明地层的层序、确定地层的时代并测量岩层的产状要素，然后根据以下的情况分析判断是否有褶曲的存在，并确定其类型。

（1）观察岩层是否对称地重复出露，可以判断是否有褶曲存在。若岩层虽有重复出露现象，但是并不对称分布，则可能是断层，不能误认为是褶曲。

（2）对比褶曲核部和两翼岩层的新老关系，判断褶曲是背斜还是向斜。

（3）根据两翼岩层的产状，判断褶曲的形态类型。

此外，为了对褶曲进行全面的认识，除了应用上述横向的分析（穿越法）外，还要沿褶曲轴线延伸方向进行分析，以了解褶曲轴线的起伏及其构造变化的情况。

5.褶曲的工程地质评价

褶曲构造对工程建筑有以下几方面的影响：

（1）褶曲核部岩层由于受水平挤压作用，产生许多裂隙，直接影响到岩体的完整性和强度，在石灰岩地区还往往使岩溶较为发育，所以在核部布置各种建筑工程，如路桥、坝址、隧道等，必须注意防治岩层的坍落、漏水及涌水问题。

（2）在褶曲翼部布置建筑工程时，如果开挖边坡的走向近于平行岩层走向，且边坡倾向与岩层倾向一致，边坡坡角大于岩层倾角，则容易造成顺层滑动现象。

（3）对于隧道等深埋地下工程，一般应布置在褶皱的翼部。因为隧道通过均一岩层有利于稳定，而背斜顶部岩层受张力作用可能坍落，向斜核部岩层则是储水较为丰富的地段。

（四）断裂构造

组成地壳的岩体，在构造应力作用下发生变形，当应力超过岩石的强度时，岩体的完整性将受到破坏而产生大小不一的断裂,称为断裂构造。断裂构造是地壳中常见的地质构造,断裂构造发育地区,常成群分布,形成断裂带。根据岩体断裂后两侧岩块相对位移的情况,断裂构造可分为节理(裂隙)和断层。

断裂构造在地壳中广泛分布,是主要的地质构造类型,它对建筑地区岩体的稳定性影响很大,且常对建筑物地基的工程地质评价和规划选址、设计和施工方案的选择起控制作用。

1.节理

节理又称裂隙,是存在于岩体中的裂缝,是破裂面两侧的岩石未发生明显相对位移的小型断裂构造。节理按成因可分为两类:一类是由于构造运动产生的节理,称为构造节理;另一类是由成岩作用、外力、重力等非构造因素形成的节理,称为非构造节理。它们分布的规律性不明显,常常出现在小范围内。

(1)节理的分类

①构造节理

构造节理按形成时的力学性质分为张节理和剪节理。

a.张节理。张节理是岩石所受拉张应力超过其抗拉强度后岩石破裂而产生的裂隙。它的主要特征是裂口是张开的,呈上宽下窄的楔形;多发育于脆性岩石中,尤其在褶曲转折端等拉应力集中的部位;张节理面粗糙不平,沿走向和倾向都延伸不远。当其发育于砾岩中时,常绕过砾石,其裂面明显凹凸不平。

b.剪节理。剪节理是当岩石所受剪应力超过岩石的抗剪强度后岩石破裂而产生的裂隙。因此,剪节理往往与最大剪应力作用方向一致,且常成对出现,称为共轭"X"节理。剪节理一般是闭合的,节理面平坦,常有滑动擦痕和擦光面;剪节理的产状稳定,沿走向和倾向延伸较远;在砾岩中,剪节理能较平整地切割砾石。

②非构造节理(裂隙)

非构造裂隙主要包括成岩裂隙和次生裂隙等。成岩裂隙是岩石在成岩过程中形成的裂隙,比如玄武岩的柱状节理等;次生裂隙是由于岩石风化、岩坡变形破坏及人工爆破等外力作用形成的裂隙。次生裂隙一般仅局限于地表,规模不大,分布也不规则。

节理也常按与其他主要构造的关系分类,一般分为三种:走向节理(纵节理),即节理的走向与所在岩层的走向或构造线大致平行;倾向节理(横节理),即节理的走向与所在岩层的走向或构造线大致垂直;斜向节理(斜节理),即节理的走向与所在岩层的走向或构造线斜交,如图5-1-11所示。

(2)节理调查、统计及表示方法

为了弄清工程场地节理分布规律及其对工程岩体稳定性的影响,在进行工程地质勘察时,都要对节理进行野外调查和室内资料整理工作,并用统计图表的形式把岩体裂隙的分布情况表示出来。

调查节理时,应先在勘察地选一具有代表性的基岩露头,然后对一定面积内的节理,按表5-1-2所列内容进行测量,同时要考

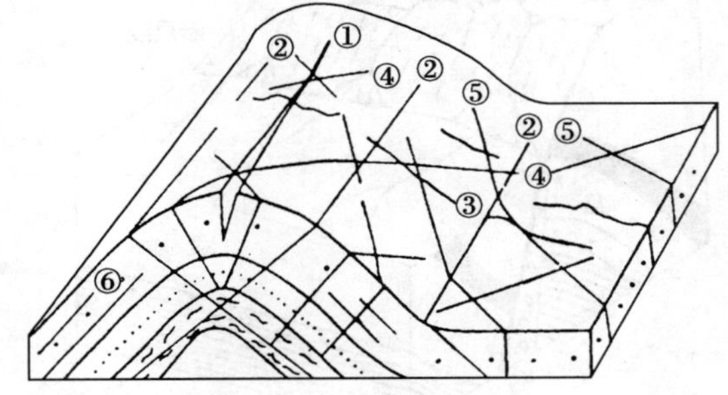

图5-1-11　节理的形态分类

①②-走向节理或纵向节理;③-倾向节理或横节理;④⑤-斜向节理或斜节理

虑裂隙的成因和充填情况。岩体中节理分布的多少,常用节理密度来表示。所谓节理密度,是指岩石中某节理组在单位面积或单位体积中的节理总数。测量节理产状的方法与测量岩层产状的方法是相同的。统计裂隙有不同的图式,节理玫瑰花图就是其中较为常用的一种。

节理统计表　　表5-1-2

方位间隔(°)	节理数(°)	平均走向(°)	平均倾向(°)	平均倾角(°)
1~10	15	186	96	61
11~20	10	194	104	70
21~30	4	209	119	58
—	—	—	—	—

注:本表引自《构造地质与地质力学》(同济大学编)。

(3)节理的工程地质评价

岩体中的节理,在工程上除有利于材料的采集之外,对岩体的强度和稳定性均有不利的影响。岩体中存在节理,破坏了其整体性,促进岩体风化加快,增强岩体的透水性,因而使岩体的强度和稳定性降低。当节理主要发育方向与路线走向平行,倾向与边坡一致时,不论岩体的产状如何,路堑边坡均易发生崩塌等不稳定现象;在路基施工中,如果岩体存在节理,还会影响爆破作业的效果。因而,当节理有可能成为影响工程设计的重要因素时,应该对节理进行深入的调查研究,充分论证节理对岩体工程建筑条件的影响,采取相应措施以保证建筑物的稳定和正常使用。

2.断层

断层是指岩体在构造应力的作用下发生断裂,且断裂面两侧岩体有明显相对位移的构造现象。它是节理的扩大和发展,断层的规模有大有小,大的可达上千千米,如金沙江—红河深断裂带长达6 000km,小的只有几米。相对位移也可从几厘米到几百千米。断层不仅对岩体的稳定性和渗透性、地震活动和区域稳定有重大的影响,而且是地下水运动的良好通道和汇聚的场所。在规模较大的断层附近或断层发育地区,常赋存有丰富的地下水资源。

(1)断层要素

断层的几何要素指断层的基本组成部分,如图5-1-12所示。

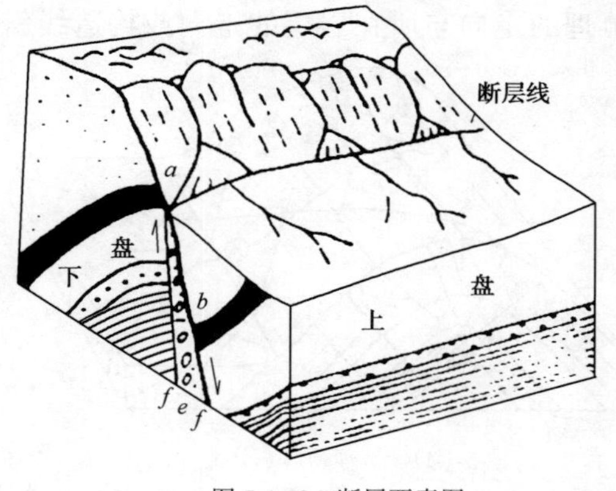

图5-1-12　断层要素图
ab-总断距;*e*-断层破碎带

①断层面和破碎带

两侧岩块发生相对位移的断裂面,称为断层面。断层面可以是直立的,但大多数是倾斜的。断层的产状就是用断层面的走向、倾向和倾角表示的。大的断层往往不是一个简单的面,而是多个面组成的错动带,因其间岩石破碎,因而称为破碎带。其中在大断层的断层面上常有擦痕,断层破碎带中常形成糜棱岩、断层角砾和断层泥等。

②断层线

断层线指断层面与地面的交线。断层线

表示断层的延伸方向,它的长短反映了断层的规模所影响的范围,它的形状决定于断层面的形状和地面起伏情况。

③断盘

断盘指断层面两侧的岩块。若断层面是倾斜的,位于断层面上侧的岩块,称上盘;位于断层面下侧的岩块,称下盘。若断层面是直立的,可用方位来表示:东盘、西盘、南盘、北盘。

④断距

断距指断层两盘沿断层面相对移动的距离。

(2)断层的基本类型

断层的分类方法很多,所以会有各种不同的类型。根据断层两盘相对位移的情况,可以将断层分为以下三种。

①正断层

如图5-1-13a)所示,正断层指上盘沿断层面相对下降,下盘相对上升的断层。正断层一般是由于岩体受到水平张力及重力作用,使上盘沿断层面向下错动而成。其断层线较平直,断层面倾角较大,一般大于45°。

②逆断层

如图5-1-13b)所示,逆断层指上盘沿断层面相对上升,下盘相对下降的断层。逆断层一般是由于岩体受到水平方向强烈挤压力作用,使上盘沿断层面向上错动而成。断层线的方向常与岩层走向或褶皱轴的方向近于一致,和压应力作用的方向垂直。

③平推断层

如图5-1-13c)所示,平推断层又称平移断层,是由于岩体受水平扭应力作用,使两盘沿断层面走向发生相对水平位移的断层。其断层面倾角很陡,常近于直立,断层线平直延伸远,断层面上常有近于水平的擦痕。

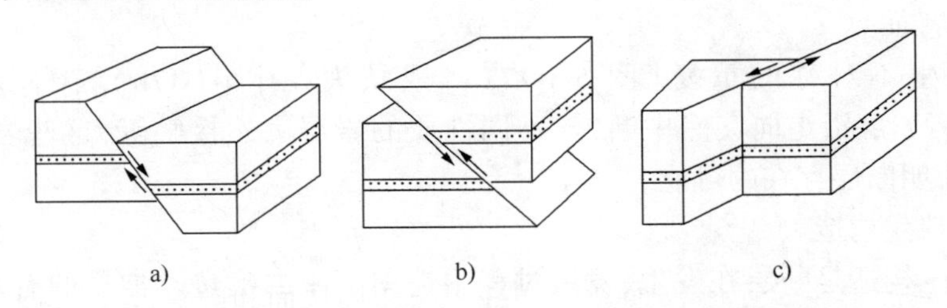

图5-1-13 断层按上、下盘相对位移分类

a)正断层;b)逆断层;c)平推断层

(3)断层的组合形态

断层很少孤立出现,往往由一些正断层和逆断层有规律地组合成一定形式,形成不同形式的断层带。断层带也叫断裂带,是一定区域内一系列方向大致平行的断层组合,如阶梯状断层、地堑、地垒(图5-1-14)和叠瓦式构造(图5-1-15)等,就是分布较广泛的几种断层的组合形态。

(4)断层的野外识别

断层的存在,在大多情况下对工程建筑均是不利的。为了采取措施防止断层的不良影响,首先必须识别断层的存在。凡发生过断层的地带,往往其周围会形成各种伴生构造,并形成有关的地貌现象及水文现象。

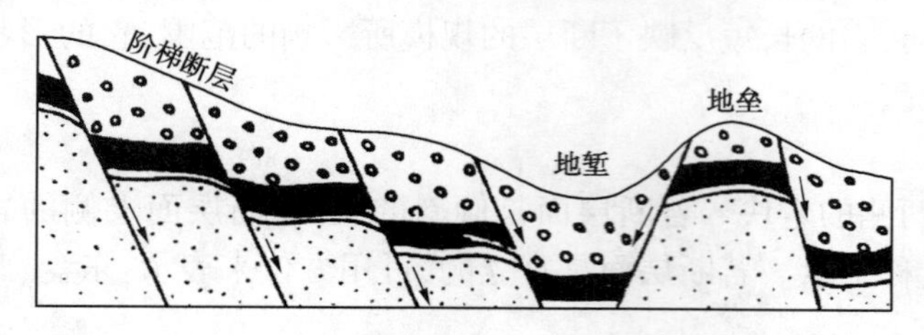

图 5-1-14　地堑、地垒及阶梯式断层

①地形地貌上的特征

当断层的断距较大时，上升盘的前缘可能形成陡峭的断层崖，如果经剥蚀，就会形成断层三角面地形（图 5-1-16）。断层破碎带岩石破碎，易于侵蚀下切，但也不能认为“逢沟必断”。一般在山岭地区，沿断层破碎带侵蚀下切而形成沟谷或峡谷地貌。另外，山脊错断、断开，河谷跌水瀑布，河谷方向发生突然转折等，很可能均是断裂错动在地貌上的反映。

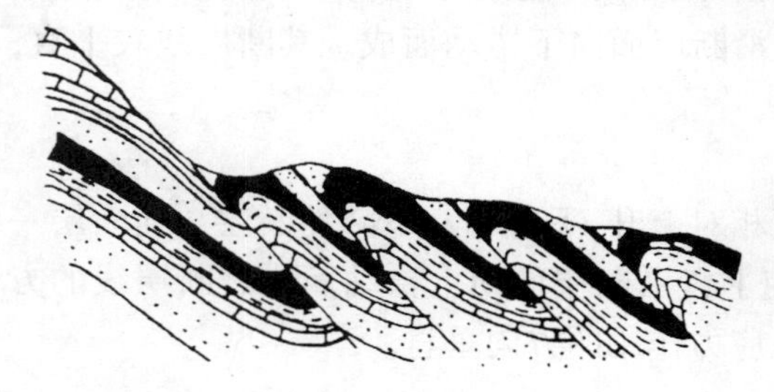

图 5-1-15　叠瓦式构造

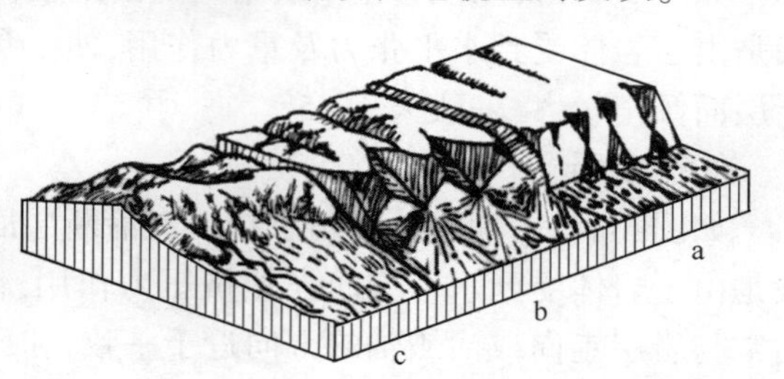

图 5-1-16　断层三角面形成示意图

a-断层崖剥蚀成冲沟；b-冲沟扩大形成三角面；c-继续侵蚀，三角面消失

②地层的特征

若岩层发生不对称的重复［图 5-1-17a)］或缺失［图 5-1-17b)］，岩脉被错断［图 5-1-17c)］，或者岩层沿走向突然中断，与不同性质的岩层突然接触等，这些岩层方面的特征，则进一步说明断层存在的可能。

③断层的伴生构造

断层的伴生构造是断层在发生、发展过程中遗留下来的痕迹。常见的有牵引弯曲［图 5-1-17d)］、断层角砾［图 5-1-17e)］、糜棱岩、断层泥和断层擦痕［图 5-1-17f)］。这些伴生构造现象，是野外识别断层存在的可靠标志。

④水文地质特征

断层的存在常常控制水系的发育，并可引起河流遇断层面而急剧改向，甚至发生河谷错断现象。湖泊、洼地呈串珠状排列，往往意味着大断裂的存在。温泉和冷泉呈带状分布往往也是断层存在的标志。线状分布的小型侵入体也常反映断层的存在。

(5)断层的工程地质评价

由于断层的存在，破坏了岩体的完整性，加速风化作用、地下水的活动及岩溶发育，在以下几个方面对工程建筑产生影响。

①降低了地基的强度和稳定性，断层破碎带力学强度低、压缩性大，建于其上的建筑物

由于地基的较大的沉陷，易造成开裂或倾斜。断裂面对岩质边坡、桥基稳定常有重要影响。

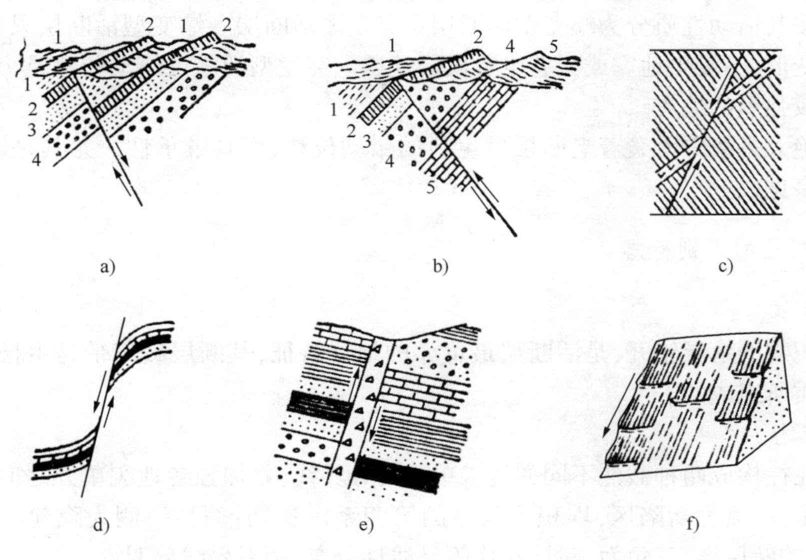

图 5-1-17　断层现象

a）岩层重复；b）岩层缺失；c）岩脉错断；d）岩层牵引弯曲；e）断层角砾；f）断层擦痕

1-二叠系地层；2-石炭系地层；3-泥盆系地层；4-志留系地层；5-奥陶系地层

②跨越断裂构造带的建筑物，由于断裂带及其两侧上、下盘的岩性均可能不同，易产生不均匀沉降。

③隧洞工程通过断裂破碎带时易发生坍塌。

④断裂带在新的地壳运动的影响下，可能发生新的移动，从而影响建筑物的稳定。

因此，在选择工程建筑物地址时，应查明断层的类型、分布、断层面产状、破碎带宽度、充填物的物理力学性质、透水性和溶解性等。为了防止断层对工程的不利影响，要尽量避开大的断层破碎带，若确实无法避开，则必须采取有效的处理措施。

三、活断层

活断层或称活动断裂是现今仍在活动或者近期有过活动，不久的将来还可能活动的断层。活断层可使岩层产生错动位移或发生地震，对工程造成很大的甚至无法抗拒的危害。

定义中的“近期”有不同的标准，有的行业规范定为晚更新世（约 12 万年）以来。在国家标准《岩土工程勘察规范》［2009 年版］（GB 50021—2001）中将在全新地质时期（一万年）内有过地震活动或近期正在活动、在今后一百年可能继续活动的断裂叫做全新活动断裂。

（一）活断层的分类

活断层按两盘错动方向分为走向滑动性断层和倾向滑动性断层。走向滑动性断层最常见，其特点是断层面陡倾或直立，部分规模很大，断层中常蓄积有较高的能量，引发高震级的强烈地震。倾向滑动性断层以逆断层更为常见，多数是受水平挤压形成，断层倾角较缓，错动时由于上盘为主动盘，故上盘地表变形开裂较严重，岩体较下盘破碎，对建筑物危害较大。

倾向滑动型的正断层的上盘也为主动盘，故上盘岩体也较破碎。

活断层按其活动性质分为蠕变型活断层和突发型活断层。蠕变型活断层只有长期缓慢的相对位移变形，不发生地震或只有少数微弱地震。突发型活断层错动位移是突然发生的，并同时伴发较强烈的地震。

活断层绝大多数常沿袭着老断层发生新的错动位移，而具继承性。尤其是区域性的深大断裂更为多见。

（二）活断层的识别标志

1.地质特征

最新沉积物的地层错开，是活断层最可靠的地质特征，其断层破碎带是由松散的、未胶结的破碎物质所组成的。

2.地貌标志

活断层往往构成两种截然不同的地貌单元的分界线，并加强各地貌单元之间的差异性。典型的情况是：一侧为断陷区，堆积了很厚的第四系沉积物；而另一侧为隆起区，高耸的山地，叠次出现的断层崖、三角面、断层陡坎等呈线性分布，两者界线分明。

走滑型活断层可使穿过它的河流、沟谷方向发生明显变化；当一系列的河谷向同一方向同步移错时，即可作为鉴别活断层位置和性质的有力佐证。

沿断裂带可能有线状分布的泉水出露，且植被发育。若为温泉，则水温和矿化度较高。

此外，在活断裂带上滑坡、崩塌和泥石流等动力地质现象常呈线性密集分布。

3.地震方面的标志

在断层带附近地区常有地震、地面位移和地形形变以及微震发生。

（三）活断层对工程的影响

活断层对工程的危害主要是活断层的地面错动和活断层快速滑动引起地震两个方面。在活断层区修建建筑物时，必须在场址选择与建筑物形式和结构等方面慎重地加以研究，以保障建筑物的安全可靠。

蠕变型的活断层，相对位移速率很小时，一般对工程建筑影响不大。当变形速率较大时，可能导致建筑地基不均匀沉陷，使建筑物拉裂破坏。

突发型的活断层伴随地震产生的错动距离通常较长，多在几十厘米至几百厘米之间，这种危害是无法抗拒的。因此，在工程建筑地区有突发型的活断层存在时，任何建筑原则上都应避免跨越活断层以及与其有构造活动联系的分支断层，应将工程建筑物选择在无断层穿过的位置。

四、阅读地质图

地质图是反映一个地区各种地质条件的图件，是将一定地区的地质情况，用规定的符号，按一定的比例缩小投影绘制在相应的地形底图上的图件，是工程实践中搜集和研究的一项重要的形象化了的地质语言和地质资料。作为公路工程技术人员，必须会对已有的地质图进行分析和阅读，以便进一步地了解一个地区的地质特征。这对我们研究路线的布局、确定野外工程地质工作的重点，以及找矿等均是十分有利的。

（一）地质图的基本知识

地质图的种类很多。主要用来表示地层、岩性和地质构造条件的地质图，称为普通地质图，简称为地质图。还有许多用来表示某一项地质条件，或服务于某项国民经济的专门性地质图，如专门表示第四纪沉积层的第四纪地质图；表示地下水条件的水文地质图等。但普通地质图是地质工作的最基本的图件，各种专门性的地质图一般都是在地质图的基础上绘制出来的。

一幅完整的地质图应包括平面图、剖面图和柱状图，如图 5-1-18 所示。

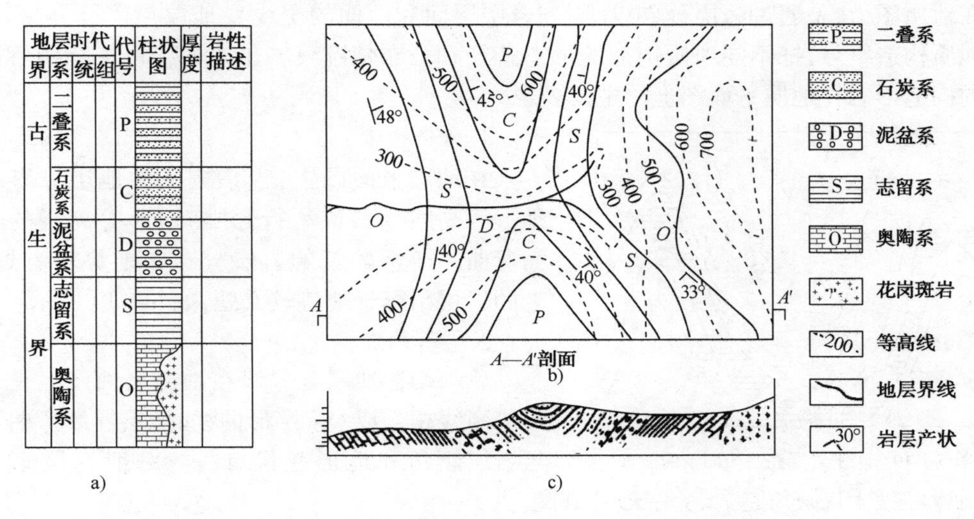

图 5-1-18 地质图

a）柱状图；b）平面图；c）剖面图

1.平面图

它是全面反映地表地质条件的图件，是地质图的主体。它一般通过野外地质勘测工作，直接填绘到地形图上。平面图中应标记出图名、图例、比例尺、编制单位和编制日期等。

2.剖面图

它是反映地表以下某一断面地质条件的图。它可以通过野外测绘勘探工作编制，也可以在室内根据地质平面图来编制。编制时应注意水平比例尺与平面图的要素相同，垂直（高程）比例尺可比平面图的适当大些。

地质平面图全面地反映了一个地区的地质条件，是最基本的图件。地质剖面图是配合平面图，反映一些重要部位的地质条件，它对地层层序和地质构造现象的反映比平面图更直观更清晰，所以一般平面图都附有剖面图。

3.柱状图

柱状图可综合反映一个地区各地质年代的地层特征、厚度和接触关系等，又称综合地层柱状剖面图。为了较准确地表示出各时代不同岩层的厚度，柱状图的比例尺通常要比剖面图的还要大一些。

4.图例和比例尺

地质图应有图名、图例、比例尺、编制单位和编制日期、校核人员等。在地质图的图例中，要求以自上而下或自左而右顺序排列地层（从新地层到老地层）、岩石、构造等，所有的岩性图例、地质符号、地层代号及颜色都有统一规定，见附录。

比例尺的大小反映了图的精细程度，比例尺越大，图的精度越高，对地质条件的反映也越详细、越准确。比例尺的大小取决于地质条件的复杂程度和建筑工程的类型、规模及设计阶段的实际需要。工程建设地区的地质图，一般是大比例尺地质图。

（二）地质情况在地质图上的表现

在地质图上，是通过地层分界线（同一岩层层面和地面的交线）、地层年代符号、岩性符号和地质构造符号，把不同地质构造的形态特征和分布情况反映出来的。以下介绍不同情况下的构造形态在地质平面图上的主要表现。

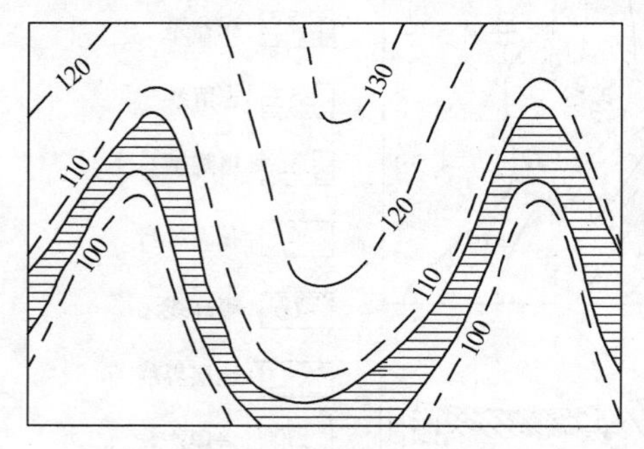

图 5-1-19　水平岩层在地质图上的表现

1.水平构造

在地质平面图上，水平构造的地层分界线与地形等高线一致或平行，并随地形等高线的弯曲而弯曲。通常较新的岩层分布在地势较高处，较老的岩层出露于地势较低处，如 5-1-19 所示。

2.单斜构造

单斜构造地层分界线在地质平面图上是与地形等高线相交成“V”字形曲线，地层界线弯曲程度与岩层倾角和地形起伏有关。一般岩层倾角越小，V 字形越紧闭；倾角越大，V 字形越开阔。

当岩层的倾向与地形倾斜的方向相反时，岩层界线的弯曲方向（即 V 字形的尖端）与地形等高线的弯曲方向相同，只是曲率要小一点［图 5-1-20a）］；当岩层的倾向与地形倾斜的方向一

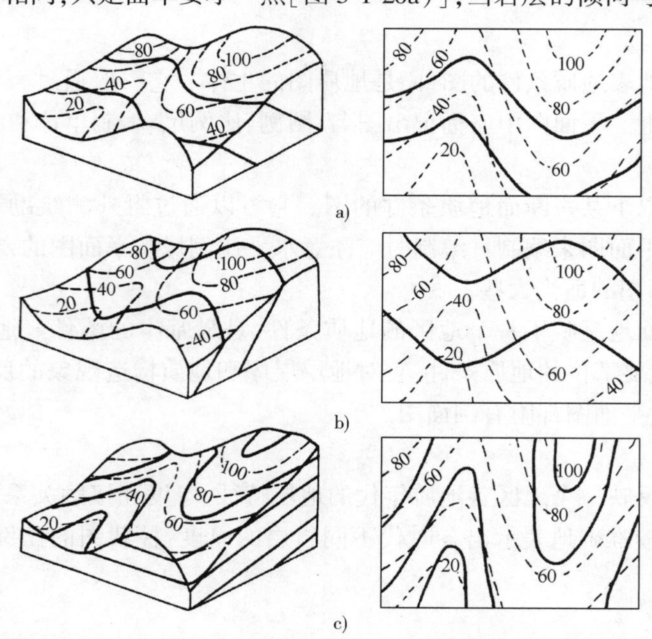

图 5-1-20　单斜岩层在地质平面图上的表现

致,而倾角大于地形坡度时,岩层界线的弯曲方向与等高线的弯曲方向相反[图 5-1-20b)];当岩层的倾向与地形倾斜的方向一致而倾角小于地形坡度时,岩层界线的弯曲方向与地形等高线的弯曲方向相同,但其曲率要比等高线的大[图 5-1-20c)]。

3.直立岩层

除岩层走向有变化外,直立岩层的界线在地质图上为一条与地形等高线相交的直线,不受地形的影响。

4.褶曲

在地质平面图上,主要通过对地层分布、年代新老和岩层产状来分析褶曲。地表遭受剥蚀的水平褶曲,其地层分界线在地质平面图上呈带状分布,对称地大致向一个方向平行延伸,如图 5-1-21 所示。倾伏褶曲的地层分界线在转折端闭合,当倾伏背斜与向斜相间排列时,地层分界线呈"之"字形或"S"形曲线,如图 5-1-21 所示。如前可述,可根据岩层的新老关系和产状特征,进一步判别是向斜还是背斜。

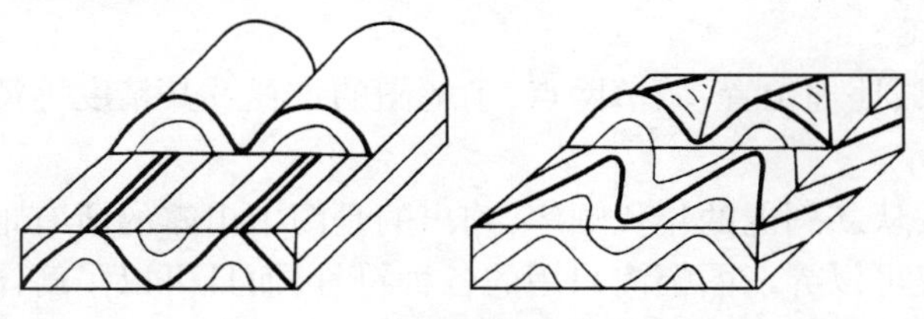

图 5-1-21 褶曲在地质图上的表现

5.断层

通常情况下,在地质图上用断层线来表示断层。由于断层倾角一般较大,所以断层线在地质平面图上通常是一段直线或近于直线的曲线。在断层线的两侧存在着岩层中断、缺失、重复、宽窄变化及前后错动等现象。

在断层走向与岩层走向大致平行时,断层线两侧出现同一岩层的不对称重复或缺失,地面被剥蚀后,出露老岩层的一侧为上升盘,出露新岩层的一侧为下降盘;而当断层走向与岩层走向垂直或斜交时,无论正、逆断层还是平推断层,在断层线两侧都出现中断和前后错动现象,正、逆断层向前错动的一侧为上升盘,相对向后错动的一侧为下降盘。

当断层与褶曲轴线垂直或斜交时,不仅表现为翼部岩层顺走向不连续,而且还表现为褶曲轴部岩层的宽度在断层线两侧有变化。如果褶曲是背斜,上升盘轴部岩层出露的范围变宽,下降盘轴部岩层出露的范围变窄,如图 5-1-22a)所示。向斜的情况与背斜相反,上升盘轴部岩层变窄而下降盘轴部岩层变宽,如图 5-1-22b)所示。平推断层两盘轴部岩层的宽

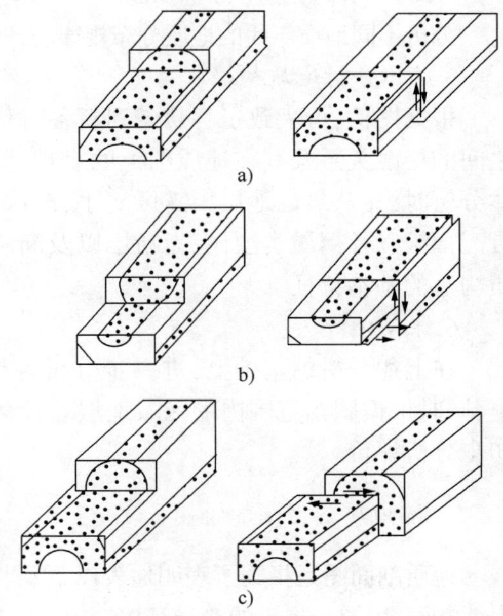

图 5-1-22 断层垂直褶曲轴造成的岩层宽窄变化和错动

度不发生变化，在断层线两侧仅表现为褶曲轴线及岩层错断开，如图5-1-22c）所示。发生断层的一套地层，被未发生断层的地层所覆盖，其断层时代应在上一套岩层中最老一层时代之前，下一套被切断岩层中最新一层时代之后。在多数断层相交割的地段，断层发生的先后次序，称为断层时序。被切割的断层比未切割的断层时代要老；被切割次数多的断层比切割次数少的时代要老。

6.地层接触关系

地层接触关系主要用来分析图幅中地层从老到新的层序。若地层界线大致平行，没有缺层现象，则属整合关系；若上、下两套岩层的产状一致，岩层分界线彼此平行，但地质年代不连续，此关系属于平行不整合；若上、下两套岩层之间的地质年代不连续，而且产状也不相同，新岩层的分界线遮断了下部老岩层的分界线，形成了角度不整合关系。

（三）阅读地质图的步骤

1.先看图和比例尺

先看图名、比例尺、地理位置、城镇网点，了解图的位置及其精度等情况。

2.阅读图例

图中自上而下，按从新到老的年代顺序，列出的是图中出露的所有地层符号和地质构造符号。通过图例，不仅可以弄清图幅内采用的各种符号，而且可以了解图中出露的地层时代有无沉积间断，岩浆岩活动的时代、类型等。

3.分析地形地貌特征

通过地形等高线或河流水系的分布特点，了解该区的山川形势和地形高低起伏情况，这样能对该地区有个大致的了解。

4.阅读地层的分布、产状及其与地形的关系

分析不同地质年代的地层分布规律、岩性特征及新老接触关系，了解区域地层的基本特点。

5.具体分析地质构造

根据图例，可大致了解从老到新各时代地层分布的范围、延伸方向等，分析各时代地层之间的接触关系及其在地质图上的表现特征，从而为分析该地区的发展历史做好准备。具体分析时，先从最老地层出露区着手，渐次向外扩大，逐个分析地质构造的类型。了解图中有无褶皱以及褶皱类型，有无断层以及断层性质、分布及断层两侧地层特征，分析本地区地质构造的基本特征。

6.综合分析

在上述分析的基础上，进一步分析各种地质现象之间的关系、规律性及其地质发展简史，同时根据图幅范围内的区域地层岩性条件和地质构造特征，结合工程建设的要求，进行初步分析评价。

（四）地质剖面图的绘制

地质剖面图是指为了表明地表以下及其深部地质条件的图件，它在地质平面图中取一代表性断面，用统一规定的符号且按一定的方位、一定的比例尺表示出该断面上的地形、岩层层位和地质构造特征。它可以通过实地测绘，也可以根据地形地质图在室内编绘。绘制步骤如下：

(1)确定剖面线的方位。一般要求与地层走向线或地质构造线相垂直。

(2)确定比例尺。根据实际剖面的长度选择适当的比例尺,以便绘出的剖面图不至于过长或过短,同时又能满足表示各地质内容的需要。编绘时应注意水平比例尺与平面图的要相同;垂直(高程)比例尺可比平面图的适当放大些。

(3)按选取的剖面方位和比例尺勾绘地形轮廓(地形线)。可根据地形图上的等高线和剖面线的交点按高程及水平距离投影到方格纸上,然后把相邻点按实际地形情况连接起来,就是地形线,然后再把剖面方位标注上。

(4)将各项地质内容按要求划分的单元及产状用量角器量出,投在地形线上相应点的下方(地质界线与地形线的交点)。

(5)用各种通用的花纹和代号表示各项地质内容。

(6)标出图名、图例、比例尺、剖面方位及剖面上地物名称等,如图 5-1-23 所示。

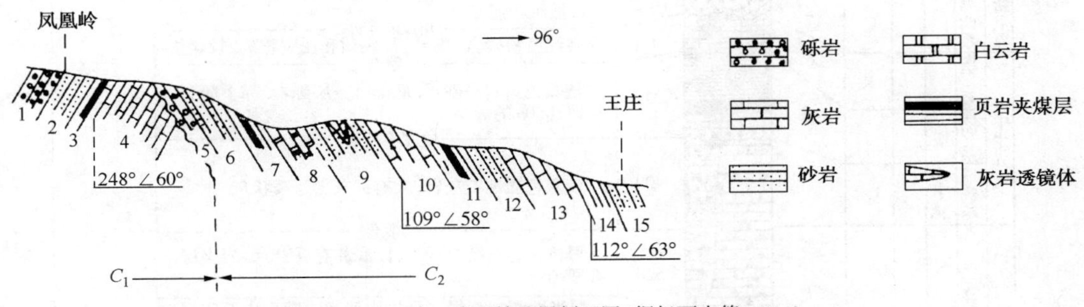

图 5-1-23 王庄—凤凰岭地层剖面图(据杨丙中等,1984)

(五)阅读和分析地质图

阅读图 5-1-24 宁陆河地区地质图、图 5-1-25 宁陆河地区 I—I 断面剖面地质图和图 5-1-26

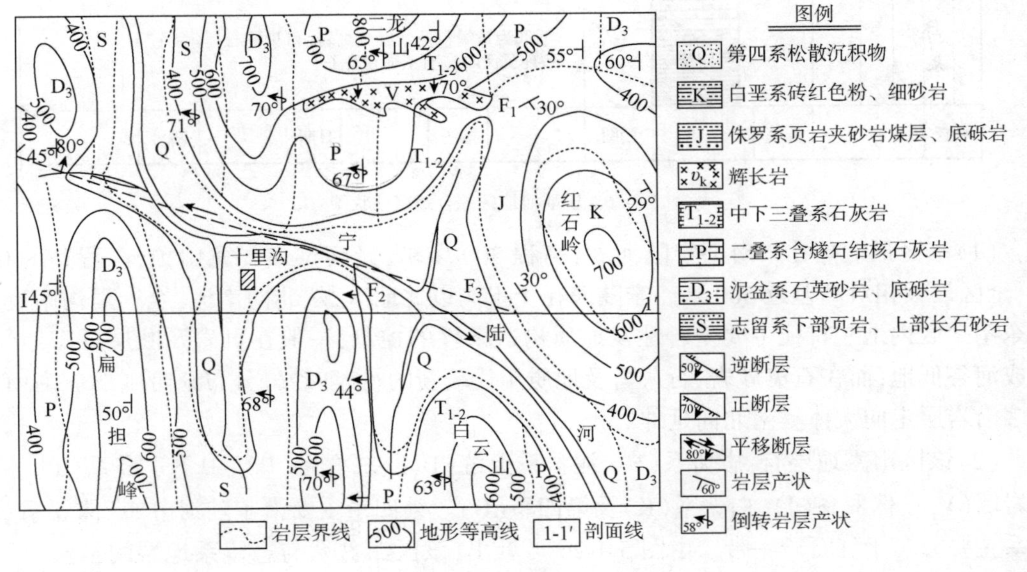

图 5-1-24 宁陆河地区地质平面图

宁陆河地区综合地层柱状图。根据宁陆河地区地质平面图、剖面图及综合地层柱状图，对该地区地质条件进行分析。

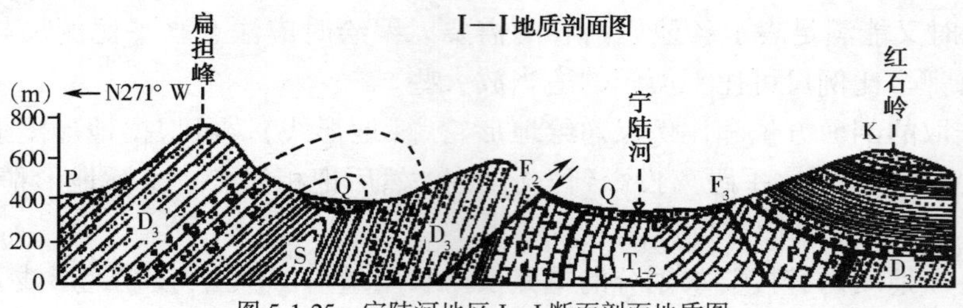

图 5-1-26 宁陆河地区 I—I 断面剖面地质图

地层单位				代号	层序	柱状图（1∶25 000）	厚度（m）	地质描述及化石	备注
界	系	统	阶						
新生界	第四系			Q	7		0~30	松散沉积层	
								角度不整合	
中生界	白垩系			K	6		111	砖红色粉砂岩、细砂岩，钙质和泥质胶结，较疏松	
								整合	
	侏罗系			J	5		370	浅黄色页岩夹砂岩，底部有一层砾岩，靠下部有一层厚达50m的煤层	
								角度不整合	
	三叠系	中下统		T_{1-2}	4		400	浅灰色质纯石灰岩，夹有泥灰岩及蛔状灰岩	
								整合	
古生界	二叠系			P	3		520	黑色含燧石结核石灰岩，底部有页岩、砂岩夹层；有珊瑚化石	
								顺张性断裂辉绿岩呈岩墙侵入，围岩中石灰岩有大理岩化现象	
								平行不整合	
	泥盆系	上统		D_3	2		400	底砾岩厚度为2m左右，上部为灰白色、致密坚硬的石英岩；有古鳞木化石	
								平行不整合	
	志留系			S	1		450	下部为黄绿色及紫红色页岩，可见笔石类化石；上部为长石砂岩，有王冠虫化石	
审查				校核		制图		描图　　日期　　图号	

图 5-1-26 宁陆河地区综合地层柱状图

（1）本区最低处在东南部宁陆河谷，高程 300 多米，最高点在二龙山顶，高程达 800 多米，全区最大相对高差近 500 米。宁陆河在十里沟以北地区，从北向南流，至十里沟附近，折向东南。区内地貌特征主要受岩性及地质构造条件的控制，一般在页岩及断层分布地带多形成河谷低地，而在石英砂岩、石灰岩及地质年代较新的粉、细砂岩分布地带则形成高山，山脉多沿岩层走向大体呈南北向延伸。

（2）该区出露地层有：志留系（S）、泥盆系上统（D_3）、二叠系（P）、中下三叠系（T_{1-2}）、辉绿岩墙（V_x）、侏罗系（J）、白垩系（K）及第四系（Q）。第四系主要沿宁陆河分布，侏罗系及白垩系主要分布于红石岭一带。由图 5-1-26 可看出，该区泥盆系与志留系地层间虽然岩层产状一致，但缺失中下泥盆系地层，且上泥盆系底部有底砾岩存在，说明两者之间为平行不整合接触。二叠系与泥盆系地层之间,缺失石炭系,所以也是平行不整合接触。图中的侏罗系与泥盆系上统、二叠系及中下三叠纪三个地质年代较老的岩层接触,且产状不一致,所以为角度不整合接触。第四系与老岩层之间也为角度不整合接触。辉绿岩是沿 F_1 张性断裂呈墙状侵入到二叠系和三叠系灰岩中,因此辉绿岩与二叠系、三叠系地层为侵入接触,而与侏罗系间为沉积接触。所以,辉绿岩的形成时代,应在上中三叠系以后、侏罗系以前。

(3)宁陆河地区有三个褶曲构造,即十里沟褶曲、白云山褶曲和红石岭褶曲。

十里沟褶曲的轴部在十里沟附近,轴向近南北延伸。十里沟倒转背斜构造,因受 F_3 断裂构造的影响,其轴部已向北偏移至宁陆河南北向河谷阶段。

白云山褶曲的轴部在白云山至二龙山附近,南北向延伸。由图可知,此褶曲构造是个倾角不大的倒转向斜。

红石岭褶曲由白垩系、侏罗系地层组成,褶曲舒缓,两翼岩层相向倾斜,倾角约30°,为一直立对称褶曲。

(4)区内有三条断层,F_1 断层面向南倾斜约70°,断层走向与岩层走向基本垂直,北盘岩层分界线有向西移动现象,是一正断层。由于倾斜向斜轴部紧闭,断层位移幅度小,所以 F_1 断层引起的轴部地层宽窄变化并不明显。F_2 断层走向与岩层走向平行,倾向一致,但岩层倾角大于断层倾角。西盘为上盘,由于出露的岩层年代较老,又使二叠系地层出露宽度在东盘明显变窄,故为一压性逆掩断层。

F_3 为区内规模最大的一条断层,从十里沟倒转背斜轴部志留系地层分布位置可以明显看出,断层的东北盘相对向西北错动,西南盘相对向东南错动,是扭性平推断层。

由于地质图的线条多,符号复杂,对于初次阅读者有一定的困难。如果能按照一定的读图步骤,由浅入深,循序渐进,对地质图进行仔细观察和全面分析,经过反复练习,读懂地质图并不困难。

需说明一点,由于长期风化剥蚀,破坏了出露地面的构造形态,会使基岩在地面出露的情况变得更为复杂,使我们在图上一下看不清构造的本来面目。所以,在读图时要注意与地质剖面图的结合,这样会更好地加深对地质图内容的理解。

通过阅读地质图使我们对一个地区的地质条件有一个清晰的认识,综合各方面的情况,也可以说明该区地质历史发展的情况。这样,我们就可以根据自然地质条件的客观情况,结合工程的具体要求,进行合理的工程布局和正确的工程设计。

本单元小结

地质构造是地壳运动的产物。是岩层或岩体在地壳运动中,由于构造应力长期作用使之发生永久性变形变位的现象,如水平构造、单斜构造、褶皱构造和断裂构造等。地质构造是最重要的工程地质条件之一,它对地层岩性也有很大影响。

1.地质年代包括绝对地质年代及相对地质年代。绝对地质年代通过放射性元素确定;相对地质年代通过地层层序律、生物演化律和地层的接触关系等确定。地质年代单位有宙、代、纪、世、期等,对应的地层单位分别是宇、界、系、统和阶等。

2.岩层产状三要素包括走向、倾向和倾角。单斜构造往往是褶皱和断裂构造的一部分,因此,野外观测倾斜岩层的产状及其出露分布特征,是研究地质构造的基础。

3.褶皱构造的基本形态有背斜和向斜。一般来说,褶皱构造的核部裂隙较发育,工程性质较差。在褶曲翼部布置建筑工程时,如果开挖边坡的走向近于平行岩层走向,且边坡倾向与岩层倾向一致,边坡坡角大于岩层倾角,则容易造成顺层滑动现象。野外识别褶皱构造的依据是岩层呈有规律的对称重复出现。

4.断裂构造包括节理和断层。节理按成因分为构造节理和非构造节理。断层的基本类型有正断层、逆断层和平推断层。断裂构造使岩层发生了破坏变形,岩层的力学强度降低且透水性增多,故对工程建筑是极为不利的。选择桥址时应尽量避开节理密集带和断层破碎带。在野外,可通过构造线的不连续、地层的重复和缺失、断层面的伴生构造以及地貌水文等方面的特征识别断层。

5.地质图是反映各种地质现象及地质构造条件的图件,一副完整的地质图包括地质平面图、地质剖面图及地层综合柱状图。通过阅读地质图可以对一个地区的地质条件有一个清晰的认识,在此基础上,根据自然地质条件的客观情况,结合工程具体要求,进行合理的工程布局和正确的工程设计。

单元2 地表水的地质作用

教学过程设计

教学过程	课堂活动	时间	方法手段	资源
引入	视频	5min	1.多媒体讲授； 2.图板展示； 3.分组讨论； 4.学生互评	1.图板； 2.学习手册； 3.板书； 4.PPT； 5.视频
教学过程组织	1.请书写并记忆学习手册中知识评价内容。 2.认识片流地质作用及堆积物特征。 3.认识洪流地质作用及洪积物。 4.学生活动——认识冲沟。 (1)学生每7~8人一组,共分4组； (2)每组分析冲沟的特征； (3)教师提问并总结。 5.认识河流地质作用及河谷地貌。 6.学生活动——绘制河谷横断面图。 (1)学生每7~8人一组,共分4组； (2)每组分析并绘出河谷横断面图； (3)交换结果； (4)每组选一个代表向全班作汇报； (5)小组互评； (6)教师讲评。 7.总结	10min 10min 15min 15min 20min 10min 5min		

地表水是指分布在江河、湖泊、海洋内及陆地上的冰雪融化的液态水。从陆地表面水流的不同动态来看,可将地表流水分为暂时性流水(如片流和洪流)和常年性流水(如河流)。暂时性流水是一种季节性、间歇性流水,它主要以大气降水为水源,所以一年中有时有水,有时干枯,如大气降水后沿山坡坡面或山间沟谷流动的水。常年性流水在一年中流水不断,它的水量虽然也随季节发生变化,但不会干枯无水,这就是通常所说的河流。一条暂时性流水的河谷,若能不间断地获得水源的供给,就会变成一条河流。暂时性流水与河流相互连接,

脉络相通,组成统一的地表流水系统。

地表流水的地质作用主要包括侵蚀作用、搬运作用和沉积作用。

地表流水对坡面的洗刷作用及对沟谷及河谷的冲刷作用,均不断地使原有地面遭到破坏,这种破坏称为侵蚀作用。侵蚀作用造成地面大量水土流失、冲沟发展,引起沟谷斜坡滑塌、河岸坍塌等各种不良地质现象和工程地质问题。山区公路多沿河流前进,常修建在河谷斜坡和河流阶地上,因此,地表流水的侵蚀作用对公路工程的影响较大。

地表流水把地面被破坏的碎屑物质带走,称为搬运作用。搬运作用使被破碎的物质覆盖的新地面暴露出来,为新地面的进一步塑造创造了条件。在搬运过程中,被搬运物质对沿途地面加强了侵蚀。同时,搬运作用为沉积作用准备了物质条件。

当地表流水流速降低时,部分物质不能被继续搬运而沉积下来,称为沉积作用。沉积作用是地表流水对地面的一种建设作用,形成一些最常见的第四纪沉积层。第四纪沉积层生成年代最新,处于地壳最表层。工程建筑如果修筑在广阔的平原上,往往遇到的就是第四纪沉积层。

一、暂时性流水的地质作用

地表暂时性流水是指大气降水和冰雪融化后在坡面上和沟谷中流动着的水,因此雨季是它发挥作用的主要时间,特别是在强烈的集中暴雨后,它的作用特别显著,往往造成较大灾害。

(一)坡面流水(片流)的地质作用及坡积层(Q^{dl})

1.片流和细流的洗刷作用

片流,也称“漫洪”,是大气降雨或冰雪融化后在斜坡上形成的面状流水。其特性是流程小、时间短、面积大、水层薄。

片流在重力作用下,沿整个坡面将其松散的风化物带至斜坡下部,使坡面上部比较均匀地呈面状降低的过程,称为面状洗刷作用。面状洗刷作用与风化作用交替进行,导致基岩裸露,加速了对坡面的破坏、侵蚀,这种现象尤以植被稀疏的坡面上最为突出。

细流,是指片流向下流动时受到坡面上风化物的影响,逐渐汇集成股状流动的水体。这样,坡面上水流从片流的面状洗刷作用变成细流股状冲刷,便会出现一些细小的侵蚀沟,即地貌学中的“纹沟”。

2.坡积层(物)及其工程地质性质

由坡面流水的洗刷作用形成的坡积层(或坡积物),是山区公路勘测设计中经常遇到的第四纪陆相沉积层中的一个成因类型,它顺着坡面沿山坡的坡脚或凹坡呈缓倾斜裙状分布,地貌上称为坡积裙。坡积层具有下述特征:

(1)坡积层的厚度变化很大。就其本身来说,一般是中下部较厚,向山坡上部逐渐变薄以至尖灭。

(2)坡积层多由碎石和黏性土组成,其成分与下伏基岩无关,而与山坡上部基岩成分有关。

(3)坡积物未经长途搬运,碎屑棱角明显,分选性差,坡积层层理不明显。

(4)坡积层松散、富水,作为建筑物地基强度很差。坡积层很容易滑动,坡积层下原有地面愈陡,坡积层中含水愈多,坡积层物质粒度愈小,黏土含量愈高,则愈容易发生坡积层滑坡。

除了下伏的基岩顶面的坡度平缓以外,坡积层多处于不稳定状态。实践证明,山区傍坡路线挖方边坡稳定性的破坏，大部分是在坡积层中发生的。影响坡积层稳定性的因素，概括起来主要有以下三个方面：

(1)下伏基岩顶面的倾斜程度；

(2)下伏基岩与坡积层接触带的含水情况；

(3)坡积层本身的性质。

当坡积层的厚度较小时，其稳定程度首先取决于下伏岩层顶面的倾斜程度；而当坡积层与下伏基岩接触带有水渗入而变得软弱湿润时，将明显减低坡积层与基岩顶面的摩阻力，更易引起坡积层发生滑动。坡积层内的挖方边坡在久雨之后易产生塌方，水的作用是一个带有普遍性的原因。

除上述情况以外，在低山地区和丘陵地区还带有一种坡积——残积物的混合堆积层存在，它兼有上述两者的工程地质特性，在实践中应给予高度重视。

(二)山洪急流的地质作用及洪积层(Q^{pl})

山洪急流是暴雨或大量积雪消融时所形成的一种水量大、流速快并夹带大量泥沙于沟槽中运动的水流。山洪急流又称洪流或山洪，山洪大多沿着凹形汇水斜坡向下倾泻，具有巨大的流量和流速，对它所流经的沟底和沟壁产生显著的破坏过程，称为洪流的冲刷作用。由冲刷作用形成的沟谷，叫冲沟。洪流把冲刷下来的碎屑物质夹带到山麓平原或沟谷口堆积下来，形成洪积层。

1.冲沟

冲沟是陆地表面(山区或平原)流水切割的普遍形式。冲沟的形成要具有较陡的斜坡，且斜坡是由疏松的物质构成，当降水量较大时，尤其是多暴雨的地区，容易形成冲沟。此外，当斜坡上无植被覆盖，人为的不合理的开发等也能促进冲沟的发生和发展。在冲沟发育的地区，地形变得支离破碎，路线布局往往受到冲沟的控制，由于冲沟的不断发展，可能截断路基，中断交通，或者由于洪积物掩埋道路，淤塞涵洞，影响正常运输。

冲沟的发展，是以溯源侵蚀的方式由沟头向上逐渐延伸扩展的。在厚度较大的均质土分布地区，冲沟的发展大致可分为冲槽阶段、下切阶段、平衡阶段、休止阶段四个阶段。

(1)冲槽阶段(或细沟阶段)

地表流水顺斜坡由片流逐渐汇集成细流后，使纹沟扩大而形成沟槽，如图5-2-1a)所示，细沟的规模不大，宽小于0.5m，深0.1~0.4m，长数米或十余米。沟底的纵剖面与斜坡坡形基本一致，沟形不太固定，易造成水土流失。

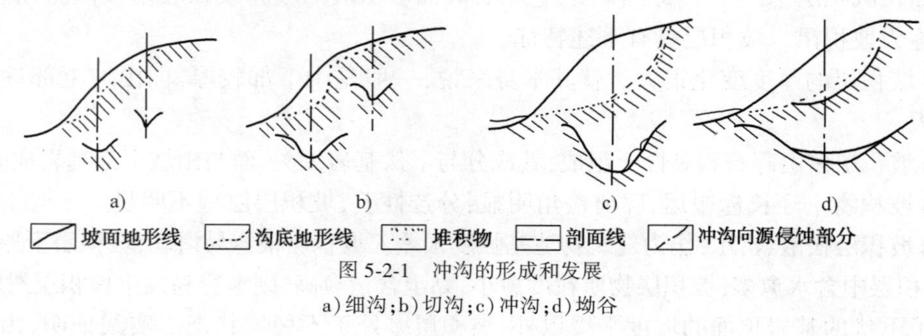

图5-2-1　冲沟的形成和发展

a)细沟；b)切沟；c)冲沟；d)坳谷

细沟是冲沟的开始，若遍布于公路两侧，任其发展，则会淤塞边沟，损毁路面，进而破坏路基。在此阶段，只要填平沟槽，不使坡面水流汇集，种植草皮保护坡面，即可制止细沟的发育。

(2)下切阶段(或切沟阶段)

细沟进一步发展，下切加深形成切沟，如图 5-2-1a)所示。切沟的宽度、深度均可以达到1~2m，沟长稍短于斜坡长。沟底纵剖面已有一部分与斜坡面不一致，沟头出现陡坎，下部蚀空，上部坍落，沟缘明显。在横剖面上，上段窄，呈 V 字形，下段宽，呈 U 字形；在沟口平缓地带开始有洪积物堆积。

在切沟发育地带进行公路勘测时，路线应避免从沟顶附近的沟壁通过，若从切沟的中下部通过，也应在沟顶修截水沟，以防向源侵蚀的延伸；或在沟头设置多级跌水石坎以减缓水的流速，降低冲刷下切力；在沟底可以采用铺石加固。

(3)平衡(冲沟)阶段

切沟进一步下切加深、加宽，向源头方向伸长，逐渐发展而形成冲沟，如图 5-2-1a)所示。这一阶段，向源侵蚀已大为减缓或接近停止，沟床下切的纵剖面已达到平衡，但侧向侵蚀仍在进行，沟壁常有崩塌发生，沟槽不断加宽；在平缓的坡地上常形成密集的冲沟网。

平衡阶段的冲沟，其长度可达数公里或数十公里，深度和宽度可达数米或数十米，有的可达数百米；沟底的平衡剖面呈凹形，上陡下缓，悬沟陡坎已经消失，沟底开始有洪积物堆积，沟壁常有坠积和坡积物。

同时应该指出的是，在冲沟中展线设路，应特别注重考察沟谷洪流的水文地质状况。路基、桥涵设置的高度应在洪水位以上，桥涵孔径应大于排洪量；对进、出沟的路线布设，应加固沟壁，防止侧蚀水毁路基及切坡后内边坡壁的失稳，以防止崩塌和滑坡的发生。

(4)休止(坳谷)阶段

冲沟进一步发展，沟坡由于崩塌及面状流水洗刷，逐渐变得平缓，沟底有较厚的洪积物堆积，并生长有植物或已垦为田园耕地，如图 5-2-1a)所示。坳谷底部宽阔平缓，横剖面呈浅而宽的 U 形，沟缘呈浑圆形。坳谷是冲沟的衰老期，或称为死冲沟。在坳谷的谷坡上可能有新的冲沟在发生和发展。

在坳谷地区布设路线，除地形上应加考虑外，对公路工程已无特殊影响。

2.洪积层

洪积层是由山洪急流搬运的碎屑物质组成的。当山洪挟带大量的泥沙石块流出沟口后，由于沟床纵坡变缓，地形开阔，水流分散，流速降低，搬运能力骤然减小，所挟带的石块岩屑、砂砾等粗大碎屑先在沟口堆积下来，较细的泥沙继续随水搬运，多堆积在沟口外围一带。由于山洪急流的长期作用，在沟口一带就形成了扇形展布的堆积体，即为地貌中所说的洪积扇。洪积扇的规模逐年增大，有时与邻谷的洪积扇互相连接起来，形成规模更大的洪积裙或洪积冲积平原。它也是第四纪陆相沉积物中的一种类型。

洪积层具有以下主要特征：组成物质分选不良，粗细混杂，碎屑物质多带棱角，磨圆度不佳；有不规则的交错层理、透镜体、尖灭及夹层等；山前洪积层由于周期性的干燥，常含有可溶性盐类物质，在土粒和细碎屑间，往往形成局部的软弱结晶联结，但遇水后，联结就会破坏。

在空间分布上，靠近山坡沟口的粗碎屑沉积物，孔隙大，透水性强，地下水埋藏深，压缩性小，有较高的承载力，是良好的天然地基；洪积层外围地段细碎屑沉积物，以粉砂和黏性土为主，如果在沉积过程中受到周期性的干燥，黏土颗粒产生凝聚并析出可溶盐时，则其结构较密实，承载力也较高；在沟口至外围的过渡带，多为砂砾黏土交错，由于受前沿地带细颗粒土（其渗透性极小）的影响，在此地带常有地下水溢出，水文地质条件差，对工程建筑不利，如图 5-2-2 所示。

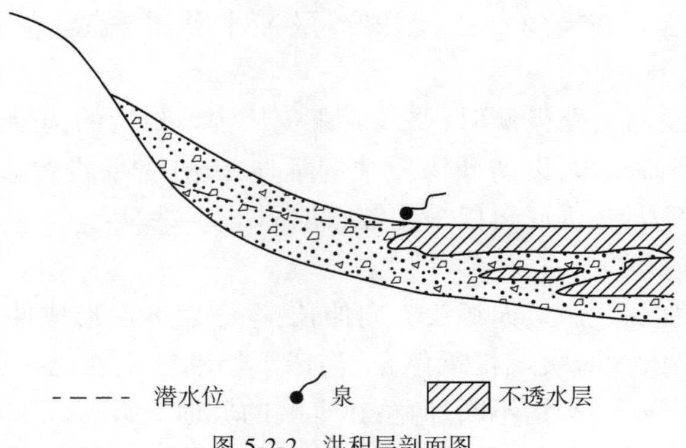

图 5-2-2　洪积层剖面图

从地形上看，洪积层是有利于工程建筑的。洪积层（物）的工程地质性质，是影响公路构造物建筑条件的重要因素之一。在洪积层上修筑公路，首先要注意洪积层的活动性。正在活动的洪积层，每当暴雨季节，山洪急流会对路基产生直接冲刷，同时将发生新的洪积物沉积等种种病害问题。对于已停止活动的洪积层，应充分查清其物质成分及分布情况、地表水及地下水情况，以便对公路通过洪积物不同部位的工程地质条件作出评价。野外识别洪积层的活动性的方法之一是观察植物生长情况，通常正在发展的洪积层上很少生长植物，已固定的洪积层上则长有草或其他植被。

二、河流的地质作用

河流是指具有明显河槽的常年性的水流，它是自然界水循环的主要形式。由于河流流经距离长，流域范围大，加之常年川流不息，因此，河水在运动过程中所产生的地质作用在一切地表流水中就显得最为突出和典型。由河流作用所形成的谷地称为河谷。

一条河流从河源到河口一般可分为三段：上游、中游和下游。上游多位于高山峡谷，急流险滩多，河道较直，流量不大但流速很快，河谷横断面多呈 V 字形。中游河谷较宽广，河漫滩和河流阶地发育，横断面多呈 U 字形。下游多位于平原地区，流量大而流速较低，河谷宽阔，河曲发育，在河口处易形成三角洲堆积。

在山区，由于地形复杂，为了提高路线的技术指标，减少工程量，公路多利用河谷布设。不论是在确定路线位置时，还是在进行路基设计时，都必须考虑河流冲积层的工程地质性质和河流地质作用对路基稳定性的影响。

（一）河流的侵蚀、搬运和沉积作用

根据水文动态，河流可分为常流河和间歇河。在一个水文年度内，河水过程可划分为枯水期、平水期和洪水期。洪水期一般持续时间较短，但其流量和含沙量都远远超过平水期，

是河流侵蚀、搬运和堆积作用进行得最活跃的时期。河谷形态的塑造及冲积物的形成,主要发生在洪水期,特大洪水会给人类带来巨大的灾难。

1.侵蚀作用

河流以河水及其所携带的碎屑物质,在流动过程中冲刷破坏河谷,不断加深和拓宽河床的作用称河流的侵蚀作用。按其作用方式的不同,包括机械侵蚀和化学溶蚀两种。机械侵蚀是河流侵蚀作用的主要方式,化学溶蚀只在可溶岩类分布地区的河流才表现得比较明显。按照河流侵蚀作用的方向,分为底蚀作用和侧蚀作用。

(1)底蚀作用

河水在流动过程中使河床逐渐下切加深的作用,称为河流的底蚀作用,又称下蚀作用。河水挟带固体物质对河床的机械破坏,是河流下蚀的主要因素。其作用强度取决于河水的流速和流量,同时也与河床的岩性和地质构造有密切的关系。

底蚀作用使河床不断加深,切割成槽形凹地,形成河谷。在山区,河流底蚀作用强烈,可形成深而窄的峡谷。金沙江虎跳峡,谷深达 3 000m;长江三峡,谷深达 1 500m。

河流的下蚀作用并非无止境的,下蚀作用的极限平面称为侵蚀基准面,如海平面、湖面等。下蚀作用可使桥梁地基遭受破坏,所以应使这些建筑物基础砌置深度大于下蚀的深度,并对基础采取保护措施。

由于河流下蚀作用而引起的河流源头向河间分水岭不断扩展伸长的现象,称为溯源侵蚀,又称向源侵蚀。向源侵蚀的结果使河流加长,同时扩大了河流的流域面积、改造河间分水岭的地形并发生河流袭夺现象。

(2)侧蚀作用

河流在进行底蚀作用的同时,河水在水平方向上冲刷两岸、拓宽河谷的作用即侧蚀作用。河水在运动过程中受横向环流的作用,是促使河流产生侧蚀的经常性因素。此外,如河水受支流或支沟排泄的洪积物以及其他重力堆积物的障碍顶托,致使主流流向发生改变,引起对岸产生局部冲刷,这也是一种在特殊条件下产生的河流侧蚀现象。在天然河道上能形成横向环流的地方很多,但在河湾部分最为显著,如图 5-2-3a)所示。当运动的河水进入河湾后,由于受离心力的作用,表层流束以很大的流速冲向凹岸,使之冲刷变陡、后退;又由于凹岸水面相对压强增高产生凹岸压向凸岸的底流,同时将在凹岸冲刷所获得的物质带到凸岸堆积下来,如图 5-2-3b)所示。由于横向环流的作用,使凹岸不断受到强烈冲刷,凸岸不断发生堆积,结果使河湾的曲率增大,并受纵向流的影响,使河湾逐渐向下游移动,因而导致河床发生平面摆动。这样天长日久,整个河床就被河水的侧蚀作用逐渐地拓宽。通常侧蚀和下蚀作用是同时进行的,但是在下蚀作用十分强烈的情况下,侧蚀作用不是十分明显。随着下蚀作用的减弱,扩展河床的侧向侵蚀加强,甚至在下蚀作用完全停止的时候侧蚀还仍然在继续。

沿河布设的公路,往往由于河流的侧蚀及水位变化,常使路基发生水毁现象,特别是在河湾凹岸地段最为显著。所以,在确定路线具体位置时,必须对此加以注意。由于河湾部分横向环流作用明显加强,易发生坍岸,并产生局部剧烈冲刷和堆积作用,河床易发生平面摆动,因此,对桥梁建筑也是很不利的。

山区河谷中,河道弯曲产生"横向环流"。对沿凹岸所布设的公路,因其边坡产生"水毁"而导致"局部断路"的现象常有发生。

平原地区的曲流对河流凹岸的破坏更大。由于河流侧蚀的不断发展,致使河流一个河湾接着一个河湾,并使河湾的曲率越来越大,河流的长度越来越长,从而使河床的比降逐渐减小,流速不断降低,侵蚀能量逐渐削弱,直至常水位时已无能量继续发生侧蚀为止。这时河流所特有的平面形态,称为蛇曲。有些处于蛇曲形态的河湾,彼此之间十分靠近,一旦流量增大,会截弯取直,流入新开拓的局部河道,而残留的原河湾的两端因逐渐淤塞而与原河道隔离,形成状似牛轭的静水湖泊,称牛轭湖。最后,由于主要承受淤积,致使牛轭湖逐渐成为沼泽,以至消失。

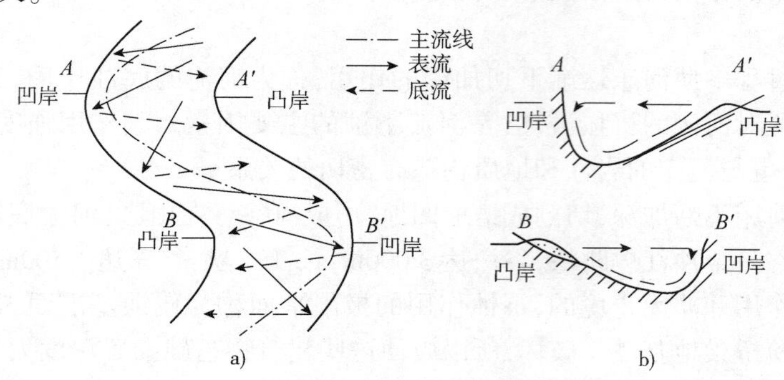

图 5-2-3 河道横向环流示意图

a)河曲流水平面图;b)河曲横向环流剖面图

2.搬运作用

河流在流动过程中挟带沿途冲刷侵蚀下来的物质(泥沙、石块等)离开原地的移动作用,称搬运作用。河流的侵蚀和堆积作用,在一定意义上都是通过搬运过程来实现的。河水搬运能量的大小,决定于河水的流量和流速,在一定流量条件下,流水搬运物质的颗粒大小和重量随流速的变化而急剧变化。因此,一般是上游所搬运物质的颗粒较粗,越向下游颗粒越细,这就是河流的分选作用,即在一定河段内流水搬运物质的大小具有一定的范围。在搬运的过程中,被搬运的物质与河床摩擦或相互之间碰撞,带棱角的颗粒就变成了圆形或亚圆形的颗粒,例如石块变成了卵石、圆砾。

河流搬运的物质,主要来自谷坡洗刷、崩落、滑塌下来的产物和冲沟内洪流冲刷出来的产物,其次是河流侵蚀河床的产物。河流的搬运作用有浮运、推移和溶运三种形式。一些颗粒细和相对密度小的物质悬浮于水中随水搬运,比较粗大的砂子、砾石等,主要受河水推动,沿河底推移前进。在含可溶性物质的河流里,河水搬运以溶运为主。

3.沉积作用

河流在运动过程中,能量不断损失,当河水挟带的泥沙、砾石等搬运物质超过了河水的搬运能力时,被搬运的物质便在重力作用下逐渐沉积下来,形成河流冲积层。河流沉积物几乎全部是泥沙、砾石等机械物,而化学溶解的物质多在进入湖盆或海洋等特定的环境后才开始发生沉积。

河流的沉积,主要受河水的流量和搬运物质量的影响,一般均具有明显的分选性。从总的情况看,河流上游沉积物颗粒比较粗大,河流下游的沉积物的粒径逐渐变小,流速较大的河床部分沉积物的粒径比较粗大,在河床外围沉积物的粒径逐渐变小。

(二)冲积层(Q^{al})

在河谷内由河流的沉积作用所形成的堆积物,称为冲积层(物)。它是第四纪陆相沉积物中的一个主要成因类型。河流的冲积层特征:分选性好,磨圆度高,层理清晰。河流冲积物按其分布特征主要可分为以下四种。

1.平原河谷冲积物

平原河谷冲积物包括河床冲积物、河漫滩冲积物和古河道冲积物等。

(1)河床冲积物,一般上游颗粒粗,下游颗粒细,具有良好的分选性和磨圆性。其中较粗的砂和砾石层是良好的天然地基。

(2)河漫滩冲积物,常具有二元结构,即下层为粗颗粒土,上层为泛滥形成的细粒土,局部有腐殖土。

(3)古河道冲积物,由河流截弯取直改道以后的牛轭湖逐渐淤塞而成。这种冲积物存在较厚的淤泥、泥炭土,由于压缩性高、强度低,为不良地基。

2.山区河谷冲积物

山区河谷冲积物多为漂石、卵石和砾石等。山区河谷一般流速大而河床的深度小,故冲积物的厚度一般不超过15m。在山间盆地和宽谷中的河漫滩冲积物,主要是含泥的砾石,其具有透镜体和倾斜层理。

3.山前平原洪积冲积物

山前平原洪积冲积物一般常有分带性,即近山一带由冲积和部分洪积的粗粒物质组成,而向平原低地逐渐变为砾砂、砂土和黏性土。

4.三角洲冲积物

三角洲冲积物是河流所搬运的大量物质在河口沉积而成的。三角洲沉积物的厚度很大,能达几百米,面积也很大。其冲积物大致可分为三层:顶积层沉积颗粒较粗;前积层颗粒变细;底积层颗粒最细,并平铺于海底。三角洲冲积物颗粒细,含水率大,呈饱和状态,承载力较低。

由于冲积层分布广,表面坡度比较平缓,多数大中城市都坐落在冲积层上;公路也多选择在冲积层上通过。作为工程建筑物的地基,砂、卵石的承载力较高,黏性土较低。特别应当注意的是,冲积层中两种不良沉积物,一种是软弱土层,比如牛轭湖、泥炭等;另一种是容易发生流沙的细、粉砂层等。当修筑公路时遇到不良沉积物,应当采取专门的设计和施工措施。

冲积层中的卵石、砾石和砂常被选作建筑材料。厚度稳定、延续性好的卵石、砾石和砂层是丰富的含水层,可以作为良好的供水水源。

(三)河谷地貌

河谷是在流域地质构造的基础上,经河流的长期侵蚀、搬运和堆积作用逐渐形成和发展起来的一种地貌。由于路线沿河谷布设,可使路线具有线形舒顺、纵坡平缓、工程量小等优点,所以河谷通常是山区公路争取利用的一种有利的地貌类型。

1.典型的河谷地貌

典型的河谷地貌一般都具有如图5-2-4所示的几个形态要素。

(1)谷底

谷底是河谷地貌的最低部分,地势一般较平坦,其宽度为两侧谷坡坡麓之间的距离。谷底上分布有河床及河漫滩。河床是在平水期间为河水所占据的部分,河漫滩是在洪水期间才为河水淹没的河床以外的平坦地带。其中每年都能为洪水淹没的部分称低河漫滩;仅为周期性多年一遇的最高洪水所淹没的部分称高河漫滩。

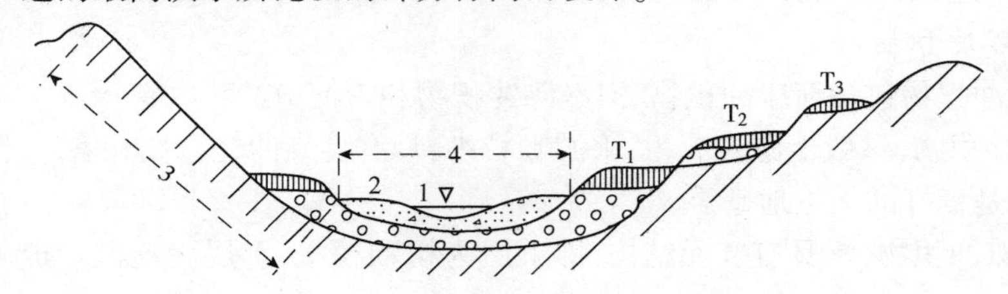

图 5-2-4 河谷横断面形态要素

1-河床;2-河漫滩;3-谷坡;4-谷底;T_1、T_2、T_3-阶地

(2)谷坡

谷坡是高出谷底的河谷两侧的坡地。谷坡上部的转折处称为谷缘,下部的转折处称为坡脚或坡麓。

(3)阶地

阶地是沿着谷坡走向呈条带状分布或断断续续分布的阶梯状平台。阶地有多级时,从河漫滩向上依次称为一级阶地、二级阶地、三级阶地等。每级阶地都有阶地面、阶地前缘、阶地后缘、阶地斜坡和阶地坡麓等要素,如图 5-2-5 所示。在通常情况下,阶地面有利于布设线路,但有时为了少占农田或受地形等限制,也常在阶地坡麓或阶地斜坡上设线。还应指出,并不是所有的河流或河段都有阶地,由于河流的发展阶段以及河谷所处的具体条件不同,有的河流或河段并不存在阶地。

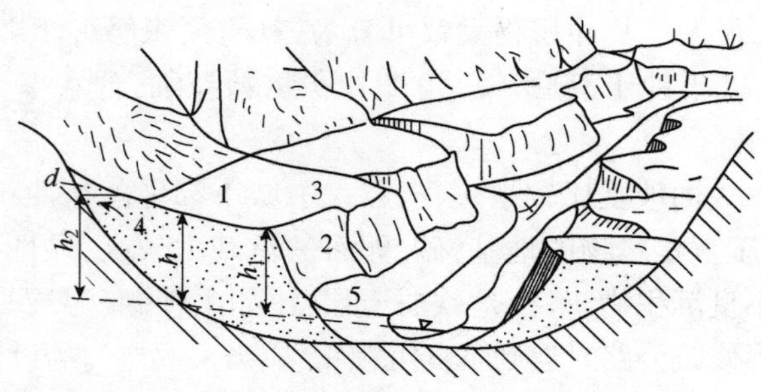

图 5-2-5 河流阶地的形态要素

1-阶地面;2-阶坡(陡坎);3-前缘;4-后缘;5-坡脚;h-阶地平均高度;h_1-前缘高度;h_2-后缘高度;d-堆积层

2.河谷的分类

(1)按河谷的发展阶段分为未成形河谷、河漫滩河谷和成形河谷。

(2)按河谷走向与地质构造的关系分类,可分为背斜谷、向斜谷、单斜谷、断层谷、横谷与斜谷等。

①背斜谷:是沿背斜轴伸展的河谷,是一种逆地形。背斜谷多是沿长裂隙发育而成,尽管两岸谷坡岩层反倾,但因纵向构造裂隙发育,谷坡陡峻,所以岩体稳定性差,易产生崩塌。

②向斜谷:是沿向斜轴伸展的河谷,是一种顺地形。向斜谷的两岸谷坡岩层均属顺倾,

在不良的岩性和倾角较大的条件下，易产生顺层滑坡等病害。但向斜谷一般都比较开阔，使线路位置的选择有较大的回旋余地。

③单斜谷：是沿单斜岩层走向伸展的河谷。单斜谷在形态上通常有明显的不对称性，岩层反倾的一侧谷坡较陡，顺倾的一侧谷坡较缓。

④断层谷：是沿断层走向延伸的河谷，河谷两岸常有构造破碎带存在，岸坡岩体的稳定取决于构造破碎带岩体的破碎程度。

⑤横谷和斜谷：河谷的走向与构造线垂直为横谷，河谷的走向与构造线斜交为斜谷。

以上前四种河谷，共同点是河谷的走向与构造线的走向一致，也可以称之为纵谷，而横谷和斜谷则是河谷的走向与构造线垂直或斜交。就岩层的产状条件来说，它们对谷坡的稳定性是有利的，但谷坡一般比较陡峻，在坚硬岩石分布地段，多呈峭壁悬崖地形。

3.河流阶地

(1)阶地的成因

河流阶地是在地壳的构造运动与河流的侵蚀、堆积的综合作用下形成的。过去不同时期的河床及河漫滩，由于地壳上升运动，河流下切使河床拓宽，被抬升高出现今洪水位之上，呈阶梯状分布于河谷谷坡之上的地貌形态，称为河流阶地。当地壳上升或侵蚀基准面相对下降时，河漫滩位置将不断相对抬高，并有新的阶地和河漫滩形成。由于第四纪(Q)构造运动的特点为“振荡式间歇性上升运动”，从而在河谷中形成多级阶地。河流阶地的存在成为地壳新构造运动的强有力证据。由此可知，在河谷中阶地为依次向上，阶地愈高的形成时代愈老。

河流阶地是一种分布较普遍的地貌类型。阶地上保留着大量的第四纪冲积物，主要由泥砂、砾石等碎屑物组成，颗粒较粗，磨圆度好，并具有良好的分选性，是房屋、道路等建筑的良好地基。

(2)阶地的类型

由于构造运动和河流地质过程的复杂性，河流阶地的类型是多种多样的。一般根据阶地的成因、结构和形态特征，可将其划分为侵蚀阶地、堆积阶地和基座阶地三种类型。

①侵蚀阶地(图5-2-6)

侵蚀阶地发育在地壳上升的山区河谷中，是由河流的侵蚀作用，使河床底部基岩裸露，并拓宽河谷，侵蚀阶地是由于地壳上升很快、流水下切极强造成的。阶地面上没有或很少有冲积物覆盖，即使保留有薄层冲积物，也会在阶地形成后经过长期被地表流水冲刷而殆尽。

②堆积阶地(图5-2-7)

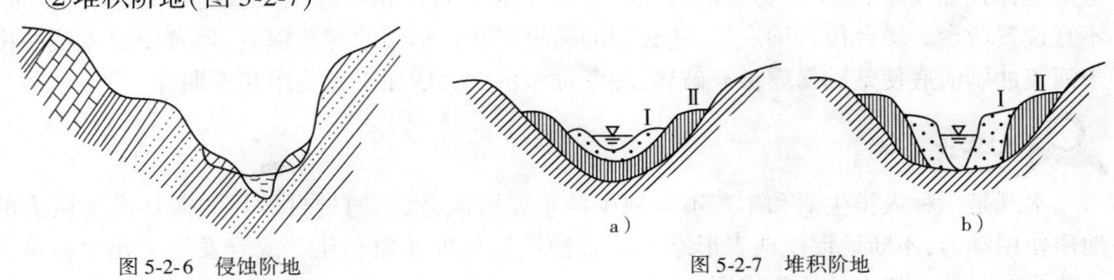

图5-2-6　侵蚀阶地

图5-2-7　堆积阶地

堆积阶地是由河流的冲积物组成的，所以又称冲积阶地。这种阶地多见于河流的中、下游地段。当河流侧向侵蚀时，河谷拓宽，同时，谷底发生大量堆积，形成宽阔的河漫滩，然后由于地壳上升、河水下切而形成了堆积阶地。第四纪以来形成的堆积阶地，除下更新统的冲积物具有较低的胶结成岩作用外，一般的冲积物均呈松散状态，易遭受河水冲刷，因而影响阶地的稳定。

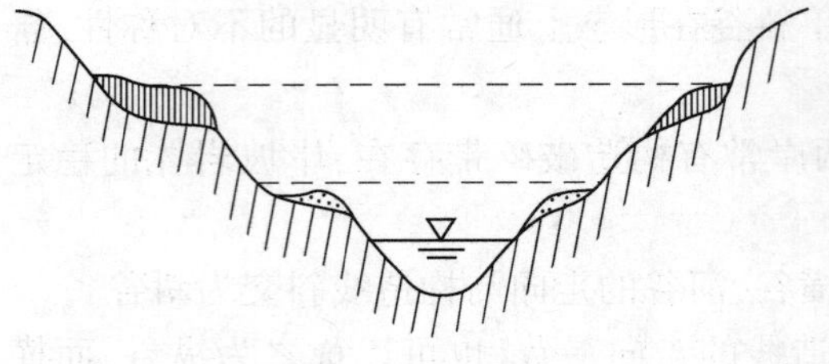

图 5-2-8　基座阶地

③基座阶地(图 5-2-8)

基座阶地是河流的沉积作用和下切作用交替进行下形成的，是在侵蚀阶地面上覆盖了一层冲积物，再经地壳上升、河水下切，切入了下部基岩以内一定深度而形成的。也就是侵蚀阶地与堆积阶地的复合式，也称侵蚀—堆积阶地。阶地是由基岩和冲积层两部分组成的。基岩上部冲积物覆盖厚度一般比较小，整个阶地主要由基岩组成，所以称作基座阶地。

由上述情况可以看出，河谷地貌是山岭地区向分水岭两侧的平原作缓慢倾斜的带状谷地，由于河流的长期侵蚀和堆积，成形的河谷一般都有不同规模的阶地存在。它一方面缓和了山谷坡脚地形的平面曲折和纵向起伏，有利于路线平纵面设计和减少工程量；另一方面又不易遭受山坡变形和洪水淹没的威胁，容易保证路基稳定。所以，通常情况下，阶地是河谷地貌中敷设路线的理想地貌部位。当有几级阶地时，除考虑过岭高程外，一般以利用一、二级阶地布设路线为好。

（四）河流地质作用与公路工程的关系

公路工程与河流关系非常密切。公路一般沿河前进，线路在河谷横断面上所处位置的选择，河谷斜坡和河流阶地上路基的稳定，也都与河流地质作用密切相关。公路跨过河流必须架设桥梁，桥梁墩台基础、桥渡位置选择都应充分考虑河流的地质作用。

对于沿河路线来说，一段线路位置的选择和路基在河谷横断面上位置的选择，从工程地质观点来看，主要包括边坡和基底稳定两方面。路线沿峡谷行进，路基多置于高陡的河谷斜坡上，经常遇到崩塌、滑坡等边坡不良地质现象。路线沿宽谷或山间盆地行进，路基多置于河流阶地或较缓的河谷斜坡上，经常遇到各种第四纪沉积层；路线在平原上行进，也常把路基置于冲积层上，常见的病害是受河流冲刷或路基基底含有软弱土层等。

对于桥渡，首先应该选择在河流顺直地段过河，以避免在河曲处过河遭受侧蚀影响而危及一侧桥台安全；应尽量使桥梁中线与河流垂直，以免桥梁长度增大。其次，墩台基础位置应该选择在强度足够、安全稳定的岩层上。对于那些岩性软弱的土层、地质构造不良地带，不宜设置墩台。墩台位置确定后，还必须准确决定墩台基础的埋置深度，埋置深度太浅会由于河流冲刷河底使基础暴露甚至破坏；埋置过深将大大增加工程费用和工期等。

本单元小结

水既是一种人类生活和生产不可缺少的重要资源，水又通过自然界的循环产生巨大的地质作用动力，不断地促使地表形态和地表物质的物理性质和化学成分发生变化。本单元主要介绍了地表流水的地质作用。

1.在陆地上有两种地表流水：暂时流水和常年流水。地表流水不仅是影响地表形态不断发展变化的一个带有普遍性的重要因素，而且经常影响着公路的建筑条件。

2.岩石风化产物在雨水、融雪水的地质作用下被缓慢地洗刷剥蚀后，顺着斜坡向下逐渐移动，沉积在较平缓的山坡上而形成坡积物。山洪、暴雨或骤然大量的融雪水形成搬运力很大的急流，它能冲刷岩石，形成冲沟，并能把大量的碎屑物质搬运到沟口或山麓平原堆积而成洪积物。河流的地质作用按其进行的方式可以分为：侵蚀作用、搬运作用和沉积作用。河流的地质作用塑造了河谷形态，并形成分选性和磨圆度良好的冲积物，一般密实的、颗粒较粗且大小均一的沉积物，可作为良好的工程建筑物地基和天然建筑材料。

单元3　地下水的地质作用

教学过程设计

教学过程	课　堂　活　动	时间	方法手段	资　源
引入	视频	5min		
教学过程组织	1.请书写并记忆学习手册中知识评价内容。 2.认识地下水的一般特征。 3.认识地下水的主要类型。 4.学生活动——阅读潜水等水位线。 (1)学生每7~8人一组，共分4组； (2)每组分别分析潜水等水位线图； (3)交换结果； (4)每组选一个代表向全班作汇报； (5)小组互评； (6)教师讲评。 5.学生活动——认识潜水和承压水。 (1)学生每7~8人一组，共分4组； (2)每组分析图中地下水的类型； (3)教师提问并总结。 6.认识地下水的性质。 7.分析地下水对工程的影响。 8.总结	10min 10min 20min 15min 10min 5min 10min 5min	1.多媒体讲授； 2.图板展示； 3.分组讨论； 4.学生互评	1.图板； 2.学习手册； 3.板书； 4.PPT； 5.视频

埋藏在地表下土中孔隙、岩石孔隙和裂隙、岩石空洞中的水，称为地下水。它可以呈各种物理状态存在，但大多呈液态。地下水主要是由大气降水、融雪水和地表水沿着地表岩石的孔隙、裂隙和空洞渗入地下而形成的。

地下水是构成水圈的重要水体之一，其水量仅次于海洋，约为地球上各种水体总量的4.1%。地下水是水资源的重要组成部分，对社会经济发展具有重要意义。在世界范围内，全球淡水总量约400万km^3，地下水占95%，而湖、河水等仅占3.5%。由此可见，地下水在全世界各国经济发展中都占有举足轻重的地位。

从工程建设的角度来看，地下水是自然界水体存在的一种重要形式，随着社会经济活动的增强，人类需要经常地与地下水打交道。地下水的活动不仅对岩石和土产生机械破坏，而且作为一种溶剂还会使岩石产生化学侵蚀，尤其是对可溶性岩石的溶蚀作用更强烈。由于地下水的活动，能使土体和岩体的强度和稳定性削弱，以致产生滑坡、地基沉陷、道路冻胀和翻浆等不良现象，给公路工程建筑和正常使用造成危害；同时，地下水含有的侵蚀性物质CO_3^{2-}、Cl^-、SO_4^{2-}等会对混凝土产生化学侵蚀作用，使其结构破坏。

在公路工程的设计和施工中，当考虑路基和隧道围岩的强度与稳定性、桥梁基础的砌置深度和基坑开挖深度及隧道的涌水等问题时，都必须研究有关地下水的问题，如地下水的埋藏条件、地下水的类型、地下水的理化性质、地下水的活动规律等，以保证建筑物的稳定和正常使用。工程上把与地下水有关的问题称为水文地质问题，把与地下水有关的地质条件称为水文地质条件。

一、地下水的基本知识

（一）地下水的来源

1.渗透水

大气降水、冰雪消融水、各种地表水都要通过土、岩的孔隙和裂隙向下渗透而形成地下水。大气降水是地下水的主要补给源，年降水量是影响降水补给地下水的决定因素之一。年降水量越大，则入渗补给含水层的比值越大，降雨强度、降雨时间、地形、植被发育情况等亦影响大气降水对含水层的补给量。地表水也是地下水的主要来源，河水补给量的大小与河床透水性、河水位与地下水位的高差等有关。

2.凝结水

大气中的水蒸气在土或岩石孔隙中遇冷凝结而成水滴渗入地下，从而成地下水，它是干旱或半干旱地区地下水的主要来源。

3.其他补给源

岩石形成过程中储存的水，比如原生水、封存水等。

（二）地下水的存在形式

岩土空隙中存在着各种形式的水，按其物理性质的不同，可以分为气态水、固态水和液态水。

1.气态水

以水蒸气状态和空气一起存在于岩石和土层的孔隙、裂隙中，常由水气压力大的地方向水气压力小的地方移动。气态水对岩土体的强度和性质无太大的影响。

2.固态水

固态水指埋藏在常年温度0℃以下的冻土中的冰。因为水冻结时体积膨胀，所以冬季在许多地方会有冻胀现象。土中水的冻结与融化影响着土的工程性质。

3.液态水

（1）结合水

由于岩、土的颗粒以分子吸引力和静电引力将液态水牢固吸附在颗粒表面，这种水称为吸着水；在吸着水外围，水分子仍受静电引力的作用，被吸附在颗粒表面构成水膜，称为薄膜水。吸着水和薄膜水统称结合水，它们具有一定的抗剪强度，必须施加一定的外力才能使其发生变形，结合水的抗剪强度由内层向外层逐渐减弱。

(2)毛细水

在岩、土体细小孔隙、裂隙中,由于受表面张力和附着力的支持而充填的水,称毛细水,当两者的力量超过重力时,毛细水能上升到地下水面以上的一定高度。通常,土中直径小于1mm的孔隙为毛细孔隙;岩石中宽度小于0.25mm的裂隙为毛细裂隙,毛细水对土体的性质影响较大。

(3)重力水

岩、土体中孔隙、裂隙完全被水充满时,在重力作用下能够自由流动的水,称为重力水。重力水是构成地下水的主要部分。

(三)地下水的形成条件

地下水是在一定自然条件下形成的,它的形成与岩石、地质构造、地貌、气候、人为因素等有关。

1.地质条件

岩土的空隙性是形成地下水的先决条件,它主要指岩土中的孔隙和裂隙大小、数量及连通情况等。按照岩土透水性的不同分为透水层和隔水层。孔隙和裂隙大而多,能使地下水流通过的岩土层,称为透水层。当透水层被水充满时称为含水层,含水层可以储存和供给并透过相当数量的水,比如砂岩层、砾岩层、石灰岩层等。孔隙和裂隙少而小,透水很少或不透水的致密岩土层,称为不透水层或称隔水层,如页岩层、泥岩层等,如图5-3-1所示。

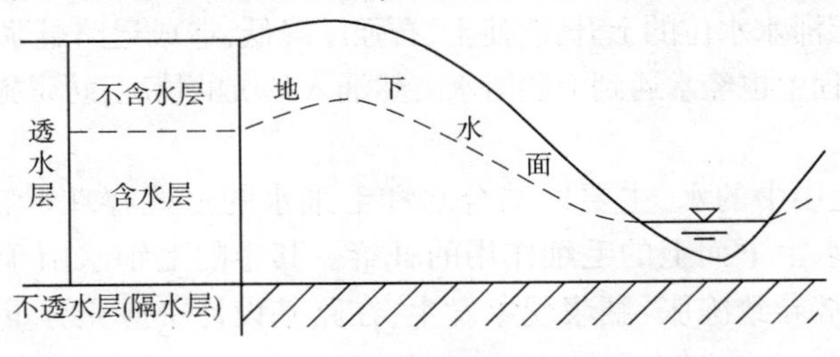

图5-3-1 地下水储水构造示意图

地质构造对岩层的裂隙发育起着控制作用,因而影响着岩石的透水性。地质构造发育地带,岩层透水性增强,常形成良好的蓄水空间,如致密的不透水层,当其位于褶曲轴附近时可因裂隙发育而强烈透水,断层破碎带是地下水流动的通道。

2.气候条件

气候条件对地下水的形成有着重要的影响,如大气降水、地表径流、蒸发等方面的变化将影响到地下水的水量。

3.地貌条件

不同的地貌条件与地下水的形成关系密切。一般在平原、山前区易于储存地下水,形成良好的含水层;在山区一般很难储存大量的地下水。

4.人为因素

比如大量抽取地下水,会引起地下水位大幅下降;修建水库,可促使地下水位上升等。

二、地下水的基本类型

为了有效地利用地下水和对地下水某些特征进行深入研究,必须进行地下水分类。地下水按埋藏条件可划分为包气带水、潜水和承压水三类。根据含水层空隙的性质可将地下水划分为孔隙水、裂隙水和岩溶水三类。

（一）地下水按埋藏条件分类

1.包气带水

在地表往下不深的地带，土、石的空隙未被水充满，而含有相当数量的气体，故称为包气带。包气带水指位于潜水面以上包气带中的地下水，按其存在形式可分为上层滞水和毛细水。

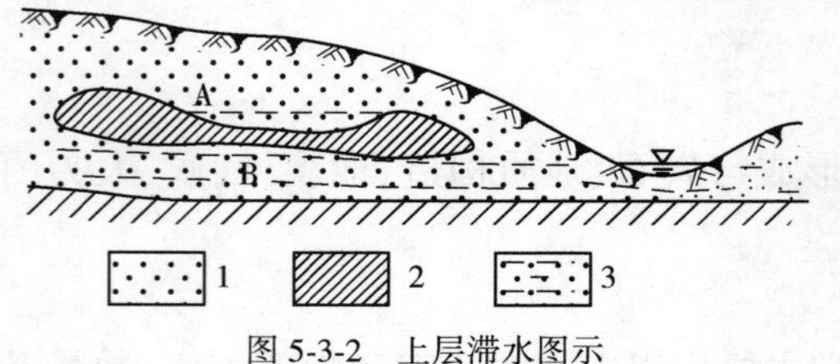

图 5-3-2 上层滞水图示

A-上层滞水；B-潜水；1-透水砂层；2-隔水层；3-含水层

（1）上层滞水

当包气带存在局部隔水层时，在局部隔水层上积聚具有自由水面的重力水，称为上层滞水。其隔水层主要是弱透水或不透水的透镜体黏土或亚黏土，它们能阻止水的下渗而呈季节性的地下水，如图 5-3-2 所示。上层滞水分布接近地表，补给区与分布区一致，接受大气降水或地表水的补给，以蒸发形式排泄或向隔水底板边缘排泄。其分布范围很小，水量一般不大且随季节变化显著，雨季出现，旱季消失，极不稳定。其水质变化较大，一般易受污染。

在雨季，由于上层滞水水位的上升，能使土、石强度降低，造成道路翻浆和导致路基稳定性的破坏。在基坑开挖工程中也经常遇到上层滞水突然涌入基坑的情况，妨碍施工，应注意排除。

（2）毛细水

埋藏在包气带土层中的水，主要以结合水和毛细水的形式存在。它们靠大气降水的渗入、大气的凝结及潜水由下而上的毛细作用的补给。其中的毛细水由于地下潜水位上升，毛细水上升高度增大，常导致冻胀、翻浆现象发生，在路基设计中应充分重视。

2.潜水

饱和带中第一个稳定隔水层之上、具有自由水面的含水层中的重力水，称为潜水。一般多储存在第四纪松散沉积物中，也可形成于裂隙性或可溶性基岩中。

潜水没有隔水顶板，潜水的自由表面，称为潜水面。潜水面上任一点的高程称为该点的潜水位。从潜水面到地表的铅直距离为潜水埋藏深度，潜水面到隔水层顶板的铅直距离称为潜水含水层的厚度，如图 5-3-3 所示。潜水含水层的分布范围称潜水的分布区，大气降水或地表水渗入补给潜水的地区称为潜水的补给区，潜水出流的地方称潜水排泄区。

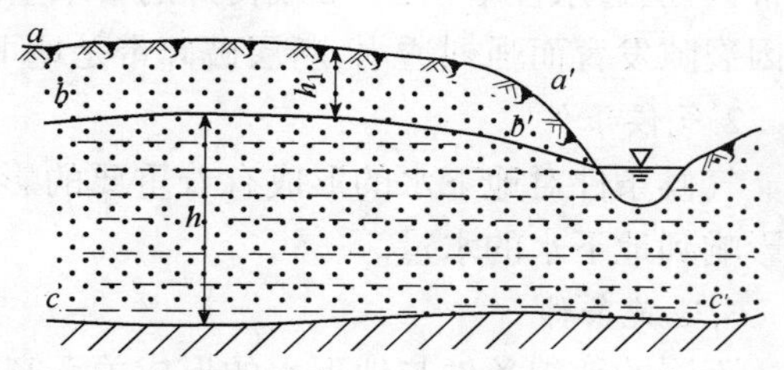

图 5-3-3 潜水示意图

aa'-地表面；bb'-潜水面；cc'-隔水层；h_1-潜水埋藏深度；h-含水层厚度

（1）潜水的主要特征

潜水含水层自外界获得水量的过程称补给。潜水通过包气带接受大气降水、地表水等补给，一般情况下潜水分布区与补给区一致。潜水的水位、水量和水质随季节不同而有明显的变化。在雨季，潜水补给充沛，潜水位上升，含水层厚度增大，埋藏深度变小；而枯水季节正好相反,所以潜水的动态具有明显的季节变化特征。

潜水由补给区流向排泄区的过程称径流。潜水在重力作用下,由水位高的地方向水位低的地方流。影响潜水径流的因素,主要是地形坡度、切割程度及含水层透水性。如果地面坡度大,地形切割较强烈、含水层透水性好,则径流条件较好,反之则差。

潜水含水层失去水量的过程称排泄。潜水的排泄通常有两种方式:一种是水平排泄,以泉的方式排泄或流入地表水等;另一种是垂直排泄,通过包气带蒸发进入大气,在干旱、半干旱地区,由于地下水的蒸发使地表土易于盐渍化。

潜水从补给到排泄是通过径流来完成的。因此,潜水的补给、径流和排泄组成了潜水运动的全过程。

(2)潜水等水位线图

在公路的设计和施工中,为了弄清楚潜水的分布状态,需要绘制潜水等水位线图,即潜水面等高线图,它是潜水面上高程相同的点连接而成的,如图5-3-4所示。

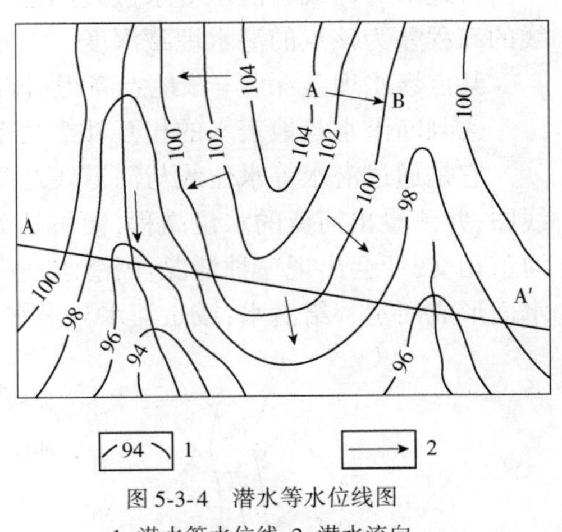

图5-3-4　潜水等水位线图

1-潜水等水位线;2-潜水流向

潜水等水位线图是以地形图为底图,根据工程要求的精度,在测绘区内布置一定数量的钻孔、试坑,或利用泉和井,测出每个水文点的潜水位高程,然后将这些点以相应的位置投影在地形图上,再把同高程的水文点用光滑曲线连接起来,就绘成了潜水等水位线图,如图5-3-5a)所示。同时也可以用剖面图的形式表示,即在地质剖面图的基础上,绘制出有关水文地质特征的资料。在水文地质剖面图上,潜水埋藏深度、含水层厚度、岩性及其变化、潜水面坡度、潜水与地表水的关系等都能清晰地表示出来,如图5-3-5b)所示。根据潜水等水位线图可以判读以下内容:

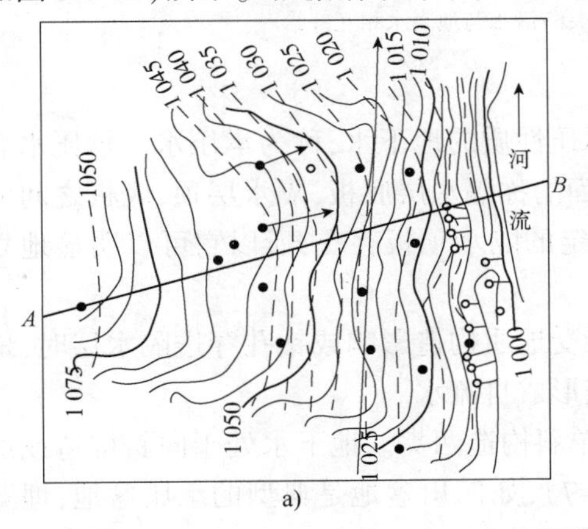

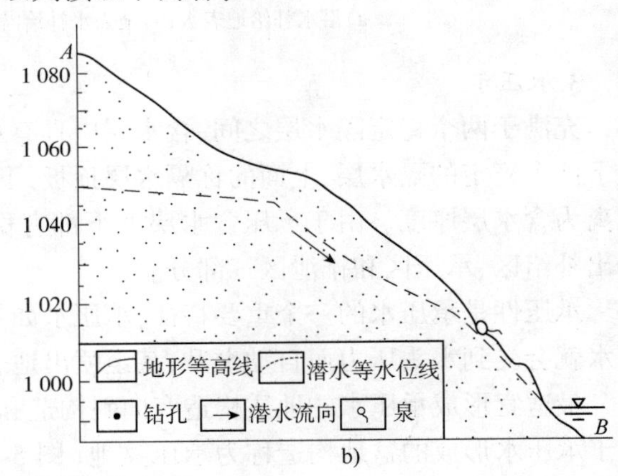

图5-3-5　某滑坡地区地形与潜水图

a)潜水等水位线图;b)地形与潜水剖面图

①确定潜水的流向

潜水在重力的作用下,始终沿着坡度最大的方向流动,即垂直等水位线的方向,由高水位流向低水位。在图中，由高水位线垂直指向低水位线，即为潜水的流向，如图 5-3-5a）中箭头所示。

②确定潜水的水力坡度

在潜水流向上，任取一线段，该线段距离内潜水位的高差与两者水平距离的比值为该线段距离内潜水面的平均坡度。

③确定潜水的埋藏深度

将地形等高线与潜水等水位线图绘于同一张图纸上，等水位线与地形等高线交点处二线的高程差为该点的潜水埋藏深度。

某点潜水埋藏深度＝该地点高程－该地点潜水面高程。

④判断潜水与地表水的相互补给关系

它是通过潜水等水位线与河道线之间的关系来分析的，即编制河流附近的潜水等水位线图，并测量出河流的水位高程，便可达到此目的。当河道切入潜水面以下时，等水位线与河道相交，便会出现三种情况：因潜水面高于河水面，形成潜水补给河水；或因潜水面低于河水面形成河水补给潜水；或是河水与潜水形成两侧互补的关系，如图 5-3-6 所示。

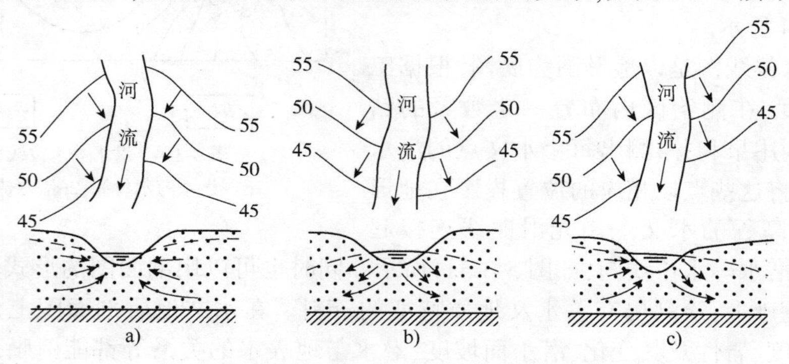

图 5-3-6　地下水与地表水的补给关系

a）潜水补给地表水；b）地表水补给潜水；c）潜水与地表水相互补给

3.承压水

充满于两个稳定隔水层之间、含水层中具有承压性质的地下水，称为承压水。承压水有上下两个稳定的隔水层，上面的称隔水层顶板，下面的称隔水层底板，隔水层顶、底板之间的距离为含水层厚度。由于承压含水层上下都有稳定的隔水顶板存在，所以它可以明显地划分出补给区、承压区和排泄区三部分。

承压性是承压水的一个重要特征，承压水如果受地质构造影响或钻孔穿透隔水层时，地下水就会受到水头压力而自动上升，甚至喷出地表形成自流水。

最适宜形成承压水的地质构造有向斜构造和单斜构造两类。地下水处于向斜构造或适宜于承压水形成的盆地构造称为承压盆地（图 5-3-7），如四川盆地是典型的承压盆地；埋藏有承压水的单斜构造称为承压斜地或自流斜地，承压斜地的形成可能是由于含水层岩性发生相变或尖灭，也可能是由于含水层被断层所切，如图 5-3-8 所示。

承压水与潜水相比具有以下特征：

（1）承压水的上部由于有连续隔水层的覆盖，大气降水和地表水不能直接补给整个含水层，只有在含水层直接出露的补给区，才能接受大气降水或地表水的补给，所以承压水的分布区和补给区是不一致的，一般补给区远小于分布区。

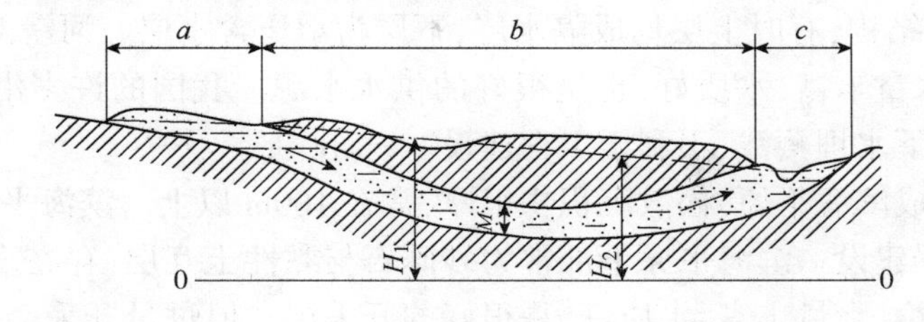

图 5-3-7 承压水盆地剖面图

a-承压水补给区；b-承压水承压区；c-承压水排泄区；M-承压水含水层厚度；H_1-正水头；H_2-负水头

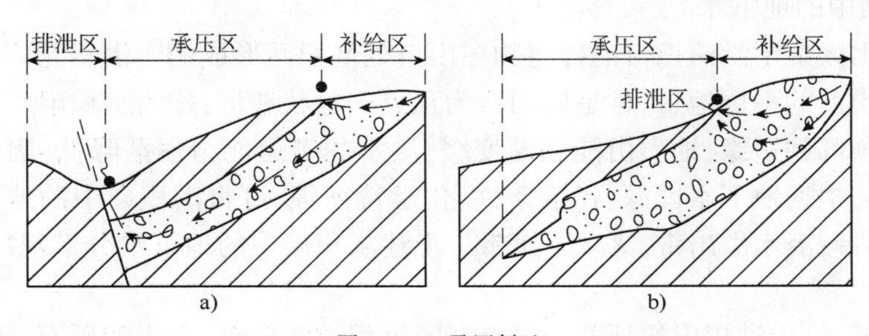

图 5-3-8 承压斜地

a）断层斜地；b）含水层尖灭构造斜地

（2）承压水由于具有水头压力，所以它的排泄可以由补给区流向地势较低处，或者由地势较低处向上流至排泄区，以泉的形式出露地表，或者通过补给该区的潜水或地表水而排泄。

（3）承压水的径流条件决定于地形、含水层透水性、地质构造及补给区与分布区的承压水位差。一般情况下，若承压水分布广、埋藏浅、厚度大、空隙率高，水量就比较丰富且稳定。

（4）承压水的动态比较稳定，水量变化不大，主要原因是承压水受隔水层的覆盖，所以它受气候及其他水文因素的影响较小，故其水质也较好。而潜水的水质变化较大，且易受到污染，对潜水的水源卫生更应注意保护。

在承压水地区开挖隧道、桥基时，应注意如果隔水层顶板的预留厚度不足时，会被承压水将隔水层顶板冲破成为“涌水”。在实际设计和施工时，应注意承压水的存在，预先做好防水工作和排水施工。

（二）地下水根据含水层空隙的性质分类

1.孔隙水

孔隙水主要分布于第四系各种不同成因类型的松散沉积物中。其主要特点是水量在空间分布上相对均匀，连续性好。它一般呈层状分布，同一含水层的孔隙水具有密切的水力联系，具有统一的地下水面。

（1）冲积物中的地下水

冲积物是河流沉积作用形成的。冲积物中地下水在埋藏、分布和水质、水量上的变化取决于冲积层的岩性、结构、厚度和构造上的变化。因此，它在河谷上、中、下游有很大差异。

河流上游冲积物中的地下水，河流上游峡谷内常形成砂砾、卵石层分布的河漫滩，厚度不大，由河水补给，水量丰富，水质好，是良好的含水层，可作供水水源。

河流中游河谷变宽，形成宽阔的河漫滩和阶地。河漫滩常沉积有上细（粉细砂、黏性土）下粗（砂砾）的二元结构，有时上层构成隔水层，下层为承压含水层。河漫滩和低阶地的含水层常由河水补给，水量丰富，水质好，也是很好的供水水源。我国的许多沿江城市多处于阶地、河漫滩之上，地下水埋藏浅，不利于工程建设。

河流下游常形成滨海平原，松散沉积物很厚，常在100m以上。滨海平原上部为潜水，埋深很浅，不利于工程建设。滨海平原下部常为砂砾石与黏性土互层，存在多层承压水。浅层承压水容易获得补给，水量丰富，水质好，是很好的开采层。但过量开采会引起地面沉降，同时，浅层承压水的水头压力威胁深基坑开挖和地下工程的施工。

（2）洪积物中的地下水

洪积物是山区集中洪流携带的碎屑物在山口处堆积而形成的。洪积物广泛分布于山间盆地的周缘和山前的平原地带，常呈以山口为顶点的扇状地形，称为洪积扇。

从洪积扇顶部到边缘，地形由陡逐渐变缓，洪水的搬运能力逐渐降低，因而沉积物颗粒由粗逐渐变细。根据地下水埋深、径流条件、化学特征等，可将洪积扇中的地下水大致分为三带：潜水深埋带；潜水溢出带；潜水下沉带。上述洪积层中的地下水分带规律，在我国北方具有典型性。

潜水深埋带：位于洪积扇的顶部，地形较陡，沉积物颗粒粗，多为卵砾石、粗砂，径流条件好，是良好的供水水源。

潜水溢出带：位于洪积扇中部，地形变缓，沉积物颗粒逐渐变细，由砂土变为粉砂、粉土，径流条件逐渐变差。上部为潜水，且埋深浅，常以泉或沼泽的形式溢出地表，下部为承压水。

潜水下沉带：处于洪积扇边缘与平原的交接处，地形平缓，沉积物为粉土、粉质黏土与黏土。潜水埋藏变深，因径流条件较差，矿化度高，水质也变差。

2.裂隙水

裂隙水是埋藏于基岩裂隙中的地下水，岩石裂隙的发育情况决定地下水的分布情况和能否富集等。

在裂隙发育的地方，含水丰富；在裂隙不发育的地方，含水甚少。所以在同一构造单元或同一地段内，含水性和富水性有很大变化，形成裂隙水聚集的不均一性。

裂隙，特别是构造裂隙的发育具有方向性，在某些方向上裂隙的张开程度连通性比较好，在这些方向上导水性强，水力联系好，常成为地下水径流的主要通道。在另一些方向上裂隙闭合，导水性差，水力联系也差，径流不通畅。所以裂隙岩石的导水性呈现出明显的各向异性。

根据埋藏条件，裂隙水可分为面状裂隙水、层状裂隙水和脉状裂隙水三种。

（1）面状裂隙水埋藏在各种基岩表层的风化裂隙中，又称为风化裂隙水。它储存在山区或丘陵区的基岩风化带中，一般在浅部发育。

（2）层状裂隙水是指埋藏在成层的脆性岩层（如砂岩）中；或在成岩裂隙和构造裂隙构成的层状裂隙中的地下水。其分布一般与岩层的分布一致，因而具有一定的成层性。层状裂隙水在不同的部位和不同的方向上，因裂隙的密度、张开程度和连通性有差异，其透水性和涌水量有较大的差别，具有不均一的特点。层状裂隙水的分布受岩层产状的控制，在岩层出露的浅部可形成潜水，在地下水深处埋藏在隔水层之间可形成承压水。层状裂隙水的水质受埋深控制,总矿化度也随深度的增加而增高。

(3)脉状裂隙水埋藏于构造裂隙中,其沿断裂带呈脉状分布,长度和深度远比宽度大,具有一定的方向性;可切穿不同时代、不同岩性的地层,并可通过不同的构造部位,因而导致含水带内地下水分布的不均一性;地下水的补给源较远,循环深度较大,水量、水位较稳定,有些地段具有承压性;脉状裂隙水水量一般比较丰富,常常是良好的供水水源,但对隧道工程往往造成危害,可能会发生突然涌水事故等。

3.岩溶水

储存和运动于可溶性岩石中的地下水称为岩溶水。岩溶水不仅是一种具有独特性质的地下水,同时也是一种地质营力。它在运动过程中,不断地与可溶性岩石发生作用,从而不断改变着自己的赋存和运动条件。

岩溶水与裂隙水的特征差别很大,其主要原因是由于它们的含水空间不同所造成的。岩溶水的特点,主要表现在以下三个方面:

(1)富水性在水平和垂直方向的变化显著

在岩溶体内存在着含水体和不含水体、强含水体和弱含水体、均匀含水体和集中渗流通道共存的特点。之所以形成这些特点是与岩溶发育程度、各种形态岩溶通道的方向性以及连通情况在不同方向上的差异有关。因此,在生产实践中,常常可以见到不同的地段,岩溶的富水差别很大,即使是同一地段,相距很近的两个钻孔,或者是同一钻孔不同的深度,富水性差别也很显著。

(2)水力联系的各向异性

当岩溶化岩层的某一个方向岩溶发育比较强烈,通道系统发育比较完善,水力联系好时,这个方向就成为岩溶水运动的主要方向;在另一些方向上,由于岩溶裂隙微小,或因通道系统被其他物质所堵塞,致使水流不畅,水力联系差。因此,在岩溶含水层不同的方向上,透水性能差别很大,出现水力联系各向异性的特点。

(3)动态变化显著

岩溶水的动态变化非常显著,尤其是岩溶潜水。其动态最显著的特点之一是变化幅度大,例如,水位的年变化幅度一般可达数十米,流量的变化幅度可达数十倍,甚至数百倍。动态的特点之二是对大气的反应灵敏,有的在雨后一昼夜甚至几小时就出现峰值等。

三、地下水的物理性质和化学成分

地下水在运动过程中与各种岩土相互作用,岩、土中的可溶物质随水迁移、聚集,使地下水成为一种复杂的溶液。

研究地下水的物理性质和化学成分,对于了解地下水的成因与动态,确定地下水对混凝土等的侵蚀性,进行各种用水的水质评价等,都有着实际的意义。

(一)地下水的物理性质

地下水的物理性质包括温度、颜色、透明度、气味、味道和导电性等。

地下水的温度变化范围很大,通常随埋藏深度不同而异,埋藏越深,水温越高。根据温度值可将地下水分为:过冷水(<0℃)、冷水(0~20℃)、温水(20~42℃)、热水(42~100℃)。

其中热水可作能源及医疗用。

地下水一般是无色、透明的，但是当水中含有某些元素或含有较多的悬浮物质时，便会带有各种颜色而显得浑浊。例如，含有三价氧化铁的水，多呈褐红色；含氧化亚铁的水呈浅蓝色；含腐殖质的水呈暗黄褐色；含悬浮物的水其颜色决定于悬浮物的颜色。

地下水多是透明的，但当其中含有矿物质、有机质及胶体悬浮物时，则地下水的透明度有所改变。一般将地下水的透明程度分为四级：①透明的；②微浑浊的；③浑浊的；④极浑浊的。

地下水一般无臭无味，但当其中含有某种气体和有机质时，便产生一定的气味。如含有硫化氢气体时，水便有臭鸡蛋味；含有机质时，便有鱼腥气味。

地下水的味道主要取决于水中的化学成分和气体。含氯化钠较多，则具咸味；含钠、镁的硫酸盐较多，则具苦味；含较多的二氧化碳，则味美可口；含有机质多，则具甜味。

地下水具有导电性，它的导电性强弱主要取决于所含电解质的数量和性质。

（二）地下水的化学成分

地下水中常见气体有 O_2、N_2、H_2S 和 CO_2 等。一般情况下，地下水中气体含量不高，但是，气体分子能够很好地反映地球化学环境。

地下水中分布最广、含量较多的离子共七种，即 Cl^-、SO_4^{2-}、HCO_3^-、Na^+、K^+、Ca^{2+}、Mg^{2+}。地下水矿化类型不同，地下水中占主要地位的离子或分子也随之发生变化。

地下水的化合物有 Fe_2O_3、Al_2O_3、H_2SiO_3 等。

在工程建设中进行地下水的水质评价时，以下成分具有最重要的意义。

1.地下水的矿化度

水中所含离子、分子及化合物的总量称为水的总矿化度，以 g/L 表示。低矿化度的水常以 HCO_3^- 为主；中等矿化度的水常以 SO_4^{2-} 为主；高矿化度的水以 Cl^- 为主。根据矿化度的高低将水分为五类，见表 5-3-1。高矿化度的水能降低水泥混凝土的强度，腐蚀钢筋，故拌和混凝土时不允许用高矿化度的水。

水按矿化度的分类

表 5-3-1

水的类别	淡　水	微咸水（低矿化水）	咸水（中等矿化水）	盐水（高矿化水）	卤　水
矿化度（g/L）	<1	1~3	3~10	10~50	>50

2.地下水的 pH 值

pH 值表示水的酸碱度，pH 值<5，为强酸性水；pH 值=5~7，为弱酸性水；pH 值=7，为中性水；pH 值=7~9，为弱碱性水；pH 值>9，为强碱性水。自然界中大多数地下水的 pH 值在 6.5~8.5 之间。

3.水的硬度

水的硬度按水中 Ca^{2+}、Mg^{2+} 的含量多少可分为以下三种情况：

（1）总硬度：指未煮沸时 Ca^{2+}、Mg^{2+} 的总含量。

（2）暂时硬度：指煮沸时水中一部分 Ca^{2+}、Mg^{2+} 因失去 CO_2 生成沉淀碳酸盐而使水失去的 Ca^{2+}、Mg^{2+} 数量。

（3）永久硬度：指经煮沸后仍留在水中的 Ca^{2+}、Mg^{2+} 含量，也即总硬度与暂时硬度之差。

根据硬度的大小，将地下水分为五类，见表5-3-2。

水按硬度分类 表5-3-2

水的类别		极软水	软水	微硬水	硬水	极硬水
硬度	Ca^{2+}、Mg^{2+}的物质的量	$<1.5\times10^{-3}$	$1.5\times10^{-3}\sim3.0\times10^{-3}$	$3.0\times10^{-3}\sim6.0\times10^{-3}$	$6.0\times10^{-3}\sim9.0\times10^{-3}$	$>9.0\times10^{-3}$
	德国度	<4.2	4.2~8.4	8.4~16.8	16.8~25.2	>25.2

注：德国度，每度相当于1L水中含有10mg的CaO或7.2mg的MgO；1mg当量的硬度=2.8德国度。

水的矿化度、pH值、硬度对水泥混凝土的强度有影响。另外，水中侵蚀性CO_2、SO_4^{2-}、Mg^{2+}的含量也影响着地下水对混凝土等的侵蚀性。

四、地下水对公路建设的影响

地下水的存在，对建筑工程有着不可忽视的影响。尤其是地下水位的变化，水的侵蚀性和流沙、潜蚀（管涌）等不良地质作用，都将对建筑工程的稳定性、施工及正常使用产生很大的影响。

1.地基沉降

地下水位下降，往往会引起地表塌陷、地面沉降等。对建筑物本身而言，在基础底面以下压缩层内，随着地下水位下降，岩土的自重压力增加，可能引起地基基础的附加沉降。如果土质不均匀或地下水位突然下降，也可能使建筑物产生变形破坏。

通常地下水位的变化是由于施工中抽水和排水引起的，若在松散第四纪沉积层中进行深基础施工时，往往需要采用抽水的办法人工降低地下水位。若降水不当，会使周围地基土层产生固结沉降，轻者造成邻近建筑物或地下管线的不均匀沉降；重者使建筑物基础下的土体颗粒流失或掏空，导致建筑物开裂和危及安全等。因此，在施工场地应注意抽水和排水对工程的影响。

2.地下水的侵蚀性

地下水侵蚀性的影响主要体现为水对混凝土、可溶性石材、管道以及金属材料的侵蚀危害。土木工程建筑物，如桥梁基础、地下洞室衬砌和边坡支挡建筑物等，都要长期与地下水相接触，地下水中各种化学成分与建筑物中的混凝土、钢筋等产生化学反应，使其中某些物质被溶蚀，强度降低，从而影响建筑物的稳定性。

3.流沙和潜蚀（管涌）

在饱和的砂性土层中施工，由于地下水水力状态的改变，使土颗粒之间的有效应力等于零，土颗粒悬浮于水中，随水一起流出的现象称为流沙。

流沙是一种不良地质现象。在建筑物深基础工程和地下建筑工程的施工中，轻微流沙将增加施工区域的泥泞程度；严重流沙有时会像开水初沸时的翻泡，此时施工基坑底部成为流动状态，给施工带来很大困难，致使地表塌陷或建筑物的地基破坏，甚至影响邻近建筑物的安全。

如果地下水渗流水力坡度小于临界水力坡度，那么虽然不会产生流沙现象，但是土中细小颗粒仍有可能穿过粗颗粒之间的孔隙被渗流带走。其后果是使地基土的强度受到破坏，形成空洞，致使地表塌陷，破坏建筑场地的稳定。我们将这种现象称为机械潜蚀（管涌）。

4.地下水的浮托作用

当建筑物基础底面位于地下水位以下时，地下水对其将产生浮力作用。如果建筑物基础位于透水性强的岩土层，比如粉性土、砂性土、碎石土和节理发育的岩石地基，则按地下水100%计算浮托力；如果基础位于节理不发育的岩石地基上，则按地下水50%计算浮托力；如果基础位于黏性土地基上，其浮托力较难准确地确定，应结合地区的实际经验考虑。

5.地下水的基坑涌水

地下水的不良地质作用中还有一个应尤其引起注意的是基坑涌水现象。这种现象发生在建筑物基坑下有承压水时，开挖基坑会减小基坑底下承压水上部的隔水层厚度，减小过多会使承压水的水头压力冲破基坑底板形成涌水现象。涌水会冲毁基坑，破坏地基，给工程带来损失。

本单元小结

水既是一种人类生活和生产不可缺少的重要资源，水又通过自然界的循环产生巨大的地质作用动力，不断地促使地表形态和地表物质的物理性质和化学成分发生变化。本单元主要介绍了地下水的地质作用。

1.地下水按照埋藏条件可分为包气带水、潜水和承压水。按含水介质类型分为孔隙水、裂隙水和岩溶水。

潜水具有无压、埋藏浅、补给容易、循环快、季节变化明显、易受污染等特点；承压水具有静水压力，补给区小于承压区，水位、水量、水质和水温等受气象水文因素的影响较小，水质不易受污染等特点。

2.工程建设中，地下水常带来不良影响，如地下水流动造成的流沙和管涌渗透破坏、水对地下结构的浮力、基坑承压水突涌、建筑材料腐蚀等，因此必须查明建筑地区的水文地质条件。

单元4 地 貌

教学过程设计

教学过程	课 堂 活 动	时间	方法手段	资 源
引入	视频	5min	1.多媒体讲授； 2.图板展示； 3.分组讨论； 4.学生互评	1.图板； 2.学习手册； 3.板书； 4.PPT； 5.视频
教学过程组织	1.请书写并记忆学习手册中知识评价内容。 2.认识地貌的形成与发展。 3.认识山地地貌的类型。 4.分析垭口、山坡的类型及工程地质条件。 5.认识平原地貌的类型和特点。 6.学生活动——公路地貌选线。 (1)学生每7~8人一组，共分4组； (2)每组分析并提交地貌选线线位； (3)交换结果； (4)每组选一个代表向全班作汇报； (5)小组互评； (6)教师讲评。 7.学生活动——分析东北平原特点与公路布线关系。 (1)学生每7~8人一组，共分4组； (2)每组分析平原地貌的特征； (3)教师提问并总结。 8.总结	10min 5min 5min 20min 10min 20min 10min 5min		

由于内、外力地质作用的长期进行,在地壳表面形成的各种不同成因、不同类型、不同规模的起伏形态,称为地貌。地貌不同于地形,地形是指地球表面起伏形态的外部特征,地貌学是专门研究地壳表面各种起伏形态的形成、发展和空间分布规律的科学。

地貌条件与公路工程建设有着密切的关系,公路是建筑在地壳表面的线形建筑物,它常常穿越不同的地貌单元,在公路勘测设计、桥隧位置选择等方面,经常会遇到各种不同的地貌问题。因此,地貌条件便成为评价公路工程地质条件的重要内容之一。为了处理好公路工程与地貌条件之间的关系,提高公路的勘测设计质量,必须学习和掌握一定的地貌知识。

一、地貌概述

(一)地貌的形成和发展

多种多样的地貌形态主要是内、外力地质作用造成的。内力地质作用形成了地壳表面的基本起伏,对地貌的形成和发展起着决定性的作用。内力地质作用是指地壳的构造运动和岩浆活动,特别是构造运动,它不仅使地壳岩层受到强烈的挤压、拉伸或扭动,形成一系列褶皱带和断裂带,而且还在地壳表面造成大规模的隆起区和沉降区,使地表变得高低不平,隆起区将形成大陆、高原、山岭,沉降区就形成了海洋、平原、盆地。此外,地下岩浆的喷发活动,对地貌的形成和发展也有一定的影响。裂隙喷发形成的熔岩盖,覆盖面积可达数百以至数十万平方千米,厚度可达数百到数千米。内力地质作用不仅形成了地壳表面的起伏形态,而且还对外力地质作用的条件、方式和过程产生深刻的影响,如地壳上升,侵蚀、搬运等作用增强,堆积作用变弱;地壳下降,则堆积作用增强,侵蚀、搬运等作用变弱。不仅河流的侵蚀、搬运和堆积作用如此,其他外力地质作用,如暂时性流水、地下水、湖、海、冰川等的地质作用亦是如此。

外力地质作用则对内力地质作用所形成的基本地貌形态,不断地雕塑、加工,使之复杂化。外力地质作用的结果,总是不断地进行着剥蚀破坏,同时把破坏了的碎屑物质搬运堆积到由内力地质作用所造成的低地和海洋中去。因此,外力地质作用的总趋势是:削高补低,力图将地表夷平。但内力地质作用不断造成地表的上升或下降会不断地改变地壳已有的平衡,从而引起各种外力地质作用的加剧;当外力地质作用把地表夷平后,也会改变地壳已有的平衡,从而又为内力地质作用产生新的地面起伏提供条件。

可见,地貌的形成和发展是内外力地质作用不断斗争的结果。由于内、外力地质作用始终处于对立统一的发展过程之中,因而在地壳表面便形成了各种各样的地貌形态。

(二)地貌的分级与分类

1.地貌基本要素

地貌基本要素包括地形面、地形线和地形点。它们是地貌形态的最简单的几何组分,决定了地貌的形态特征。

(1)地形面

如山坡面、山顶面和平原面等,它们可以是平面,也可以是曲面或波状面。

(2)地形线

两个地形面相交构成地形线。地形线可以是直线,可以是曲线或折线,比如分水线等。

(3)地形点

地形点即两条地形线的交点,或由孤立的微地形体构成地形点。例如山脊线相交构成山峰点等。

2.地貌形态测量特征

反映地貌形态的数量特征,即地貌形态测量特征。主要的形态测量特征有高度、坡度和地面切割程度等,这些数值必须在野外实际测定。

3.地貌的分级

不同等级的地貌其成因不同,形成的主导因素也不同,地貌等级一般划分为下列五级。

(1)星体地貌:是把地球作为一个整体来研究,反映地球形体的总特征。

(2)巨型地貌:如大陆与海洋,大的内海及大的山系。巨型地貌几乎完全是由内力作用形成的,所以又称为大地构造地貌。

(3)大型地貌:如山脉、高原、山间盆地等,基本上也是由内力作用形成的。

(4)中型地貌:大型地貌内的次一级地貌,如河谷以及河谷之间的分水岭等,主要是由外力作用造成的。内力作用产生的基本构造形态是中型地貌形成和发展的基础,而地貌的外部形态则决定于外力作用的特点。

(5)小型地貌:是中型地貌的各个组成部分,如残丘、阶地、沙丘、小的侵蚀沟等。小型地貌的形态特征,主要取决于外力地质作用,并受岩性的影响。

4.地貌的分类

(1)地貌的形态分类

地貌的形态分类即按地貌的绝对高度、相对高度以及地面的平均坡度等形态特征进行分类。表 5-4-1 是山地和平原的一种常见的分类方案。

地貌的形态分类　　表 5-4-1

形态类别		绝对高度(m)	相对高度(m)	平均坡度(°)	举　例
山地	高山	>3 500	>1 000	>25	喜马拉雅山
	中山	1 000~3 500	500~1 000	10~25	庐山、大别山
	低山	500~1 000	200~500	5~10	川东平行岭谷
	丘陵	<500	<200		闽东沿海丘陵
平原	高原	>600	>200		青藏高原、内蒙古高原、黄土高原、云贵高原
	高平原	>200			成都平原
	低平原	0~200			东北平原、华北平原、长江中下游平原
	洼地	低于海平面高度			吐鲁番盆地

(2)地貌的成因分类

目前还没有公认的地貌成因分类方案。根据公路工程的特点,在此只介绍以地貌形成的主导因素作为分类基础的方案,可分为内生地貌和外生地貌两大类。再根据内、外力地质作用的不同,将两大类地貌分为若干类型,如表 5-4-2 所示。

地貌的成因分类 表 5-4-2

地貌类型		成因类型	地貌形态举例
内生地貌	构造地貌	由构造运动所形成的地貌	单面山、断块山、构造平原等
	火山地貌	由火山喷发作用所形成的地貌	火山锥、熔岩盖等
外生地貌	流水地貌	由地表流水所塑造的地貌	冲沟、河谷阶地、洪积扇等
	岩溶地貌	由地下水、地表水溶蚀作用所形成的地貌	石林、溶洞等
	冰川地貌	冰川的地质作用所形成的地貌	冰斗、角峰等
	风沙地貌	风的地质作用所形成的地貌	风蚀谷、沙丘等
	重力地貌	不稳定的岩土体在重力作用下形成的地貌	崩塌、滑坡等

各种地貌类型众多，其他单元已有所涉及，这里主要介绍与公路工程关系密切的山地地貌，并简要介绍平原地貌。

二、山地地貌

（一）山地地貌的形态要素

山地地貌的特点是它具有山顶、山坡、山脚等明显的形态要素。

山顶是山岭地貌的最高部分。山顶呈长条状延伸时叫山脊，山脊高程较低的鞍部称为垭口。山顶的形状与岩性和地质构造等条件有着密切关系。一般来说，山体岩性坚硬，岩层倾斜或因受冰川的刨蚀，多呈尖顶，如图 5-4-1a）所示；在气候湿热、风化作用强烈的花岗岩及其他松软岩石分布地区，多呈圆顶，如图 5-4-1b）所示；在水平岩层或古夷平面分布地区，则多呈平顶，如图 5-4-1c）所示。

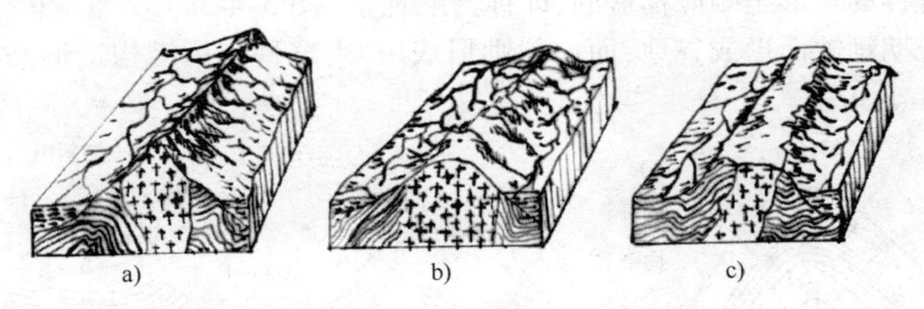

图 5-4-1 山顶的形态

a）尖顶；b）圆顶；c）平顶

山坡是山地地貌的重要组成部分。山坡有直线形、凹形、凸形以及复合形等各种类型，这取决于新构造运动、岩性、岩体结构以及坡面剥蚀和堆积的演化过程等因素。

山脚是山坡与周围平地的交接处。山脚地貌带通常有一个起着缓坡作用的过渡地带（图 5-4-2），它主要由一些坡积裙、冲积扇、洪积扇以及岩堆、滑坡堆积体等流水堆积地貌和重力堆积地貌组成。

图 5-4-2 山脚缓坡过渡地带

（二）山地地貌的类型

1.形态分类

山地地貌最突出的特点，是具有一定的海拔高度、相对高度和坡度，故其形态分类一般多是根据这些特点进行划分的（表5-4-1）。

2.成因分类

根据前面所讲的地貌成因分类方案，山地地貌的成因类型可划分如下：

（1）构造变动形成的山地

①单面山

单面山指由单斜岩层构成的沿岩层走向延伸的一种山地。单面山的两坡一般不对称，与岩层倾向相反的一坡短而陡，称为前坡，它多是由外力的剥蚀作用所形成；与岩层倾向一致的一坡长而缓，称后坡。若岩层倾角超过40°，则两坡的坡度和长度均相差不大，其所形成的山岭外形很像猪背，所以又称猪背岭。

单面山的前坡，由于地形陡峻，若岩层裂隙发育，风化强烈，则易发生崩塌，且其坡脚常分布有较厚的坡积物和倒石堆，稳定性差，故对布设线路不利。后坡由于山坡平缓，坡积物较薄，所以常是布设线路的理想部位。但在岩层倾角大的后坡上深挖路堑时，应注意边坡的稳定问题。因为开挖路堑后与岩层倾向一致的一侧，会因坡脚开挖而失去支撑，尤其是当地下水沿着其中的软弱岩层渗透时，易产生顺层滑坡。

②褶皱山

褶皱山是由褶皱岩层所构成的一种山地。在褶皱形成的初期，往往是背斜形成高地，向斜形成凹地，这样的地形是顺应构造的，即称为顺地形[图5-4-3a)]。但随外力作用的不断进行，背斜因长期剥蚀而形成谷地，而向斜则形成山岭，这种与褶皱构造形态相反的地形称为逆地形[图5-4-3b)]。

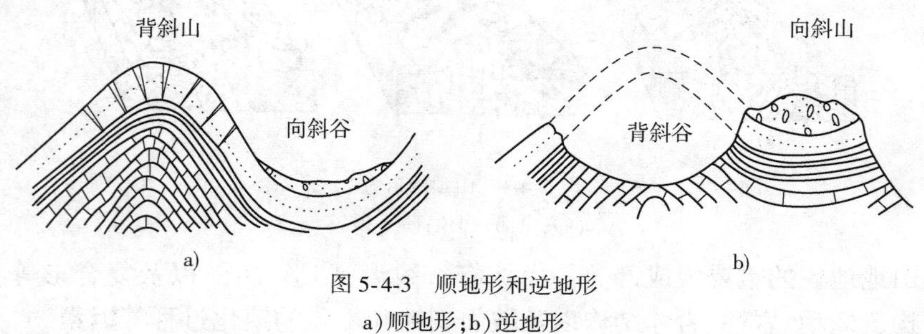

图5-4-3　顺地形和逆地形

a)顺地形；b)逆地形

③断块山

断块山是由断裂变动所形成的山地。它可能只在一侧有断裂，也可能两侧均由断裂所控制，如图5-4-4所示。

④褶皱断块山

上述山地都是由单一的构造形态所形成，但在更多情况下，山地常常是由它们的组合形态所构成，由褶皱和断裂构造的组合形态构成的山地，称为褶皱断块山。

（2）火山作用形成的山地

火山作用形成的山地，常见有锥状火山和盾状火山。锥状火山是多次火山活动造成的，其熔岩黏性较大，流动性小，冷却后便在火山口附近形成坡度较大的锥状外形。盾状火山则是由黏性较小、流动性大的熔岩冷凝形成，所以其外形呈基部较大、坡度较小的盾状。如日本的富士山就是锥状火山，高达 3 758m；大同的马蹄山为盾状火山等。

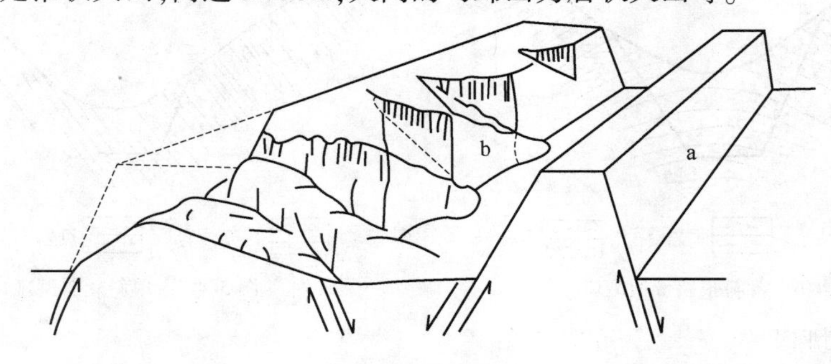

图 5-4-4　断块山

a-断层面；b-断层三角面

(3)剥蚀作用形成的山地

在山体地质构造的基础上，经长期外力(流水、冰川、岩溶等)剥蚀作用形成了山地。因此这类山地的形态特征主要决定于山体的岩性、外力的性质以及剥蚀作用的强度和规模。如地表流水侵蚀作用所形成的河间分水岭；冰川刨蚀作用所形成的刃脊、角峰；地下水溶蚀作用所形成的峰丛、石林等。

(三)垭口与山坡

在山区公路勘测中，常遇到选择过岭垭口和展线山坡的问题，在此专门对它们进行一些讨论。

1.垭口

山岭垭口是在山地地质构造的基础上经外力剥蚀作用而形成的。山地的岩性、地质构造和外力作用的性质、强度决定了垭口的特点及其工程地质条件。根据垭口形成的主导因素，可以将垭口归纳为三种基本类型。

(1)构造型垭口

构造型垭口是由构造破碎带或软弱岩层经外力剥蚀作用而形成的，常见的有下列三种。

①断层破碎带型垭口(图 5-4-5)

该垭口的工程地质条件较差，由于岩体破碎严重，不宜采用隧道方案，如采用路堑，也需控制开挖深度或考虑边坡防护，以防止边坡发生崩塌。

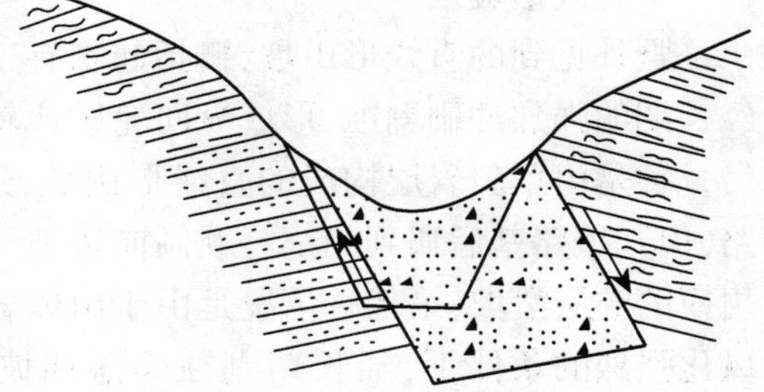

图 5-4-5　断层破碎带型垭口

②背斜张裂带型垭口(图 5-4-6)

这种垭口虽然构造裂隙发育，岩层破碎，但工程地质条件较断层破碎带型为好，这是因为两侧岩层外倾，有利于排除地下水，有利于边坡稳定，一般可采用较陡的边坡坡度。

③单斜软弱层型垭口(图 5-4-7)

该垭口主要由页岩、千枚岩等易于风化的软弱岩层构成。两侧边坡多不对称，一坡岩层外倾可略陡一些。由于岩性松软，风化严重，稳定性差，所以不宜深挖，否则须放缓边坡并采取防护措施。

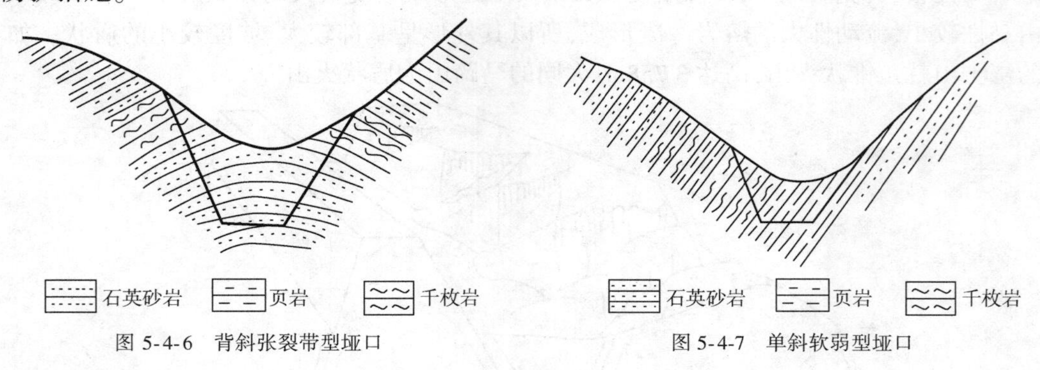

图 5-4-6　背斜张裂带型垭口　　　　图 5-4-7　单斜软弱型垭口

(2)剥蚀型垭口

剥蚀型垭口是以外力强烈剥蚀为主导因素所形成的垭口,其形态特征与山体地质结构无明显联系。其特点是松散覆盖层很薄,基岩多半裸露。垭口的肥瘦和形态特点主要取决于岩性、气候以及外力的切割程度等因素。由灰岩等构成的溶蚀型垭口也属此类,在开挖路堑或隧道时需注意溶洞等的不利影响。

(3)剥蚀—堆积型垭口

该型垭口是在山体地质结构的基础上,以剥蚀和堆积作用为主导因素所形成的垭口。其开挖后的稳定条件主要决定于堆积层的地质特征和水文地质条件。这类垭口外形浑缓,垭口宽厚,松散堆积层的厚度较大,有时还发育有湿地或高地沼泽,水文地质条件较差,故不宜降低过岭高程,通常多以低填或浅挖的断面形式通过。

2. 山坡

山坡是组成山地的三要素之一,不论越岭线还是山坡线,路线的绝大部分都设在山坡或靠近岭顶的斜坡上。所以,在路线勘测中总是把越岭垭口和展线山坡作为一个整体来考虑。

山坡的外形包括山坡的高度、坡度及纵向轮廓等。山坡的外部形态是各种各样的,根据山坡的纵向轮廓和山坡的坡度,将山坡简略地概括为下面几种类型。

(1)按山坡的形状轮廓分类

①直线形坡

野外见到的直线形山坡,概括起来有三种情况,如图 5-4-8 所示,一种是山坡岩性单一,经长期的强烈冲刷剥蚀,形成纵向轮廓比较均匀的直线形山坡,此山坡的稳定性一般较高;另一种是由单斜岩层构成的直线形山坡,这种山坡在讲单面山时曾指出过,有利于布设线路,但开挖路基后遇到的都是顺倾向边坡,在不利的岩性和水文地质条件下,很容易发生大规模的顺层滑坡;第三种情况是由于山体岩性松软或岩体相当破碎,在气候干燥寒冷,物理风化强烈的条件下,经长期剥蚀碎落和坡面堆积而形成的直线形山坡,这种山坡稳定性最差。

②凸形坡

这种山坡上缓下陡,坡度渐增,下部甚至呈直立状态,坡脚界线明显。这类山坡是由于新构造运动加速上升,河流强烈下切所造成。其稳定条件主要决定于岩体结构,一旦发生坡体变形破坏,则会形成大规模的崩塌或滑坡。

③凹形坡

这种山坡上陡下缓,下部急剧变缓,坡脚界线很不明显,山坡的凹形曲线可能是新构造运动的减速上升所造成,也可能是山坡上部的破坏作用与山麓风化产物的堆积作用相结合的结果。而凹形坡面往往就是古滑坡的滑动面或崩塌体的依附面。经有关资料统计,凹形山坡在各种山坡地貌形态中是稳定性较差的一种。

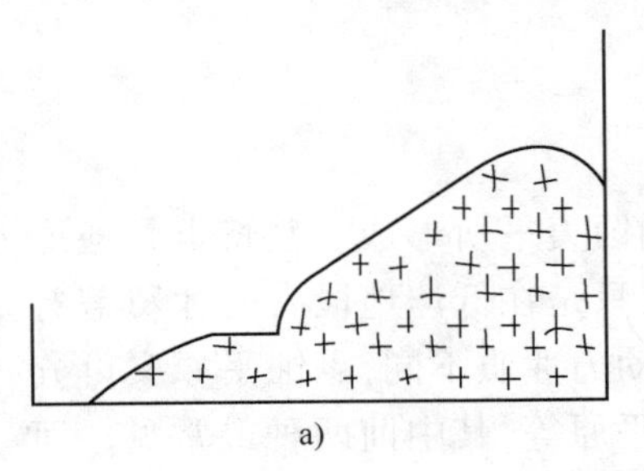

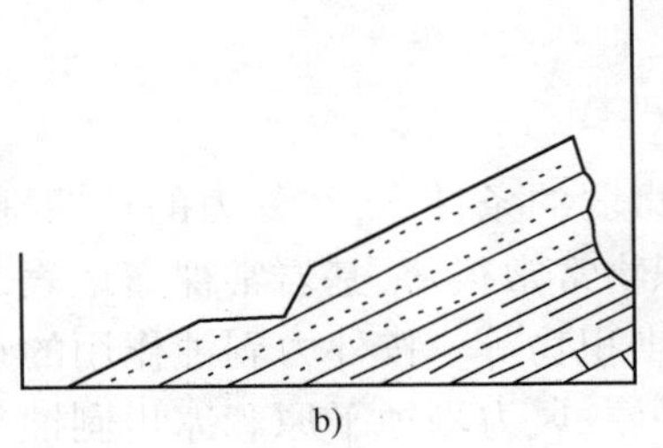

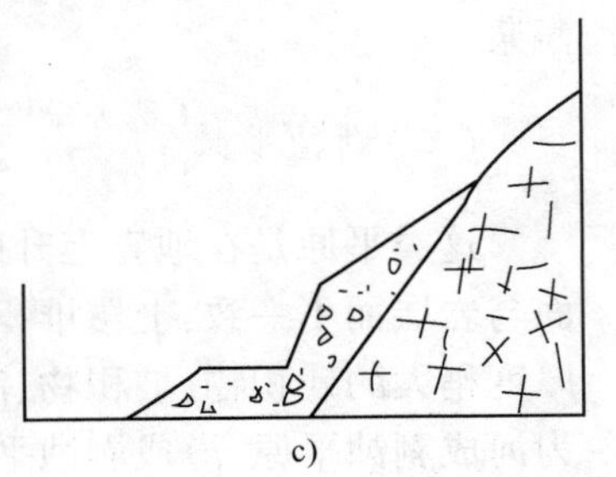

图 5-4-8 几种直线形山坡示意图

a)岩性均一;b)单斜构造;c)破碎堆积

④阶梯形坡

阶梯形坡有三种不同的情况。一种是由软硬不同的水平岩层或微倾斜岩层组成的基岩山坡,由于软硬岩层的差异风化而形成阶梯状的山坡外形,这种山坡的稳定性一般比较高。另一种是由于山坡曾经发生过大规模的滑坡变形,由滑坡台阶组成的次生阶梯状斜坡,这种斜坡多存在于山坡的中下部,如果坡脚受到强烈冲刷或不合理的切坡,或者受到地震的影响,可能引起古滑坡复活,威胁建筑物的稳定。第三种是由河流阶地组成的,其工程地质性质在河流地质作用中已经介绍过,这里不再重述。

(2)按山坡的纵向坡度分类

按山坡的纵向坡度,坡度小于15°的为微坡,介于16°~30°之间的为缓坡,介于31°~70°的为陡坡,山坡坡度大于70°的为垂直坡。

从路线角度来讲,山坡稳定性高,坡度平缓,对布设路线是有利的。特别对越岭线的展线山坡,坡度平缓不仅便于展线回头,而且可以拉大上下线间的水平距离,既有利于路基稳定,又可减少施工时的干扰。但平缓山坡特别是在山坡的一些坳洼部分,一则通常有厚度较大的坡积物和其他重力堆积物分布,再则坡面径流易在这里汇聚,当这些堆积物与下伏基岩的接触面因开挖而被揭露后,遇到不良水文情况,很容易引起堆积物沿基岩顶面发生滑动。

三、平原地貌

平原也是大型地貌的基本形态之一,与大地构造单元紧密相关。它是在地壳升降运动微弱或长期稳定的条件下,经长期外力作用的夷平或补偿沉积而形成的。其特点是:地势开阔平缓,地面起伏不大。

按高程,平原可分为高原、高平原、低平原和洼地,见表5-4-1。

按成因,平原可分为构造平原、剥蚀平原和堆积平原。

(一)构造平原

此类平原主要是由地壳构造运动所形成,其特点是地形面与岩层面一致,堆积物厚度不大。构造平原又分为海成平原和大陆拗曲平原，前者是由地壳缓慢上升、海水不断后退所形成，其地形面与岩层面一致，上覆堆积物多为泥沙和淤泥，并与下伏基岩一起微向海洋倾斜；后者是由地壳沉降使岩层发生拗曲所形成，岩层倾角较大，平原面呈凹状或凸状，其上覆堆积物多与下伏基岩有关。由于基岩埋藏不深，所以构造平原的地下水一般埋藏较浅。在干旱或半干旱地区，若排水不畅，易形成盐渍化，在多雨的冰冻地区则易造成道路的冻胀和翻浆。

（二）剥蚀平原

这类平原是在地壳上升微弱的条件下，经外力的长期剥蚀夷平所形成。其特点是地形面与岩层面不一致，上覆堆积物常常很薄，基岩常裸露地表，只是在低洼地段有时才覆盖有厚度稍大的残积物、坡积物、洪积物等。按外力剥蚀作用的动力性质不同，剥蚀平原又可分为河成剥蚀平原、海成剥蚀平原、风力剥蚀平原和冰川剥蚀平原等，其中前两种最常见。河成剥蚀平原是由河流长期侵蚀作用所造成的侵蚀平原，也称准平原，其地形起伏较大，并向河流上游逐渐升高，有时在一些地方则保留有残丘，如山东泰山外围的平原。海成剥蚀平原是由海洋的海蚀作用所造成，其地形一般极为平缓，微向现代海平面倾斜。

（三）堆积平原

这类平原是由于地壳长期缓慢而稳定的下降运动，使地面不断地接受了各种不同成因的堆积物，补偿了下沉而形成的。实质上，堆积平原是局部地壳下降运动和堆积作用的综合产物。由于堆积作用占优势，所以地形开阔平缓，起伏不大，往往分布着厚度很大的松散堆积物。如华北平原和成都平原为洪积、冲积及冰水沉积等作用形成的复合式堆积平原。

堆积平原按堆积物成因不同，可将堆积平原分为：洪积平原、冲积平原、湖积平原、海积平原、风积平原和冰碛平原等。现就流水地质作用的冲积、洪积和淤积等堆积平原作简要介绍。

1.河流冲积平原

河流冲积平原是由河流改道及多条河流共同沉积所形成。它大多分布于河流的中、下游地带，因为这些地带河床往往很宽，堆积作用很强，且地面平坦，排水不畅。每当雨季，洪水易于泛滥，其所挟带的大量碎屑物质便堆积在河床两岸，形成天然堤。当河水继续向河床以外广大面积淹没时，流速锐减，堆积面积越来越大，堆积物也逐渐变细，久而久之，便形成了广阔的冲积平原。

冲积平原的冲积层厚度大，一般可达几十米，有的可达数百米，如长江中下游冲积层达300m以上。

河流冲积平原地形开阔平坦，为工程建设提供了良好条件，对公路选线十分有利。但其下伏基岩往往埋藏较深，第四纪堆积物很厚；且地下水一般埋藏较浅，地基土的承载力较低，在冰冻潮湿地区，道路的冻胀翻浆问题比较突出。还应注意，为避免洪水淹没，路线应设在地形较高处，而在淤泥层分布地段，还应注意其对路基、桥基的强度和稳定性的影响。

2.山前洪积冲积平原

其成因及洪积冲积特征，在本模块第二单元中已经详细介绍，这里不再重复。

3.湖积平原

湖积平原是由河流注入湖泊时,将所挟带的泥沙堆积于湖底使湖底逐渐淤高,湖水溢出后干涸所形成,地形十分平坦。湖积平原的堆积物,由于是在静水条件下形成的,因此淤泥和泥炭的含量较多,其总厚度一般也较大。其中往往夹有多层呈水平层理的薄层细砂或黏土,很少见到圆砾或卵石,且土颗粒由湖岸向湖心逐渐由粗变细。

湖泊平原地下水一般埋置较浅。其沉积物由于富含淤泥和泥炭,常具可塑性和流动性,孔隙度大,压缩性高,所以承载力很低。

4.三角洲平原

在河流入海的河口地区,河流所挟带的碎屑、泥沙、淤泥等大量堆积而形成的平原,称为三角洲平原。泥沙在河口堆积,先形成一个个的沙滩,然后逐渐露出水面,称为沙洲,各个沙洲缓慢连成一片,成为三角形平地,并继续向外扩大。我国的长江三角洲就是这样形成的,其至今还在向海洋延伸。此种沉积物含水率高,承载力低。

本单元小结

地貌是由于内、外力地质作用的长期进行,在地壳表面形成的各种不同成因、不同类型、不同规模的起伏形态。在不同的地貌单元布设路线时,需要重点调查其形成原因和地貌形态特点,才能对其工程地质条件作出正确的评价。

1.山地地貌具有山顶、山坡、山脚等明显的形态要素。在山区公路勘测中,常遇到选择过岭垭口和展线山坡的问题,对于越岭的公路路线,若能寻找到合适的垭口,可以降低公路高程和减少展线工程量。山坡形态对越岭公路线的展布影响也很大,山体稳定性高、坡度平缓的山坡,不仅便于展线回头,而且可以拉大上下线间的水平距离,既有利于路基稳定,又可减少施工时的干扰。

2.平原地貌按成因可分为构造平原、剥蚀平原和堆积平原。平原地貌一般工程地质条件比较好,对公路建设而言,关注的重点是路基的最小高度和水文地质条件。

模块六 不良地质与特殊土

模块导入

地壳上部岩土体经受内、外动力地质作用和人类工程活动的影响而发生变化，这些变化又影响着原有宏观地质、地貌和地形条件的改变，由地球的内外营力造成的对工程建设具有危害性的地质作用或现象称为不良地质现象，如崩塌、滑坡、泥石流、岩溶和地震等。

在公路建设中，经常会遇到各种各样的不良地质地区（地段）与特殊岩土区域。它们给路线的合理布局、工程设计和施工带来困难，尤其是像大型高速滑坡和灾害性泥石流，规模大、突发性强、破坏力大，是重大的地质灾害，它们甚至给工程建筑物的稳定和正常运行造成严重危害。

学习目标

【能力目标】　在野外能识别常见如崩塌、滑坡、泥石流等不良地质现象和特殊岩土；且能够根据不良地质与特殊岩土的不同类型、危害进行初步的公路地质选线，并提出相应的防治措施。

【知识目标】

1.掌握各种不良地质及特殊土概念；

2.了解不良地质和特殊土的危害及其基本类型；

3.掌握崩塌、滑坡等各种不良地质和特殊土的形成条件及整治措施。

【素质目标】　能够在野外识别过程中具有判定不良地质和特殊土特征的能力；在处理方案拟订过程中具有沟通和协作能力。

单元1 崩 塌

教学过程设计

教学过程	课 堂 活 动	时间	方法手段	资 源
引入	用 Flash 动画引出不良地质现象	2min		
教学过程组织	1.请书写并记忆学习手册中知识评价内容。 2.认识崩塌的危害。 3.认识崩塌的发生条件及整治措施。 4.学生活动——举例说明整治措施。 (1)学生每7~8人一组,共分4组; (2)每组分别举例说明类似地质问题及采取的措施,并给出相关评价; (3)交换结果; (4)每组选一个代表向全班作汇报; (5)小组互评; (6)教师讲评。 5.总结	5min 5min 15min 15min 3min	1.多媒体讲授; 2.仿真展示; 3.分组讨论; 4.学生互评	1.演示文稿; 2.学习手册; 3.板书; 4.Flash 动画

一、崩塌的类型

崩塌是指陡峻斜坡上的岩土体在重力作用下,脱离母岩,突然而猛烈地由高处崩落下来,堆积在坡脚(或沟谷)的地质现象。崩塌物下坠的速度很快,一般为5~200m/s,有的可达自由落体的速度。

崩塌不仅发生在山区的陡峻斜坡上,也可以发生在河流、湖泊及海边的高陡岸坡上,还可以发生在公路路堑的高陡边坡上。当岩崩的规模巨大,涉及山体者,又称山崩。在陡崖上个别较大岩块崩落、翻滚而下的则称为落石。斜坡上岩体在强烈物理风化作用下,较细小的碎块、岩屑沿坡面坠落或滚动的现象称为剥落。

崩塌是山区公路常见的一种突发性的病害现象。小的崩塌对行车安全及路基养护工作影响较大;大的崩塌不仅会破坏公路、桥梁,击毁行车,有时崩积物会堵塞河道,引起路基水毁,严重影响着交通营运及安全,甚至使道路不能使用。

二、崩塌发生的条件

崩塌虽发生的比较突然,但它有一定的形成条件和发展过程,如图6-1-1所示。崩塌发生的条件归纳起来,主要有以下几方面。

1.坡面条件

江、河、湖(水库)、沟的岸坡及各种山坡,铁路、公路边坡等各类人工边坡都是有利崩塌产生的地貌部位,一般在陡崖临空面高度大于30m、坡度大于50°的高陡斜坡、孤立山嘴或凸形陡坡及阶梯形山坡均为崩塌形成的有利地形。

2.岩性条件

通常岩性坚硬的岩浆岩、变质岩及沉积岩类中的石灰岩、石英砂岩等，具有较大的抗剪强度和抗风化能力，能形成高峻的斜坡，在外界因素影响下，一旦斜坡稳定性遭到破坏，即产生崩塌现象。所以，崩塌常发生在坚硬性脆的岩石构成的斜坡上。此外，在软硬互层的悬崖上，因差异风化，硬质岩层常形成突出的悬崖，软质岩层易风化形成凹崖坡，使其上部硬质岩失去支撑，从而容易引起较大的崩塌。

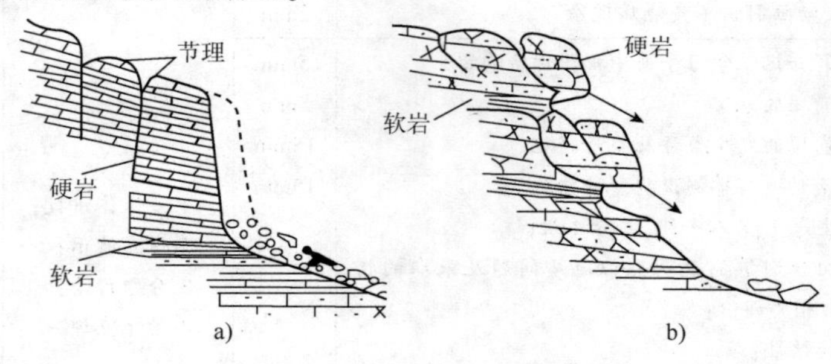

图 6-1-1　崩塌形成示意图

3.构造条件

如果斜坡岩层或岩体完整性好，就不容易发生崩塌。实际上，自然界的斜坡，经常是由性质不同的岩层以各种不同的构造和产状组合而成的，而且常常为各种结构面所切割，从而削弱了岩体内部的联结，为产生崩塌提供了条件。各种软弱结构面，如裂隙面、岩层层面、断层面、软弱夹层及软硬互层的坡面对坡体的切割、分离，为崩塌的形成提供了脱离母体（山体）的边界条件。当其软弱结构面倾向于临空面且倾角较大时，易于发生崩塌。或者坡面上两组呈楔形相交的结构面，当其组合交线倾向临空面时，也会发生崩塌。

坡面条件、岩性条件、构造条件三者又统称地质条件，它是形成崩塌的基本条件。

4.诱发崩塌的外界因素

（1）地震

地震使土石松动，易引起大规模的崩塌，一般烈度在七度以上的地震都会诱发大量崩塌的发生。

（2）大气降雨和地下水

大规模的崩塌多发生在暴雨或久雨之后。这是因为边坡和山坡中的地下水，往往可以直接得到大气降水的补给。充满裂隙中的地下水及其流动地下水，对潜在崩塌体产生静水压力和动水压力；产生向上的浮托力；岩体和充填物由于水的浸泡，抗剪强度大大降低；充满裂隙的水使不稳定岩体和稳定岩体之间的侧向摩擦力减小。通过雨水和地下水的联合作用，使斜坡的潜在崩塌体更易于失稳。

（3）地表水的冲刷、浸泡

河流等地表水体不断地冲刷坡脚或浸泡坡脚，削弱坡体支撑或软化岩、土，降低坡体强度，也能诱发崩塌的发生。

（4）风化作用

斜坡上的岩体在各种风化营力的长期作用下，其强度和稳定性不断降低，最后导致崩塌。比如强烈的物理风化作用剥离、冰胀等都能促使斜坡上岩体发生崩塌。

(5)人为因素的影响

如边坡设计过高、过陡,公路路堑开挖过深,不适宜的采用大爆破施工等也会导致崩塌的发生。

三、确定崩塌体的边界

崩塌体的边界特征决定崩塌体的规模大小。崩塌体边界的确定主要依据坡体的地质结构。

首先,应查明坡体中所发育的裂隙面、岩层面、断层面等结构面的延伸方向、倾向和倾角大小及规模、发育密度等,即构造面的发育特征。通常,平行斜坡延伸方向的陡倾构造面易构成崩塌体的后部边界;垂直坡体延伸方向的陡倾构造面或临空面常形成崩塌体的两侧边界;崩塌体的底界常由倾向坡外的构造层或软弱带组成,也可由岩、土体自身折断形成。

其次,调查各种构造面的相互关系、组合形式、交切特点、贯通情况及它们能否将或已将坡体切割,并与母体(山体)分离。

最后,综合分析调查结果,那些相互交切、组合可能或已经将坡体切割与其母体分离的构造面就是崩塌体的边界面。其中,靠外侧、贯通(水平及垂直方向上)性较好的构造面所围的崩塌体的危险性最大。

例如,1980 年 6 月 3 日发生在湖北省远安县盐池河磷矿区的大型岩石崩塌体,它的边界面就是由后部垂直裂缝、底部白云岩层理面及其他两个方向的临空面组成的。黄土高原地区常见的黄土崩塌体的边界面多由 90°交角的不同方向的垂直节理面、临空面及底面黄土与其他相异岩性的分界面组成。此外,明显地受断层面控制的崩塌体也是非常多见的,如图 6-1-2所示。

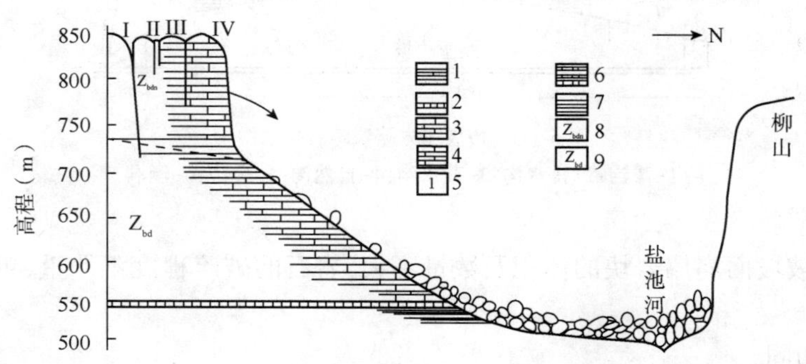

图 6-1-2　湖北省远安县盐池河磷矿山体崩塌工程地质剖面图

1-灰黑色粉砂质页岩;2-磷矿层;3-厚层块状白云岩;4-薄至中厚层白云岩;5-裂隙编号;6-白云质泥岩及砂质页岩;7-薄至中厚层白云岩;8-震旦系上统灯影组;9-震旦系上统陡山沱组

四、崩塌的防治

1.防治原则

由于崩塌发生得突然而猛烈,治理比较困难,而且十分复杂,所以一般应采取以防为主的原则。

在选线时,应根据斜坡的具体条件,认真分析发生崩塌的可能性及其规模。在危岩、崩塌与岩堆地段，根据地质条件选线应符合下列规定：

(1)路线应避开斜坡高陡，节理裂隙切割严重，危岩、崩塌发育地段。

(2)路线应避开结构松散、稳定性差、补给源丰富、正处于发展阶段的大型岩堆。

(3)当崩塌的规模小，危岩、落石的边界条件或个体清楚，防治方案技术、经济可行时，路线可选择在有利部位通过。

(4)路线通过规模小、趋于稳定或停止发展的古岩堆时，应结合岩堆的地质结构，采取适当的工程措施后通过。

在设计和施工中，避免使用不合理的高陡边坡，避免大挖大切，以维持山体的平衡稳定。在岩体松散或构造破碎地段，不宜使用大爆破施工，避免因工程技术上的失误而引起崩塌。

2.防治措施

(1)排水

在有水活动的地段，布置排水构筑物，以进行拦截疏导，防止水流渗入岩土体而加剧斜坡的失稳。可修建截水沟、排水沟排除地面水；可修建纵、横盲沟等排除地下水，如图 6-1-3 所示。

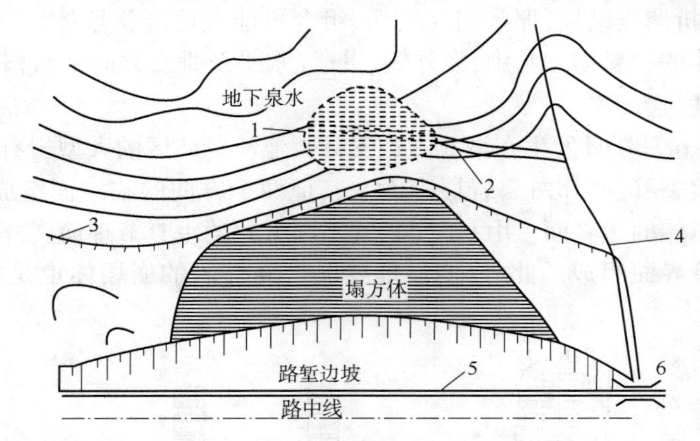

图 6-1-3 边坡塌方路段综合排水图示

1-渗沟；2-排水沟；3-截水沟；4-自然沟；5-边沟；6-涵洞

(2)刷坡清除

山坡或边坡坡面崩塌岩块的体积及数量不大，岩石的破碎程度不严重，可采用全部清除并放缓边坡。

(3)坡面加固

边坡或自然坡面比较平整、岩石表面风化易形成小块岩石呈零星坠落时，宜进行坡面防护，以阻止风化发展，防止零星坠落。可采用水泥砂浆封面、护面等措施，有时也可用支护墙，既可防护坡面，又起支撑作用。当坡面渗水或者岩层节理发育，风化程度严重时，还需相应采用挂网喷射水泥砂浆、锚固等措施。

(4)拦截防御

在岩体严重破碎、经常发生落石路段，宜采用柔性防护系统或拦石墙与落石槽等拦截构造物，如图 6-1-4 所示。拦石墙与落石槽宜配合使用，设置位置可根据地形合理布置，落石槽的槽深和底宽通过现场调查或试验确定。拦石墙墙背应设缓冲层，并按公路挡土墙设计，墙背压力应考虑崩塌冲击荷载的影响。

(5)危岩支顶

对在边坡上局部悬空的岩石,但是岩体仍较完整,有可能成为危岩,并且清除困难时,可视具体情况采用钢筋混凝土立柱、浆砌片石支顶或柔性防护系统。

(6)遮挡工程

当崩塌体较大、发生频繁且距离路线较近而设拦截构造物有困难时,可采用明洞、棚洞等遮挡构造物处理。

对于上述各种防治措施如何结合使用,应根据地形、地质条件、有关技术标准运用,并与工程造价等方面进行全面的经济技术比较后再确定。

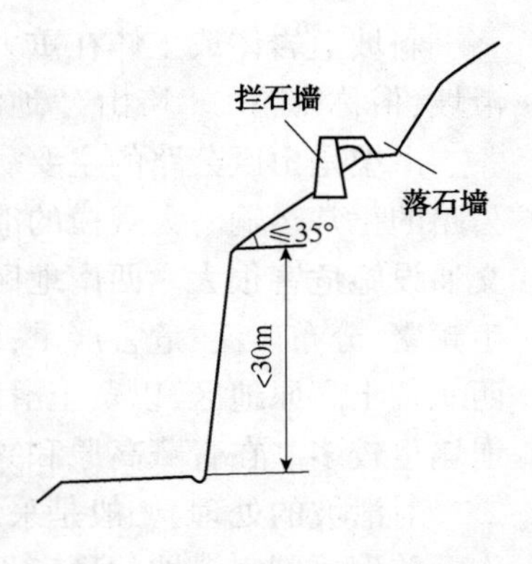

图 6-1-4　拦石墙与落石槽

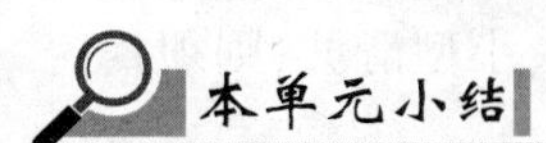

本单元小结

公路是一种延伸很长,且以地壳表层为基础的线形建筑物,它常穿越许多自然条件不同的地段,特别是不良地质和特殊土地段。本单元主要介绍了崩塌类型、形成条件和防治措施等。

1.崩塌是陡峻斜坡上的岩土体在重力作用下,脱离母岩,突然而猛烈地由高处崩落下来,堆积在坡脚(或沟谷)的地质现象。

2.崩塌是边坡岩土体在自身重力作用和其他因素影响下发生变形破坏的现象。它们常具有突发性强和危害大的特征。因此应分析边坡失稳的原因及其危害程度,预测其发展趋势,并提出防治措施。

单元 2　滑　坡

教学过程设计

教学过程	课　堂　活　动	时间	方法手段	资　源
引入	用 Flash 动画引出滑坡不良地质现象	5min	1.多媒体讲授; 2.仿真展示; 3.分组讨论; 4.学生互评	1.演示文稿; 2.学习手册; 3.板书; 4.Flash 动画
教学过程组织	1.请书写并记忆学习手册中知识评价内容。 2.区分滑坡和崩塌。 3.认识滑坡的形态要素。 4.学生活动——识别滑坡。 (1)学生每 7~8 人一组,共分 4 组; (2)每组分别分析、识别滑坡的标志; (3)教师提问并总结。 5.认识滑坡的发生条件及整治措施。 6.学生活动——举例说明整治措施。 (1)学生每 7~8 人一组,共分 4 组; (2)每组分别举例说明类似地质问题及采取的措施并给出相关评价; (3)交换结果; (4)每组选一个代表向全班作汇报; (5)小组互评; (6)教师讲评。 7.总结	5min 5min 5min 15min 20min 30min 5min		

斜坡上岩体或土体在重力作用下沿一定的滑动面（或滑动带）整体地向下滑动的现象叫滑坡，俗称"走山""垮山""地滑"等。

滑坡是山区公路的主要病害之一。由于山坡或路基边坡发生滑坡，常使交通中断，影响公路的正常运输。大规模的滑坡能堵塞河道、摧毁公路、破坏厂矿、掩埋村庄，对山区建设和交通设施危害很大。西南地区为我国滑坡分布的主要地区，该地区滑坡类型多、规模大、发生频繁、分布广泛、危害严重，已经成为影响我国国民经济发展和人身安全的制约因素之一。西北黄土高原地区，以黄土滑坡广泛分布为其显著特征。东南、中南的山岭、丘陵地区滑坡、崩塌也较多。在青藏高原和兴安岭的多年冻土地区，也有不同类型的滑坡分布。

对滑坡的处理，一般是采用"以防为主，防治结合"的原则，所以应该重视滑坡的调查工作。首先要判定滑坡的稳定程度，以便确定路线通过的可能性。路线通过大、中型滑坡，又不易防止其滑动的，一般均采取绕避的方式；对一般比较容易处理的中、小型滑坡，则须查清其产生的原因，分清主次，采取适当的处理措施。

为了正确地识别滑坡的存在，必须了解有关滑坡的形态特征、形成机理、类型，以利于拟出防治措施。

一、滑坡的形态

发育完整的滑坡，一般都有下列基本组成部分，见图 6-2-1。

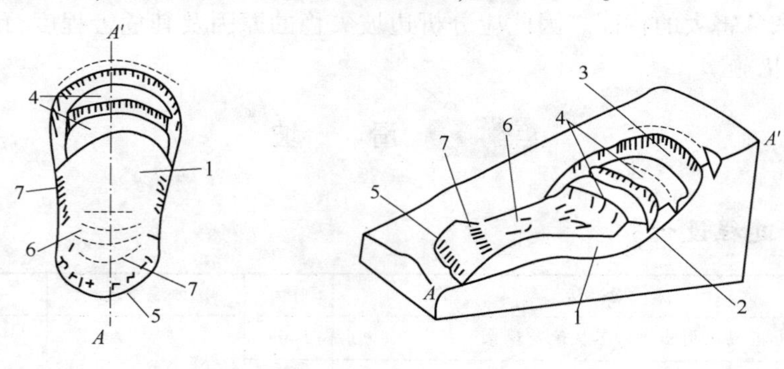

图 6-2-1　滑坡形态要素

1-滑坡体；2-滑动面；3-滑坡后壁；4-滑坡台阶；5-滑坡舌；6-滑坡鼓丘；7-滑坡裂隙

(1)滑坡体：指滑坡的整个滑动部分，即依附于滑动面向下滑动的岩土体，简称滑体。滑体的规模大小不一，大者可达几亿立方米到十几亿立方米。

(2)滑动面：滑坡体沿着滑动的面称为滑动面。滑动带指平行滑动面受揉皱及剪切的破碎地带，简称滑带。滑动面（带）是表征滑坡内部结构的主要标志，它的位置、数量、形状和滑动面（带）土石的物理力学性质，对滑坡的推力计算和工程治理有重要意义。滑动面的形状，因地质条件而异，一般说来，发生在均质黏性土和软质岩体中的滑坡，多呈圆弧形；沿岩层层面或构造裂隙发育的滑坡，滑动面多呈直线形或折线形。滑坡床指滑体滑动时所依附的下伏不动体，简称滑床。

(3)滑坡后壁：滑坡发生后，滑坡体后缘和斜坡未动部分脱开的陡壁称为滑坡后壁。有时可见擦痕，以此识别滑动方向。滑坡后壁在平面上多呈圈椅状，后壁高度自几厘米到几十米,陡坡一般为60°~80°。

(4)滑坡台阶:滑体滑动时由于各段土体滑动速度的差异,在滑坡体表面形成台阶状的错台,称为滑坡台阶。

(5)滑坡舌:指滑坡体前缘形如舌状的凸出部分。

(6)滑坡鼓丘:指滑坡体前缘因受阻力而隆起的小丘。

(7)滑坡裂隙:由于各部分移动的速度不等,在其内部及表面所形成的一系列裂隙。位于滑体上(后)部多呈弧形展布者称拉张裂隙,因受滑坡体向下滑动的拉力而产生;位于滑体中部两侧又常伴有羽毛状排列的裂隙称剪切裂隙;滑坡体前部因滑动受阻而隆起形成的张性裂隙称鼓张裂隙;位于滑坡体中前部,尤其滑舌部呈放射状展布者称扇状裂隙。

(8)滑坡周界:指滑坡体和周围不动体在平面上的分界线。

(9)滑坡洼地:指滑动时滑坡体与滑坡后壁间拉开成的沟槽,或中间低四周高的封闭洼地。

较老的滑坡由于风化、水流冲刷、坡积物覆盖,使原来的构造、形态特征往往遭到破坏,不易被观察。但是一般情况下,必须尽可能地将其形态特征识别出来,以助于确定滑坡的性质和发展状况,为整治滑坡提供可靠的资料。

二、滑坡发生的条件

1.岩土类型

岩、土体是产生滑坡的物质基础。通常,各类岩、土都有可能构成滑坡体,其中结构松软、抗剪强度和抗风化能力较低,在水的作用下其性质易发生变化的岩、土,如松散覆盖层、黄土、红黏土、页岩、泥岩、煤系地层、凝灰岩、片岩、板岩、千枚岩等及软硬相间的岩层所构成的斜坡易发生滑坡。

2.地质构造

斜坡岩、土只有被各种结构面切割分离成不连续状态时,才可能具备向下滑动的条件。不论是土层还是岩层,滑动面常发生在顺坡的层面、大节理面、不整合面、断层面(带)等软弱结构面上,因其抗剪强度较低,当斜坡受力情况突然改变时,都可能成为滑动面。同时,结构面又为降雨等进入斜坡提供了通道,特别是当平行和垂直斜坡的陡倾构造面及顺坡缓倾的构造面发育时,最易发生滑坡。

3.水

水是滑坡产生的重要条件,绝大多数滑坡都是沿饱含地下水的岩体软弱结构面产生的。它的作用主要表现在:软化岩、土,降低岩、土体强度,潜蚀岩、土,增大岩、土重度,对透水岩石产生浮托力等。尤其是对滑坡(带)的软化作用和降低强度作用最突出。

诱发滑坡发生的因素还有:地震;降雨和融雪;河流等地表水体对斜坡坡脚的不断冲刷;违反自然规律,破坏斜坡稳定条件的人类活动,如开挖坡脚、坡体堆载、爆破、水库蓄(泄)水、矿山开采等都可诱发滑坡。

三、滑坡的类型

依滑坡体物质组成、滑坡体厚度、滑动面与层面关系,滑坡可分为下列几种类型,如图6-2-2所示。

1.按滑坡体的物质组成分类

(1)黄土滑坡:发生于黄土地区,多属崩塌性滑坡,滑动速度快,变形急剧,规模及动能巨大,常群集出现。

(2)黏土滑坡:发生于第四系与第三系地层中未成岩或成岩不良及有不同风化程度以黏土层为主的地层中,滑坡地貌明显,滑床坡度较缓,规模较小,滑速较慢,多成群出现。

(3)堆积层滑坡:发生于斜坡或坡脚处的堆积体中,物质成分多为崩积、坡积土及碎块石,因堆积物成分、结构、厚度不同,滑坡的形状、大小不一,滑坡结构以土石混杂为主。

(4)岩层滑坡:发育在两种地区,一种是在软弱岩层或具有软弱夹层的岩层中,另一种是在硬质岩层的陡倾面或结构面上。

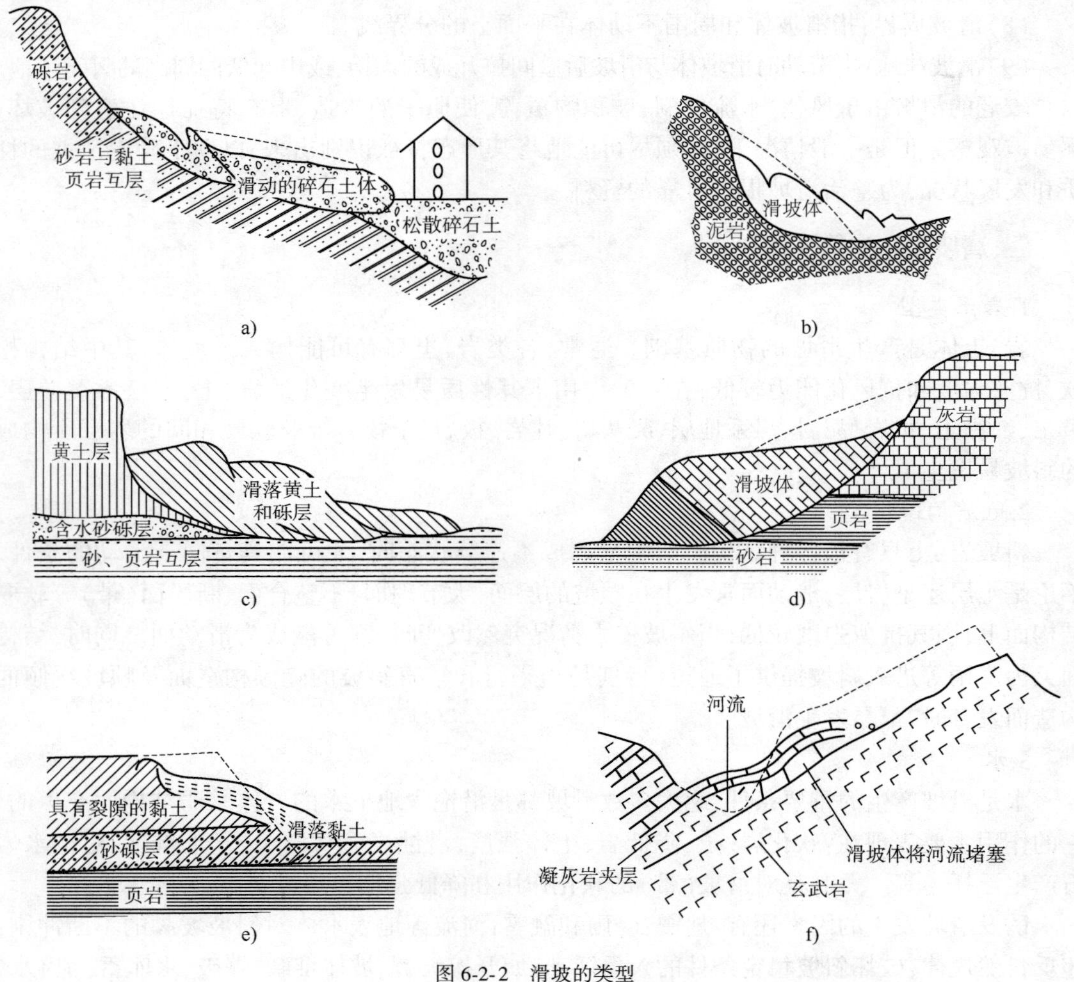

图 6-2-2　滑坡的类型

a)碎石土滑坡;b)均质层滑坡;c)黄土滑坡;d)切层滑坡;e)黏土滑坡;f)顺层滑坡

2.按滑体厚度分类

(1)浅层滑坡:滑体厚度<6m。

(2)中层滑坡:滑体厚度在6~20m。

(3)深层滑坡:滑体厚度>20m,规模较大,具典型的发育完全的滑坡地貌。

3.按滑动面与层面的关系分类

(1)均质滑坡:均质滑坡多发生在岩性均一的软弱岩层中(如强烈风化的岩浆岩体或土体中),其滑动面常呈圆弧形。

(2)顺层滑坡:滑体沿着岩层的层面发生滑动,岩层走向与斜坡走向一致。此类滑坡是自然界分布最广的滑坡。

(3)切层滑坡:滑坡面切过岩层面而发生的滑坡,此类滑坡多发生在逆向坡中,滑面很不规则。

4.按滑坡体的规模分类

(1)小型滑坡:滑坡体积小于4万m^3。

(2)中型滑坡:滑坡体积在4万~30万m^3。

(3)大型滑坡:滑坡体积在30万~100万m^3。

(4)巨型滑坡:滑坡体积大于100万m^3。

5.按滑坡的力学条件分类

(1)牵引式滑坡:主要是由于斜坡坡脚处任意挖方、切坡或流水冲刷,下部失去原有岩土的支撑而丧失其平衡引起的滑坡。

(2)推移式滑坡:主要是由于斜坡上方给以不恰当的加载(修建建筑物、填方、堆放重物等)使上部先滑动,挤压下部,因而使斜坡丧失平衡引起的滑坡。

四、滑坡的野外识别

在沿河谷布设路线时,为防止滑坡对道路造成危害,应识别河谷两岸有无古滑坡的存在和是否有可能发生滑坡的地段。

1.古滑坡外貌特征的识别

在发生过滑坡的古坡上,必然留下地形、地貌、地层及地物等方面的标志,如图6-2-3所示。常在较平顺的山坡上造成等高线的异常和中断,使斜坡不顺直、不圆滑而造成圈椅状地形和槽谷地形;滑坡舌向河心凸出呈河谷不协调现象;沿滑坡两侧切割较深,常出现双沟同源;在滑坡体的中部常有一级或多级异常台阶状平地;滑坡体下部因受推挤力而呈现微波状

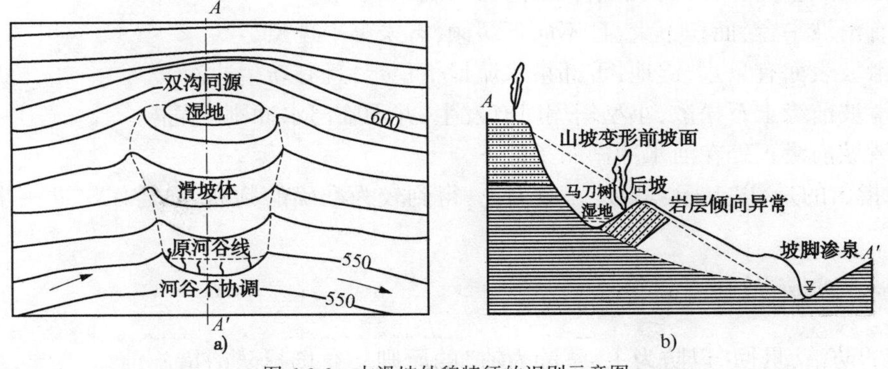

图6-2-3 古滑坡外貌特征的识别示意图

a)平面图;b)A–A'剖面图

鼓丘及滑坡裂缝；滑坡体表面的植物因受不匀速滑移呈零散分布，树木歪斜零乱呈“醉树”；若滑动之前滑坡体上曾建有建筑物，建筑物会出现开裂、倾斜、错位等现象。

岩质滑坡的地层产状与原生露头有明显的变化，其整体连续性遭到破坏，出现层位缺失或有升降、散乱的现象，构造不连续（如裂隙不连贯，发生错动）等。

2.滑坡先兆现象的识别

不同类型、不同性质、不同特点的滑坡，在滑动之前，均会表现出各种不同的异常现象，显示出滑动的预兆（前兆）。归纳起来常见的有以下几种：

（1）大滑动之前，在滑坡前缘坡脚处，有堵塞多年的泉水复活现象，或者出现泉水（水井）突然干枯、井（钻孔）水位突变等类似的异常现象。

（2）在滑坡体前缘土石零星掉落，坡脚附近土石被挤紧，并出现大量鼓张裂缝，这是滑坡向前推挤的明显迹象。

（3）如果在滑坡体上有长期位移观测资料，那么大滑动之前，无论是水平位移量还是垂直位移量，均会出现加速变化的趋势，这是明显的临滑迹象。

（4）坡面上树木逐渐倾斜，建筑物开始开裂变形，此外还可发现山坡农田变形、水田漏水、动物惊恐异常等现象，这些均说明该处滑坡在缓慢滑动阶段。

五、判定滑坡体的稳定性

在野外，从宏观角度观察滑坡体，可以根据一些外表迹象和特征，粗略地判断它的稳定性。

已稳定的堆积层老滑坡体有以下特征：

（1）后壁较高，长满了树木，找不到擦痕，且十分稳定。

（2）滑坡平台宽、大，且已夷平，土体密实无沉陷现象。

（3）滑坡前缘的斜坡较缓，土体密实，长满树木，无松散坍塌现象；滑坡前缘迎河部分有被河水冲刷过的迹象。

（4）目前的河水已远离滑坡舌部，甚至在舌部外已有漫滩、阶地分布。

（5）滑坡体两侧的自然冲刷沟切割很深，甚至已达基岩。

（6）滑坡体较干燥，地表一般没有泉水或湿地，坡脚有清晰的泉水流出。

不稳定的滑坡具有下列迹象：

（1）滑坡后壁高、陡，未长草木，常能找到擦痕和裂缝。

（2）有滑坡平台，面积不大，且不向下缓倾，有未夷平现象。

（3）滑坡表面有泉水、湿地，舌部泉水流量不稳定，且有新生冲沟。

（4）滑坡前缘土石松散，小型坍塌时有发生，并面临河水冲刷的危险。

（5）滑坡前缘正处在河水冲刷的条件下。

需要指出的是，以上标志只是一般而论，得到较为准确的判断，尚需作出进一步的观察和研究。

六、防治滑坡的主要工程措施

滑坡的防治，贯彻“以防为主，整治为辅”的原则。在选择防治措施前，一定要查清滑坡的地形、地质和水文地质条件，认真研究和确定滑坡的性质及其所处的发展阶段，了解产生滑坡的原因,结合工程建筑的重要程度、施工条件及其他情况进行综合考虑。

(一)滑坡发育地段工程地质选线原则

(1)路线应避开规模大、性质复杂、稳定性差、处治困难的滑坡及滑坡群地段。

(2)当滑坡的规模较小,整治方案技术可行、经济合理时,路线应选择在有利于滑坡稳定的安全部位通过。

(3)路线通过滑坡地段时,不得开挖坡脚,且不应在滑坡体的上方以填方形式通过。

总的来说,路线通过滑坡地带时应做方案选择,示例如图 6-2-4 所示。

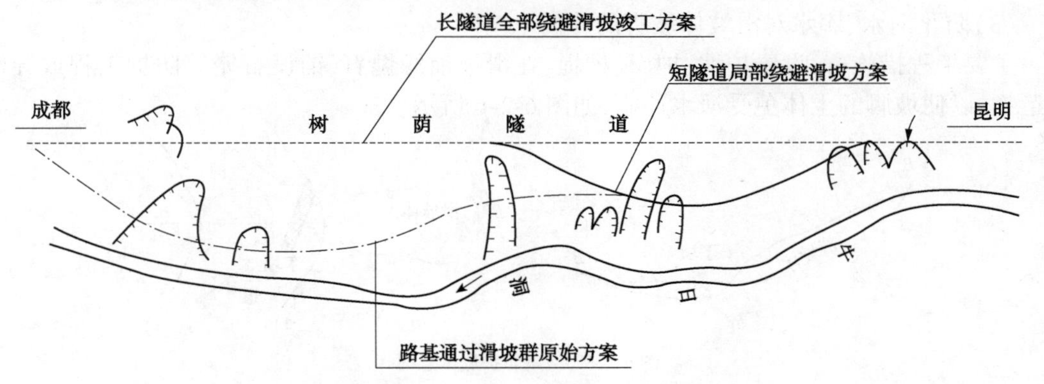

图 6-2-4 路基通过滑坡群方案选择

(二)滑坡的防治措施

整治滑坡的工程措施很多,归纳起来分为三类:一是消除或减轻水的危害;二是改变滑坡体外形、设置抗滑建筑物;三是改善滑动带土石性质。

1.消除或减轻水的危害——排水(图 6-2-5)

(1)排除地表水

排除地表水是整治滑坡中不可缺少的辅助措施,而且应是首先采取并长期运用的措施。其目的在于拦截、旁引滑坡外的地表水,避免地表水流入滑坡区;或将滑坡范围内的雨水及泉水尽快排除,阻止雨水、泉水进入滑坡体内。

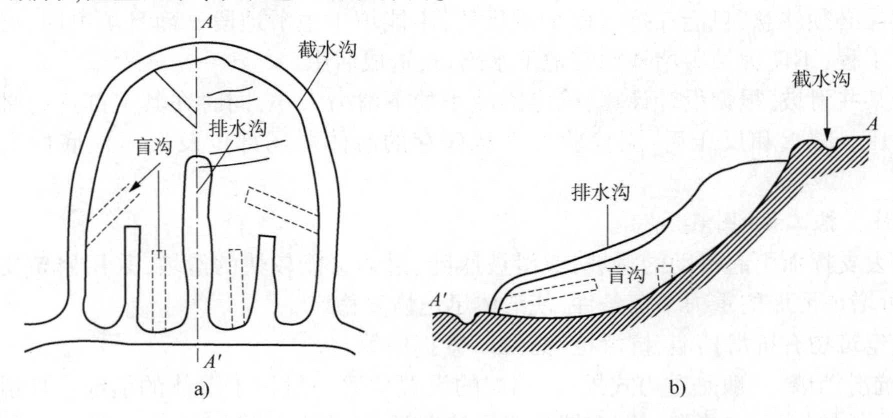

图 6-2-5 排除滑坡地表水和地下水示意图

主要工程措施有：在滑坡体周围修截水沟；滑坡体上设置干枝排水系统，汇集旁引坡面径流于滑坡体外排出；整平地表，填塞裂缝和夯实松动地面。筑隔渗层，减少地表水下渗并使其尽快汇入排水沟内，防止沟渠渗漏和溢流于沟外。

(2)排除地下水

对于地下水，可疏而不可堵。

主要工程措施有：截水盲沟用于拦截和旁引滑坡外围的地下水；支撑盲沟，兼具排水和支撑作用；仰斜孔群用近于水平的钻孔把地下水引出。此外还有盲洞、渗管、渗井、垂直钻孔等用于排除滑体内地下水的工程措施。

(3)防止河水、库水对滑坡体坡脚的冲刷

主要工程措施有：设置护坡、护岸、护堤，在滑坡前缘抛石、铺设石笼等防护工程或导流构造物，以使坡脚的土体免受河水冲刷，如图 6-2-6 所示。

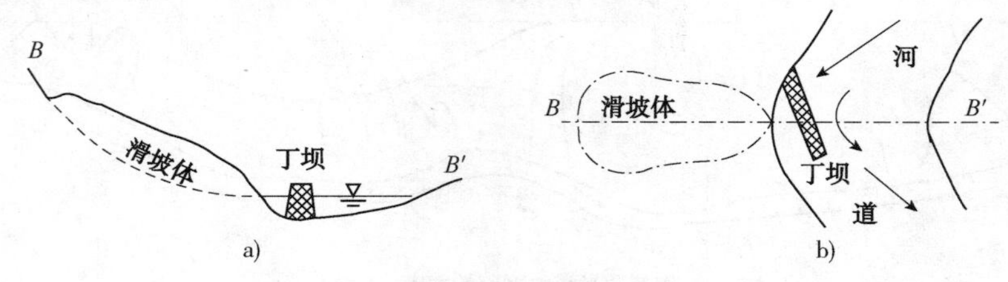

图 6-2-6　河岸防护堤示意图

a)平面图；b)剖面图

2.减重和反压(图 6-2-7)

对推移式的滑坡，在上部主滑地段减重，常起到根治的效果。对其他性质的滑坡，在主滑地段减重也能起到减小下滑力的作用。减重一般适用于滑坡床为上陡下缓、滑坡后壁及两侧有稳定的岩土体，不致因减重而引起滑坡向上和向两侧发展造成后患的情况。对于错落转变成的滑坡，采用减重使滑坡达到平衡，效果比较显著。对有些滑坡的滑带土或滑坡体，具有卸荷膨胀的特点，减重后使滑带土松弛膨胀，尤其是地下水浸湿后，其抗滑力减小，引起滑坡。因此，具有这种特点的滑坡，不能采用减重法。另外，减重后将增大暴露面，有利于地面水渗入坡体和使坡体岩石风化，这些不利因素应充分考虑。

在滑坡的抗滑段和滑坡体外前缘堆填土石加重，如做成堤、坝等，能增大抗滑力而稳定滑坡。但是必须注意，只能在抗滑段加重反压，不能填于主滑地段。而且填方时，必须做好地下排水工程，不能因填土堵塞原有地下水出口，造成后患。

对于某些滑坡，根据设计计算，确定需减小的下滑力大小，同时在其上部进行部分减重和下部反压。减重和反压后，应检验滑面从残存的滑体薄弱部位及反压体底面滑出的可能性。

3.修筑支挡工程(图 6-2-8)

因失去支撑而引起滑动的滑坡，或滑坡床陡、滑动可能较快的滑坡，采用修筑支挡工程的办法，可增加滑坡的重力平衡条件，使滑体迅速恢复稳定。

支挡建筑物有抗滑挡墙、抗滑桩、锚(杆)索挡墙等。

(1)抗滑挡墙：一般是重力式挡墙，挡墙的设置位置一般位于滑体的前缘。如滑坡为多级滑动，当推力太大，在坡脚一级支挡施工量较大时，可分级支挡。

(2)抗滑桩:适用于深层滑坡和各类非塑性流滑坡,对缺乏石料的地区和处理正在活动的滑坡,更为适宜。

(3)锚(杆)索挡墙:这是近20年来发展起来的新型支挡结构,它可节约材料,成功地代替了庞大的混凝土挡墙。锚(杆)索挡墙,由锚杆、肋柱和挡板三部分组成。滑坡推力作用在挡板上,由挡板将滑坡推力传于肋柱,再由肋柱传至锚杆上,最后通过锚(杆)索传到滑动面以下的稳定地层中,靠锚(杆)索的锚固来维持整个结构的稳定。

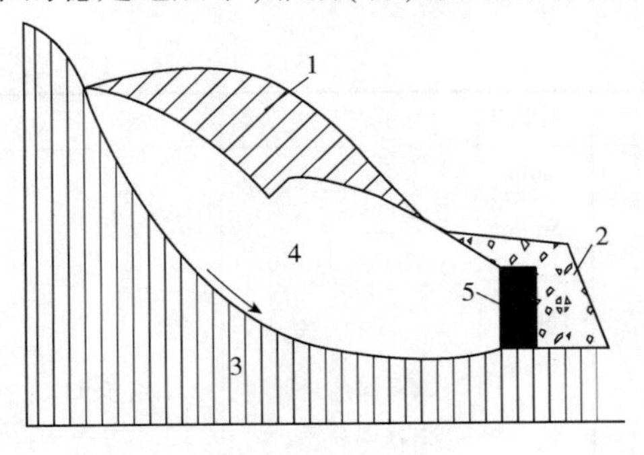

图6-2-7 减重反压

1-削方减重部分;2-卸土修堤反压;3-滑坡床;4-滑坡体;5-渗沟

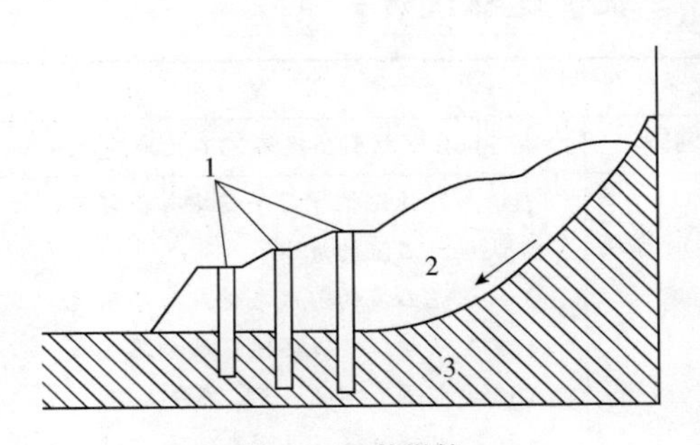

图6-2-8 抗滑桩

1-抗滑桩;2-滑坡体;3-滑坡床

4.改善滑动带土石性质

一般采用焙烧法(>800℃)、压浆及化学加固等物理化学方法对滑坡进行整治,如图6-2-9、图6-2-10所示。

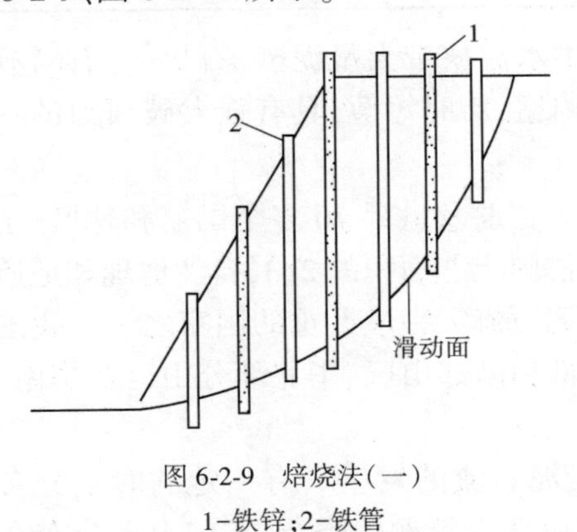

图6-2-9 焙烧法(一)

1-铁锌;2-铁管

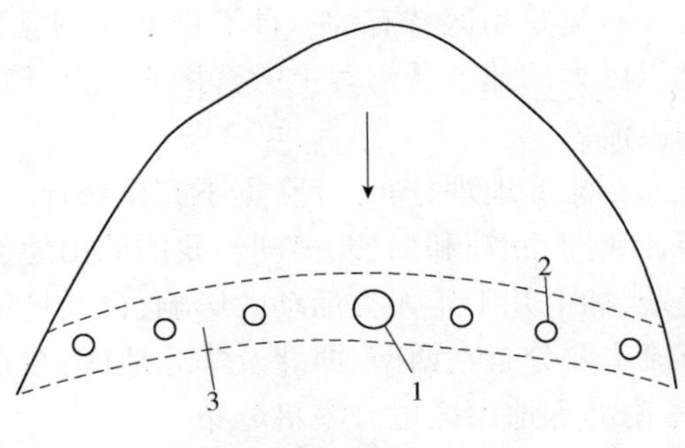

图6-2-10 焙烧法(二)

1-中心烟道;2-垂直风道;3-焙烧导洞

由于滑坡成因复杂、影响因素多,因此常常需要上述几种方法同时使用、综合治理,方能达到目的。

本单元小结

公路是一种延伸很长,且以地壳表层为基础的线形建筑物,它常穿越许多自然条件不同的地段,特别是不良地质和特殊土地段。本单元主要介绍了滑坡类型、形成条件和防治措施等。

1.斜坡上岩体或土体在重力作用下沿一定的滑动面(或滑动带)整体地向下滑动的现象叫滑坡。

2.滑坡是边坡岩土体在自身重力作用和其他因素影响下发生变形破坏的现象。它们常具有突发性强和危害大的特征。因此应分析边坡失稳的原因及其危害程度，预测其发展趋势，并提出防治措施。

单元3 泥石流

教学过程设计

<table>
<tr><th>教学过程</th><th>课堂活动</th><th>时间</th><th>方法手段</th><th>资源</th></tr>
<tr><td>引入</td><td>用Flash动画引出泥石流不良地质现象</td><td>2min</td><td rowspan="2">1.多媒体讲授；
2.仿真展示；
3.分组讨论；
4.学生互评</td><td rowspan="2">1.演示文稿；
2.学习手册；
3.板书；
4.Flash动画</td></tr>
<tr><td>教学过程组织</td><td>1.请书写并记忆学习手册中知识评价内容。
2.认识泥石流的危害。
3.认识泥石流的形成条件及防治措施。
4.学生活动——泥石流区域公路选线。
（1）学生每7~8人一组，共分4组；
（2）每组分别举例说明类似地质问题及采取的措施并给出相关评价；
（3）交换结果；
（4）每组选一个代表向全班作汇报；
（5）小组互评；
（6）教师讲评。
5.总结</td><td>5min
5min
15min
15min

3min</td></tr>
</table>

泥石流是山区特有的一种不良地质现象，系山洪水流挟带大量泥砂、石块等固体物质，突然以巨大的速度从沟谷上游奔腾直泻而下，来势凶猛，历时短暂，具有强大破坏力的一种特殊洪流。

泥石流的地理分布广泛，据不完全统计，泥石流灾害遍及世界70多个国家和地区，主要分布在亚洲、欧洲和南、北美洲。我国的山地面积约占国土总面积的2/3，自然地理和地质条件复杂，加上几千年人类活动的影响，目前是世界上泥石流灾害最严重的国家之一。我国的泥石流主要分布在西南、西北及华北地区，在东北西部和南部山区、华北部分山区及华南、台湾、海南岛等地山区也有零星分布。

通过大量调查观测，对统计资料进行分析发现，泥石流的发生具有一定的时空分布规律。泥石流在时间上多发生在降雨集中的雨季或高山冰雪消融的季节，空间上多分布在新构造活动强烈的陡峻山区。我国泥石流在时空分布上构成了“南强北弱、西多东少、南早北晚、东先西后”的独特格局。

一、泥石流的主要危害方式

泥石流是一种水、泥、石的混合物，泥石流中所含固体体积一般超过15%，最高可达80%，其重度可达18kN/m^3。泥石流在一个地段上往往突然爆发，能量巨大，来势凶猛，历时短暂，复发频繁。

泥石流的前锋是一股浓浊的洪流，固体含量很高，形成高达几米至十几米的“龙头”顺沟倾泻而下，冲刷、搬运、堆积十分迅速，可在很短的时间内运出几十万至数百万立方米固体物质和成百上千吨巨石，摧毁前进途中的一切，掩埋村镇、农田，堵塞江河，造成巨大生命财产损失。

因此，“冲”和“淤”是泥石流的主要活动特征和主要危害方式。冲是以巨大的冲击力作用于建筑物而造成直接的破坏；淤是构造物被泥石流搬运停积下来的泥、砂、石淤埋。

“冲”的危害方式主要有冲刷、冲击、冲毁、磨蚀、直进性爬高等多种危害形式。

“淤”的危害方式主要有堵塞、淤埋、冲毁、堵河阻水、挤压河道，使河床剧烈淤高、冲刷对岸，使山体失稳，淤塞涵洞，淤埋道路，直接危害工程效益和使用寿命。

泥石流流域，一般可以分为形成区、流通区、堆积区三个动态区，如图 6-3-1 所示。

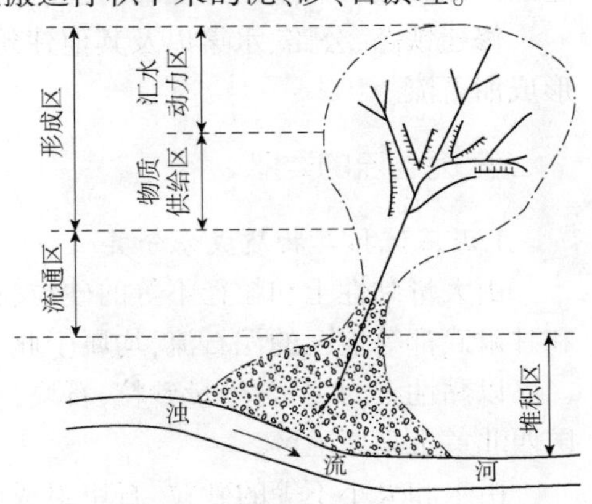

图 6-3-1 泥石流分区示意图

(1)形成区，位于流域上游，包括汇水动力区和固体物质供给区；多为高山环抱的山间小盆地，山坡陡峻，河床下切，纵坡较陡，有较大的汇水面积。

(2)流通区，一般位于流域的中下游地段，多为沟谷地形，沟壁陡峻，河床狭窄、纵坡大，多陡坎或跌水。

(3)堆积区，多在沟谷的出口处。地形开阔，纵坡平缓，泥石流至此流速减低，固体物质大量堆积，形成不同规模的堆积扇。

二、泥石流形成的基本条件

泥石流的形成必须同时具备以下 3 个条件：陡峻的便于集水、集物的地形地貌；丰富的松散物质；短时间内有大量的水源。

1.地形地貌条件

在地形上具备山高沟深、地势陡峻、沟床纵坡降大、流域形态有利于汇集周围山坡上的水流和固体物质。在地貌上，泥石流的地貌一般可分为形成区、流通区和堆积区三部分。上游形成区的地形多为三面环山、一面出口的瓢状或漏斗状，山体破碎、植被生长不良，这样的地形有利于水和碎屑物质的集中；中游流通区的地形多为狭窄陡深的峡谷，谷床纵坡降大，使上游汇集到此的泥石流形成迅猛直泻之势；下游堆积区为地势开阔平坦的山前平原或河谷阶地，使倾泻下来的泥石流到此堆积起来。

2.地质条件

泥石流常发生于地质构造复杂、断裂褶皱发育、新构造活动强烈、地震烈度较高的地区。地表岩层破碎，滑坡、崩塌、错落等不良地质现象发育，为泥石流的形成提供了丰富的固体物质来源；另外，岩层结构疏松软弱、易于风化、节理发育，或软硬相间成层地区，因易受破坏，也能为泥石流提供丰富的碎屑物来源。

3.水文气象条件

水既是泥石流的重要组成部分，又是泥石流的重要激发条件和搬运介质(动力来源)。泥石流的水源有强度较大的暴雨、冰川积雪的强烈消融和水库突然溃决等。

4.人为因素

滥伐乱垦会使植被消失、山坡失去保护、土体疏松、冲沟发育，大大加重水土流失，使山坡稳定性遭到破坏，滑坡、崩塌等不良地质现象发育，结果就很容易产生泥石流，甚至那些已退缩的泥石流又有重新发展的可能。

修建铁路、公路、水渠以及其他建筑的不合理开挖，不合理的弃土、弃渣、采石等也可能形成泥石流。

三、泥石流的类型

1.泥石流按其物质成分分类

由大量黏性土和粒径不等的砂粒、石块组成的叫泥石流；西藏波密、四川西昌、云南东川和甘肃武都等地区的泥石流，均属于此类。

以黏性土为主，含少量砂粒、石块，黏度大，呈稠泥状的叫泥流。这种泥流主要分布在我国西北黄土高原地区。

由水和大小不等的砂粒、石块组成的谓之水石流。它是石灰岩、大理岩、白云岩和玄武岩分布地区常见的泥石流类型，如华山、太行山、北京西山等地区分布这种类型的泥石流。

2.泥石流按其物质状态分类

（1）黏性泥石流：含大量黏性土的泥石流或泥流。

其特征是：黏性大，密度高，有阵流现象。固体物质占40%~60%，最高可达80%。水不是搬运介质，而是组成物质。稠度大，石块呈悬浮状态，暴发突然，持续时间短，不易分散，破坏力大。

（2）稀性泥石流：以水为主要成分，黏土、粉土含量一般小于5%，固体物质占10%~40%，有很大分散性。搬运介质为浑水或稀泥浆，砂粒、石块以滚动或跃移方式前进，具有强烈的下切作用。其堆积物在堆积区呈扇状散流，停积后似“石海”。

四、泥石流的防治

（一）泥石流的防治原则

选线是泥石流地区公路设计的首要环节。选线恰当，可避免或减少泥石流危害；选线不当，将导致或增加泥石流危害。路线平面及纵面的布置，基本上决定了泥石流防治可能采取的措施，所以，防治泥石流首先要从选线考虑。

（1）路线应避开处于发育旺盛期的特大型、大型泥石流、泥石流群和大面积分布的山坡型泥石流地段。

（2）路线通过泥石流沟时，应避开沟谷纵坡由陡变缓和沟谷急弯部位，避免压缩沟谷断面，并应依据设计年限内泥石流的淤积高度留足净空，在有利位置以桥梁通过。

（3）路线通过泥石流堆积区，应避开淤积严重的堆积扇区，远离泥石流堵河范围内的河段。无法避开时，不得在泥石流扇上挖沟设桥或做路堑，并应依据堆积作用的强烈程度确定路线设计高程。

公路跨越泥石流沟位置方案选择示例如图6-3-2所示。

（二）泥石流的防治措施

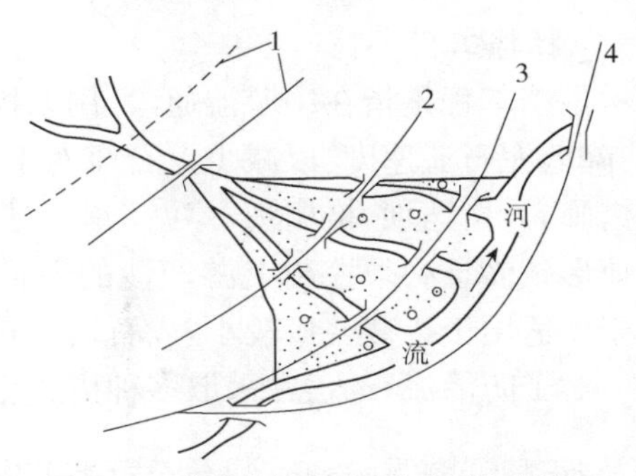

图 6-3-2 公路跨越泥石流沟位置方案选择

1-靠山做隧道方案或以桥通过沟口；2-通过堆积区；3-沿堆积区外缘通过；4-跨河绕避

对泥石流病害，应进行调查，通过访问、测绘、观测等获得第一手资料，掌握其活动规律，有针对性地采取预防为主、以避为宜、以治为辅，防、避、治相结合的方针。

泥石流的治理要因势利导，顺其自然，就地论治，因害设防和就地取材，充分发挥排、挡、固防治技术特殊作用的有效联合。

1.跨越工程

桥梁适用于跨越流通区的泥石流沟或洪积扇区的稳定自然沟槽；隧道适用于路线穿过规模大、危害严重的大型或多条泥石流沟，隧道方案应与其他方案作技术、经济比较后确定；泥石流地区不宜采用涵洞，在活跃的泥石流洪积扇上禁止使用涵洞。对于三、四级公路，当泥石流规模不大、固体物质含量低、不含有较大石块，并有顺直的沟槽时，方可采用涵洞；过水路面适用于穿过小型坡面泥石流沟的三、四级公路。

2.防护工程

防护工程指对泥石流地区的桥梁、隧道、路基及其他重要工程设施，修建一定的防护建筑物，用以抵御或消除泥石流对主体建筑物的冲刷、冲击、侧蚀和淤埋等危害。防护工程主要有护坡、挡墙、顺坝和丁坝等。

3.排导工程

在泥石流下游设置排导措施，使泥石流顺利排除。其作用是改善泥石流流势、增大桥梁等建筑物的泄洪能力，使泥石流按设计意图顺利排泄。排导工程包括渡槽、排导沟、导流堤等，如图 6-3-3 所示。其中排导沟适用于有排沙地形条件的路段，其出口应与主河道衔接，出口高程应高出主河道 20 年一遇的洪水水位。渡槽适用于排泄量小于 $30m^3/s$ 的泥石流，且地形条件应能满足渡槽设计纵坡及行车净空要求。

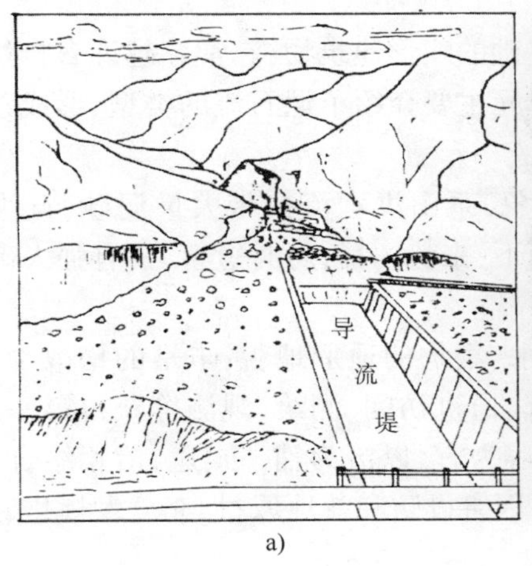

a)

b)

图 6-3-3 导流渠

4.拦挡工程

拦挡工程是指在中游流通段,用以控制泥石流的固体物质和雨洪径流,用于改变沟床坡降,降低泥石流速度,以减少泥石流对下游工程的冲刷、撞击和淤埋等危害的工程设施。拦挡措施有:拦挡坝、格栅坝、停淤场等。拦挡坝适用于沟谷的中上游或下游没有排沙或停淤的地形条件且必须控制上游产沙的河道,以及流域来沙量大、沟内崩塌、滑坡较多的河段。格栅坝适用于拦截流量较小、大石块含量少的小型泥石流。

对于防治泥石流,常采取多种措施相结合,比用单一措施更为有效。

五、减轻崩塌、滑坡、泥石流灾害的生物措施

滑坡、崩塌、泥石流三者常常具有相互联系、相互转化和不可分割的密切关系。

滑坡和崩塌,它们常常相伴而生,产生于相同的地质构造环境中和相同的地层岩性构造条件下,且有着相同的触发因素,容易产生滑坡的地带也是崩塌的易发区。崩塌、滑坡在一定条件下可相互诱发、相互转化。

滑坡、崩塌与泥石流的关系十分密切,易发生滑坡、崩塌的区域也易发生泥石流,并且崩塌和滑坡的物质经常是泥石流的重要固体物质来源。滑坡、崩塌还常常在运动过程中直接转化为泥石流等,即泥石流是滑坡和崩塌的次生灾害,泥石流与滑坡、崩塌有着许多相同的促发因素。

生物措施是防治水土流失,减轻崩塌、滑坡、泥石流灾害的主要措施之一。乱砍滥伐、毁林开荒、过度放牧以及人类不合理的生产生活活动所致的生态环境破坏,又是水土流失的主要原因,许多崩塌、滑坡、泥石流灾害即是水土流失恶性发展的直接结果。

减轻崩塌、滑坡、泥石流灾害的生物措施主要有:植树造林、封山育草,改良耕作技术以及改善对生态环境有重要影响的农、牧业管理方式等。其主要作用是:保护坡面、减少坡面物质的流失量、固结土层、调节坡面水流、削减坡面径流量、增大坡体的抗冲蚀能力等。

本单元小结

公路是一种延伸很长,且以地壳表层为基础的线形建筑物,它常穿越许多自然条件不同的地段,特别是不良地质和特殊土地段。本单元主要介绍了泥石流的类型、形成条件和防治措施等。

1.泥石流是山区特有的一种不良地质现象,系山洪水流挟带大量泥砂、石块等固体物质,突然以巨大的速度从沟谷上游奔腾直泻而下,来势凶猛,历时短暂,具有强大破坏力的一种特殊洪流。

2.泥石流的形成条件包括陡峻的便于集水、集物的地形地貌;丰富的松散物质;短时间内有大量的水源。对泥石流病害,应进行调查,通过访问、测绘、观测等获得第一手资料,掌握其活动规律,有针对性地采取预防为主、以避为宜、以治为辅,防、避、治相结合的方针,泥石流的治理要因势利导,顺其自然,就地论治,因害设防和就地取材,充分发挥排、挡、固防治技术特殊作用的有效联合。

单元4 岩 溶

教学过程设计

教学过程	课堂活动	时间	方法手段	资源
引入	用Flash动画引出不良地质现象	3min		
教学过程组织	1.请书写并记忆学习手册中知识评价内容。 2.认识岩溶地貌形成过程。 3.学生活动——认识岩溶的类型。 (1)学生每7~8人一组,共分4组; (2)每组分别举例说明; (3)教师提问并总结。 4.认识岩溶的形成条件及整治措施。 5.学生活动——举例说明整治措施。 (1)学生每7~8人一组,共分4组; (2)每组分别举例说明类似地质问题及采取的措施并给出相关评价; (3)交换结果; (4)每组选一个代表向全班作汇报; (5)小组互评; (6)教师讲评。 6.总结	5min 5min 10min 10min 10min 2min	1.多媒体讲授; 2.仿真展示; 3.分组讨论; 4.学生互评	1.演示文稿; 2.学习手册; 3.板书; 4.Flash动画

岩溶是水对可溶性岩石进行以溶蚀作用为主所形成的地表和地下形态的总称,又称岩溶地貌。它以溶蚀作用为主,还包括流水的冲蚀、潜蚀,以及坍陷等机械侵蚀过程,这种作用及其产生的现象统称为喀斯特。喀斯特是南斯拉夫西北部沿海一带石灰岩高原的地名,当地称为Karst,因那里发育各种石灰岩地貌,故借用此名。

中国喀斯特地貌分布广、面积大,其中在桂、黔、滇、川东、川南、鄂西、湘西、粤北等地连片分布的就达55万km^2,尤以桂林山水、路南石林闻名于世(图6-4-1)。

a)

b)

图6-4-1 我国喀斯特地貌

a)桂林山水;b)路南石林

岩溶与人类的生产和生活息息相关。人类的祖先——猿人,曾经栖居在岩溶洞穴中;许多岩溶地区，因地表缺水或积水成灾，对农业生产影响很大；许多矿产资源、矿泉和温泉与岩溶有关。

在岩溶地区，由于地上地下的岩溶形态复杂多变，给公路测设定位带来相当大的困难。对于现有的公路，会因地下水的涌出、地面水的消水洞被阻塞而导致路基水毁；或因溶洞的坍顶，引起地面路基坍陷、下沉或开裂。但有时可利用某些形态，如利用“天生桥”跨越河道、沟谷、洼地；利用暗河、溶洞以扩建隧道等。因此，在岩溶区修建公路，应认真勘察岩溶发育的程度和岩溶形态的空间分布规律，以便充分利用某些可利用的岩溶形态，避让或防治岩溶病害对路线布局和路基稳定造成不良影响。

一、岩溶形成的基本条件

1.岩石的可溶性

可溶性岩体是岩溶形成的物质基础。可溶性岩石有三类：碳酸盐类岩石（石灰岩、白云岩、泥灰岩等）；硫酸盐类岩石（石膏、硬石膏和芒硝）；卤盐类岩石（钾、钠、镁盐岩石等）。在可溶性岩石中，以碳酸盐类岩石分布最广，其矿物成分均一，可以全部被含有 CO_2 的水溶解，是发育岩溶的最主要地层。凡是我国分布有碳酸盐类岩层的地方，都有岩溶发育。

2.岩体的透水性

岩体的透水性是岩溶发育的另一个必要条件，岩层透水性愈好，岩溶发育也愈强烈。岩层透水性主要取决于裂隙和孔洞的多少及连通情况，因此，岩石中裂隙的发育情况往往控制着岩溶的发育情况。

3.有溶解能力的水活动

水的溶解能力随着水中侵蚀性 CO_2 含量的增加而加强。水的溶蚀能力与水的流动性关系密切，只有当地下水不断流动，与岩石广泛接触，富含 CO_2 的水不断补充更新，才能经常保持侵蚀性，溶蚀作用才能持续进行。

二、岩溶地貌类型

喀斯特地貌在碳酸盐岩地层分布区最为发育，常见的地表喀斯特地貌（图 6-4-2）有石芽、石林、峰林等喀斯特正地形，还有溶沟、落水洞、盲谷、干谷、喀斯特洼地（包括漏斗、喀斯特盆地）等喀斯特负地形；地下喀斯特地貌有溶洞、地下河、地下湖等；以及与地表和地下密切关联的喀斯特地貌有竖井、天生桥等。

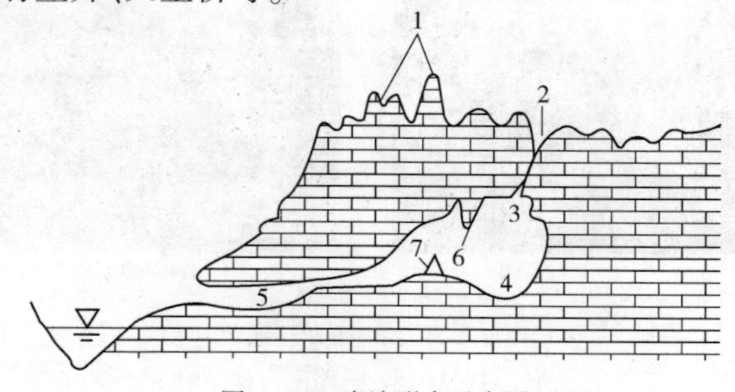

图 6-4-2　岩溶形态示意图

1-溶沟；2-漏斗；3-落水洞；4-溶洞；5-暗河；6-钟乳石；7-石笋

1.石芽和溶沟

水沿可溶性岩石的裂隙进行溶蚀和冲蚀所形成的沟槽间突起与沟槽形态，形成的沟槽深度由数厘米至几米，甚至更大，浅者为溶沟，深者为溶槽，沟槽间的突起称石芽。其底部往往被土及碎石所充填。在质纯层厚的石灰岩地区，可形成巨大的貌似林立的石芽，称为石林，如云南路南石林，最高可达50m。

2.落水洞

流水沿裂隙进行溶蚀、机械侵蚀以及塌陷形成的近于垂直的洞穴称为落水洞。它是地表水流入喀斯特含水层和地下河的主要通道，其形态不一，深度可达十几米到几十米，甚至百余米。我国各地对落水洞称谓不一，也有叫无底洞、消水洞等。落水洞进一步向下发育，形成井壁很陡、近于垂直的井状管道，称为竖井，又称天然井，如图6-4-3所示。

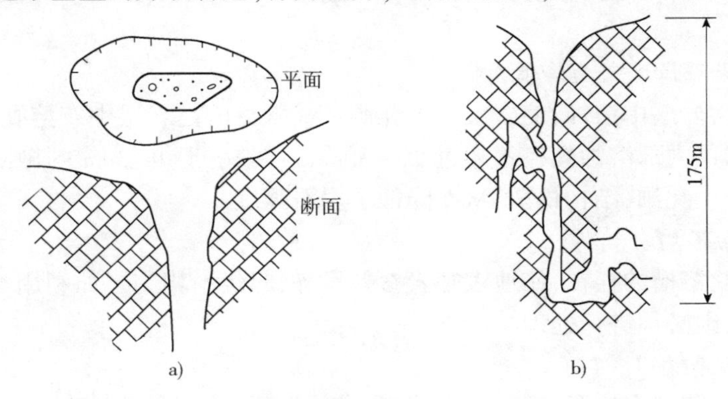

图6-4-3 落水洞和竖井

a)落水洞；b)竖井

3.溶蚀漏斗

溶蚀漏斗是地面凹地汇集雨水，沿节理垂直下渗，并溶蚀扩展成漏斗状的洼地。其直径一般为几米至几十米，底部常有落水洞与地下溶洞相通。

4.干谷和盲谷

喀斯特区地表水因渗漏或地壳抬升，使原河谷干涸无水而变为干谷，干谷又称死谷，其底部较平坦，常覆盖有松散堆积物，沿干河床有漏斗、落水洞成群地呈串球状分布，这往往成为寻找地下河的重要标志。盲谷是一端封闭的河谷，河流前端常遇石灰岩陡壁阻挡，石灰岩陡壁下常发育落水洞，遂使地表水流转为地下暗河。这种向前没有通路的河谷称为盲谷，又称断尾河。其常发育于地下水水力坡降变陡处，是地下河袭夺地表河所致。

5.溶蚀洼地

溶蚀洼地是指岩溶作用形成的小型封闭洼地。它的周围常分布着陡峭的峰林，面积一般只有几平方千米到几十平方千米，底部有残积—坡积物，且高低不平，常附生着漏斗。

6.溶洞

溶洞的形成是石灰岩地区地下水长期溶蚀的结果。石灰岩的主要成分是碳酸钙（$CaCO_3$），在有水和二氧化碳时发生化学反应生成碳酸氢钙[$Ca(HCO_3)_2$]，后者可溶于水，于是有孔洞形成并逐步扩大。在洞内常发育有石笋、石钟乳和石柱等洞穴堆积。洞中这些碳酸钙沉积琳琅满目，形态万千，一些著名的溶洞，如北京房山区云水洞、桂林七星岩和芦笛岩等，均为游览胜地。溶洞常与其他岩溶形态相连，往往是地下水活动的场所和通道。

7.暗河与天生桥

暗河是岩溶地区地下水汇集、排泄的主要通道，其中一部分暗河常与干谷伴随存在，通过干谷底部一系列的漏斗、落水洞，使两者相连通，可大致判明地下暗河的流向，近地表的溶洞或暗河顶板塌陷，有时残留一段为塌陷洞顶，形成横跨水流，呈桥状形态，故称为天生桥。

三、岩溶地区的工程地质问题

在岩溶发育的地方，气候潮湿多雨，岩石的富水性和透水性都很强，岩溶作用使岩体结构发生变化，以致岩石强度降低。岩溶发育对公路工程建设影响很大，主要表现在以下四个方面。

1.被溶蚀的岩石强度大为降低

岩溶水在可溶岩层中溶蚀，使岩层产生孔洞。最常见的是岩层中有溶孔或小洞，所谓溶孔，是指在可溶岩层内部溶蚀孔径不超过20～30cm，一般小于1～3cm的微溶蚀的空隙。遭受溶蚀后，岩石产生孔洞，结构松散，从而降低了岩石强度。

2.造成基岩面不均匀起伏

因石芽、溶沟、溶槽的存在，使地表基岩参差不齐、起伏不均匀。如利用石芽或溶沟发育的场地作为地基，则必须进行处理。

3.降低地基承载力

建筑物地基中若有岩溶洞穴，将大大降低地基岩体的承载力，容易引起洞穴顶板塌陷，使建筑物遭到破坏。

4.造成施工困难

在基坑开挖和隧道施工中，岩溶水可能突然大量涌出，给施工带来困难等。

四、岩溶地区地质选线原则

(1)路线应避开岩溶强烈发育地带，选择在岩溶发育微弱、洞穴层数少、顶板稳固、受岩溶水影响小或非岩溶化地带通过。

(2)路线应避免沿断裂带、可溶岩与非可溶岩的接触带、有利于岩溶发育的褶皱轴部布线，避开断裂的交汇处、岩溶水富集区及岩溶水排泄区。

(3)路线通过孤峰平原区，应选择覆盖层较厚、地下水埋藏较深的地段通过，避开多元土层结构、地表水位与地下水位变化幅度较大、地下水埋藏较浅及抽取地下水后可能形成下降漏斗的地段。

(4)路线通过峰林谷地、峰丛洼地及溶丘洼地地区，路线设计高程应高于岩溶水的最高洪水位，避开断裂通过的垭口。

(5)路线通过河谷区，路线宜在岩溶发育较弱的一岸布设，避开谷坡上的岩溶负地形和无水溶洞群，避免路线设计高程处于岩溶发育强烈的水平径流带内。

(6)越岭线应避开岩溶负地形和岩溶水排泄区。

(7)路线应避开土洞、地面塌陷发育的不良地质地段。

五、岩溶地区路基整治措施

当岩溶地基稳定性不能满足要求时，必须事先进行处理，做到防患于未然。通常应视具体条件合理选择相应的措施，对岩溶和岩溶水的处理措施可以归纳为堵塞、疏导、跨越、清基加固等几个方面。

1.堵塞

对基本停止发展的干涸的溶洞，一般以堵塞为宜。如用片石堵塞路堑边坡上的溶洞，表面以浆砌片石封闭。对路基或桥基下埋藏较深的溶洞，一般可通过钻孔向洞内灌浆注水泥砂浆、混凝土、沥青等加以堵塞，提高其强度，如图6-4-4所示。

2.疏导

对经常有水或季节性有水的空洞，一般宜疏不宜堵，应采取因地制宜、因势利导的方法。路基上方的岩溶泉和冒水洞，宜采用排水沟将水截流至路基外，如图6-4-5所示。对于路基基底的岩溶泉和冒水洞，设置集水明沟或渗沟，将水排出路基。

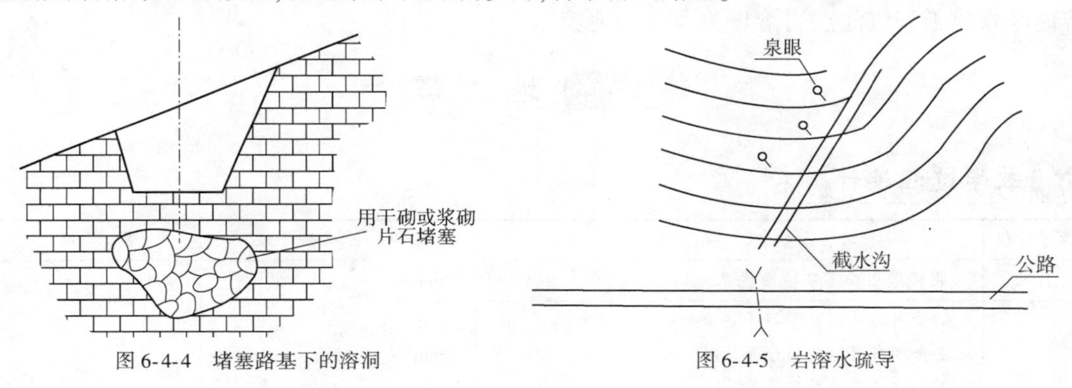

图6-4-4 堵塞路基下的溶洞　　图6-4-5 岩溶水疏导

3.跨越

对位于路基基底的开口干溶洞，当洞的体积较大或深度较深时，可采用构造物跨越。对于有顶板但顶板强度不足的干溶洞，可炸除顶板后进行回填，或设构造物跨越，如图6-4-6所示。

4.清基加固

为防止基底溶洞的坍塌及岩溶水的渗漏，经常采用加固方法。

(1)洞径大，洞内施工条件好时，可采用浆砌片石支墙、支柱等加固。如需保持洞内水流畅通，可在支撑工程间设置涵管排水。

(2)深而小的溶洞不能使用洞内加固办法时，可采用石盖板或钢筋混凝土盖板跨越可能的破坏区。

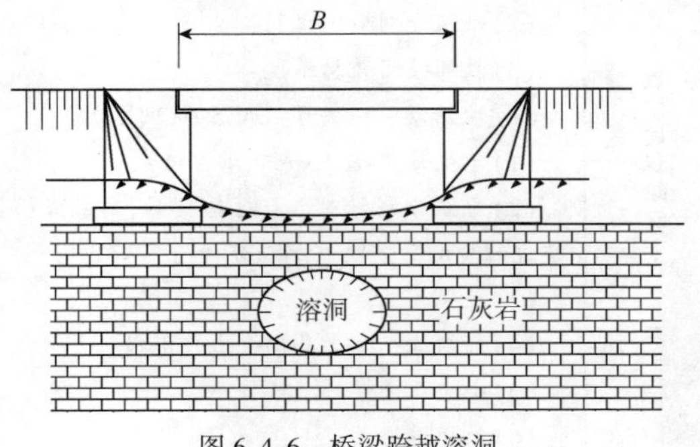

图6-4-6 桥梁跨越溶洞

(3)对洞径小、顶板薄或岩层破碎的溶洞，可采用爆破顶板，用片石回填的办法。如溶洞较深或须保持排水者，可采用拱跨或板跨的办法。

(4)对于有充填物的溶洞，宜优先采用注浆法、旋喷法进行加固，不能满足设计要求时宜采用构造物跨越。

(5)如需保持洞内流水畅通时，应设置排水通道。

隧道工程中的岩溶处理较为复杂。隧道内常有岩溶水的活动，若水量很小，可在衬砌后压浆以阻塞渗透；对成股水流，宜设置管道引入隧道侧沟排除；若水量大时，可另开横洞（泄水洞）；长隧道可利用平行导坑（在进水一侧），以截除涌水。

在建筑物使用期间，应经常观测岩溶发展的方向，以防岩溶作用继续发生。

本单元小结

公路是一种延伸很长，且以地壳表层为基础的线形建筑物，它常穿越许多自然条件不同的地段，特别是不良地质和特殊土地段。本单元主要介绍了岩溶的地貌类型、形成条件和防治措施等。

1.岩溶是水对可溶性岩石进行以溶蚀作用为主所形成的地表和地下形态的总称，又称岩溶地貌。

2.岩溶形成的基本条件是岩石的可溶性、岩体的透水性和水的溶蚀性及流动性。在岩溶地区修建工程应注意岩溶现象及岩溶地貌。

单元5 地　震

教学过程设计

教学过程	课　堂　活　动	时间	方法手段	资　源
引入	用视频引出不良地质现象	2min	1.多媒体讲授； 2.仿真展示； 3.分组讨论； 4.学生互评	1.演示文稿； 2.学习手册； 3.板书； 4.视频
教学过程组织	1.请书写并记忆学习手册中知识评价内容。 2.介绍我国地震的分布情况。 3.介绍地震的类型。 4.介绍地震的震级和烈度。 5.学生活动——区分震级和烈度。 (1)学生每7~8人一组，共分4组； (2)每组分别举例说明； (3)教师提问并总结。 6.学生活动——关于汶川5·12地震。 (1)学生每7~8人一组，共分4组； (2)每组分别针对5·12地震后，路基或桥梁在重建过程中的防震措施加以分析； (3)交换结果； (4)每组选一个代表向全班作汇报； (5)小组互评； (6)教师讲评。 7.介绍目前主要的环境地质问题。 8.总结	5min 2min 5min 5min 10min 10min 3min 3min		

地震是一种地球内部应力突然释放的表现形式，同台风、暴雨、洪水、雷电一样，是一种自然现象，但地震是自然灾害之首恶。全世界每年大约发生500万次地震，绝大多数地震因

震级小，人感觉不到，其中有感地震5万多次，其中，能造成破坏作用的约1 000次，七级以上的大地震仅有十几次。

一次强烈地震，会造成种种灾害，一般我们将其分为直接灾害和次生灾害。直接灾害是指地震发生时直接造成的灾害损失，地震可导致建筑物直接破坏和地基、斜坡的震动破坏（地裂、地陷、砂土液化、滑坡、崩塌等）；次生灾害则指大震时造成的河水倾溢、水坝崩塌等引起的水灾等。1976年唐山的7.8级地震，极震区的大部分房屋化为废墟，人员伤亡惨重，直接经济损失达100多亿元。

地震是工程地质学研究的对象之一，它是区域稳定性分析极其重要的因素。工程地质学着重研究地震波对建筑物的破坏作用，不同工程地质条件场地的地震效应、地震区建筑场地的选择，以及防震、抗震措施的工程地质论证等，为不同地震区各类工程的规划、设计提供依据。

一、地震的成因类型

地震按成因不同，一般可分为人工地震和天然地震。由人类活动（如开山、开矿、爆破等）引起的叫人工地震，除此之外统称为天然地震。地震按其成因可划分为构造地震、火山地震、陷落地震和诱发地震。

1.构造地震

地球在不停地运动变化，内部产生巨大的作用力称为地应力。在地应力长期缓慢的积累和作用下，地壳的岩层发生弯曲变形，当地应力超过岩石本身能承受的强度时，岩层产生断裂错动，其巨大的能量突然释放，迅速传到地面，这就是构造地震。世界上90%以上的地震，都属于构造地震。强烈的构造地震破坏力很大，是人类预防地震灾害的主要对象。

2.火山地震

由于火山活动时岩浆喷发冲击或热力作用而引起的地震叫火山地震。这种地震的震级一般较小，影响范围不大且为数较少，只占地震总数的7%左右。我国很少发生火山地震，它主要分布在南美和日本等地。

3.陷落地震

由于地下水溶解了可溶性岩石，使岩石中出现空洞并逐渐扩大，或由于地下开采形成了巨大的空洞，造成岩石顶部和土层崩塌陷落，引起地震，叫陷落地震。陷落地震震级都很小，数量也少，影响范围小，这类地震仅占地震总数的3%左右。

4.诱发地震

在特定的地区因某种地壳外界因素诱发引起的地震，叫诱发地震。如水库蓄水、地下核爆炸、油井灌水、深井注液、采矿等也可诱发地震，其中最常见的是水库地震，也是当前要严加关注的地震灾害之一。

二、地震波与地震力

地震发生时，震源释放的能量以弹性波的形式向四处传播，这种弹性波就是地震波。地下发生地震的地方为震源，震源正对着的地面是震中。震中附近震动最大，一般是破坏性最严重的地区，也叫极震区。从震中到地面上受地震破坏影响的任何一点的距离叫震中距。

地震力是指由地震波传播时引起地面震动所产生的惯性力。这种惯性力作用于建筑物,当其超过建筑物所能承受的极限时,即造成破坏,地震力愈大,造成的破坏也愈大。地震力具有方向性,即有水平分力和垂直分力。由于水平方向的地震力对建筑物的破坏作用最大,因而一般对地震的水平分力较为重视。抗震的一个重要内容就是要针对可能发生水平方向地震力的大小,采取预防措施。

根据静力系数法,作用于建筑物的水平地震力 P,可按下式计算：

$$P=\frac{a}{g}\cdot G=k_c\cdot G \tag{6-5-1}$$

式中：a——地震最大水平加速度,cm/s^2；

g——重力加速度；

G——建筑物的自重；

k_c——地震系数($k_c\approx0.001a$)。

三、震级和烈度

地震能否使某一地区的建筑物受到破坏,主要取决于地震强度的大小和该区距震中的远近,距震中越远则受到的震动越弱,所以需要有衡量地震本身强度大小和某一地区地面及建筑物震动强烈程度的两个标准,即震级和烈度。

1.震级

地震的震级是表示地震强度大小的度量,它与地震所释放的能量有关。震级是根据地震仪记录到的最大振幅,并考虑到地震波随着距离和深度的衰减情况而得来的。一次地震只有一个震级,小于 3 级的地震,人不易感觉到,只有仪器才能记录到,称为“微震”;3~5 级地震是“弱震”;5~7 级地震是“强震”,建筑物有不同程度的破坏;7 级以上地震为大震,会在大范围内造成极其严重的破坏。震级每相差一级,其能量相差为 30 多倍。可见,地震越大,震级越高,释放的能量越多。

2.烈度

通常把地震对某一地区的地面和各种建筑物遭受地震影响的强烈程度叫地震烈度。烈度根据受震物体的反应、房屋建筑物破坏程度和地形地貌改观等宏观现象来判定。地震烈度的大小,与地震大小、震源深浅、离震中远近、当地工程地质条件等因素有关。因此,一次地震,震级只有一个,但烈度却是根据各地遭受破坏的程度和人为感觉的不同而不同。一般说来,烈度大小与距震中的远近成反比,震中距越小,烈度越大,反之烈度越小。我国地震烈度采用 12 度划分法,是根据地震时人的感觉、家具及物品的振动情况、房屋及建筑物受破坏的程度,以及地面出现的破坏现象等情况来确定的,见表 6-5-1。

地震烈度划分标准表

表 6-5-1

烈度	名称	加速度 a (cm/s^2)	地震系数 k_c	地震情况
Ⅰ	无感震	<0.25	<1/4 000	人不能感觉,只有仪器可以记录到
Ⅱ	微震	0.26~0.5	1/4 000~1/2 000	少数在休息中极宁静的人能感觉到,住在楼上者更容易感觉到

续上表

烈度	名称	加速度 a (cm/s^2)	地震系数 k_c	地震情况
Ⅲ	轻震	0.6~1.0	1/2 000~1/1 000	少数人感觉地动，不能即刻断定是地震；震动来自方向或持续时间有时约略可定
Ⅳ	弱震	1.1~2.5	1/1 000~1/400	少数在室外的人和绝大多数在室内的人都有感觉，家具等有些摇动，盘碗及窗户玻璃震动有声；屋梁天花板等咯咯作响，缸里的水或敞口皿中的液体有些荡漾，个别情形会惊醒睡觉的人
Ⅴ	次强震	2.6~5.0	1/400~1/200	差不多人人感觉，树木摇晃，如有风吹动；房屋及室内物件全部震动，并咯咯作响；悬吊物如帘子、灯笼、电灯等来回摆动，挂钟停摆或乱打，盛满器皿中的水溅出；窗户玻璃出现裂纹；睡觉的人惊逃户外
Ⅵ	强震	5.1~10.0	1/200~1/100	人人感觉，大部分惊骇跑到户外，缸里的水剧烈荡漾，墙上挂图、架上书籍掉落，碗碟器皿打碎，家具移动位置或翻倒，墙上灰泥发生裂缝，坚固的庙堂、房屋亦不免有些地方掉落一些泥灰，不好的房屋受相当损伤，但还是轻的
Ⅶ	损害震	10.1~25.0	1/100~1/40	室内陈设物品及家具损伤甚大；庙里的风铃叮当作响，池塘里腾起波浪并翻起浊泥，河岸砂碛处有崩滑，井泉水位有改变，房屋有裂缝，灰泥及雕塑装饰大量脱落，烟囱破裂，骨架建筑的隔墙亦有损伤，不好的房屋严重损伤
Ⅷ	破坏震	25.1~50.0	1/40~1/20	树木发生摇摆，有时断折；重的家具物件移动很远或抛翻，纪念碑从座上扭转或倒下，建筑较坚固的房屋也被损害，墙壁裂缝或部分裂坏，骨架建筑隔墙倾脱，塔或工厂烟囱倒塌，建筑特别好的烟囱顶部亦遭损坏；陡坡或潮湿的地方发生小裂缝，有些地方涌出泥水
Ⅸ	毁坏震	50.1~100.0	1/20~1/10	坚固建筑物等损坏颇重，一般砖砌房屋严重破坏，有相当数量的倒塌，而且不能再住；骨架建筑根基移动，骨架歪斜，地上裂缝颇多
Ⅹ	大毁坏震	100.1~250.0	1/10~1/4	大的庙宇、大的砖墙及骨架建筑连基础遭受破坏，坚固的砖墙发生危险的裂缝，河堤、坝、桥梁、城垣均严重损伤，个别的被破坏，钢轨挠曲，地下输送管道破坏，道路、街道起了裂缝与皱纹，松散湿软之地开裂，有相当宽而深的长沟，且有局部崩滑；崖顶岩石有部分剥落，水边惊涛拍岸
Ⅺ	灾震	250.1~500.0	1/4~1/2	砖砌建筑全部坍塌，大的庙宇与骨架建筑只部分保存；坚固的大桥破坏，桥柱崩裂，钢梁弯曲（弹性大的大桥损坏较轻）；城墙开裂破坏，路基、堤坝断开，错离很远，钢轨弯曲且突起，地下输送管道完全破坏，不能使用；地面开裂甚大，沟道纵横错乱，到处地滑山崩，地下水夹泥从地下涌出
Ⅻ	大灾震	500.0~1 000.0	>1/2	一切人工建筑物无不毁坏，物体抛掷空中，山川风景变异，河流堵塞，造成瀑布，湖底升高，地崩山摧，水道改变等

注：本表摘自《工程地质》（同济大学等三院校编写）。

在工程勘察、设计中，经常采用的地震烈度有基本烈度、场地烈度和设计烈度。

(1)基本烈度

基本烈度是指在今后一定时期内，某一地区在一般场地条件下可能遇到的最大地震烈度。基本烈度所指的地区，并非是一个具体的工程建筑物地段，而是指一个较大范围的地区。一般场地条件是指在上述地区范围内普遍分布的地层岩性条件及一般的地形地貌、地质构造和地下水条件等。

(2)场地烈度

场地烈度是指建筑场地内因地质、地貌和水文地质条件等的差异而引起基本烈度的降低或提高的烈度。场地烈度根据建筑场地的具体条件，一般可比基本烈度提高或降低0.5~1.0度。

(3)设计烈度

设计烈度又称设防烈度，是指抗震设计所采用的烈度。它是根据建筑物的重要性、永久性、抗震性以及工程的经济性等条件对基本烈度进行适当调整后的烈度。永久性的重要建筑物需提高基本烈度作为设计烈度，并尽可能避免设在高烈度区，以确保工程安全。临时性建筑和次要建筑物可比永久性建筑或重要建筑物低 1.0~2.0 度。

四、全球和我国的地震分布

1.全球的地震分布情况

地震的地理分布受一定的地质条件控制，具有一定的规律。地震大多分布在地壳不稳定的部位，如大陆板块和大洋板块的接触处及板块断裂破碎的地带，全球地震主要分布在两大区带上。一是环太平洋地震带，该带基本沿着南、北美洲西海岸，经堪察加半岛、千岛群岛、日本列岛，至我国的台湾和菲律宾群岛一直到新西兰，是地球上最活跃的地震带。二是地中海—喜马拉雅地震带，主要分布于欧亚大陆，又称欧亚地震带，大致从印尼西部、缅甸经我国横断山脉喜马拉雅山地区，经中亚细亚到地中海。

2.我国的地震分布情况

我国处在世界两大地震带之间，是世界上地震活动较多且强烈的地区。我国地震主要分布在：

(1)东南部的台湾和福建、广东沿海，台湾的强震密度和平均震级都居全国首位；

(2)华北地震带；

(3)西藏—滇西地震带；

(4)横贯我国的南北向地震带等。

本单元小结

公路是一种延伸很长，且以地壳表层为基础的线形建筑物，它常穿越许多自然条件不同的地段，特别是不良地质和特殊土地段。本单元主要介绍了地震的类型、地震震级和烈度等有关内容，不同地区根据不同特点选择学习。地震是一种地球内部应力突然释放的表现形式，同台风、暴雨、洪水、雷电一样，是一种自然现象，但地震位居自然灾害之首。地震按其成因可划分为构造地震、火山地震、陷落地震和诱发地震。震级和烈度是衡量地震本身大小与某一地区地震强烈程度的两个尺度。地震烈度分为基本烈度、场地烈度和设防烈度。

单元6 特 殊 土

教学过程设计

教学过程	课堂活动	时间	方法手段	资源
引入	用视频引出特殊土	5min		
教学过程组织(一)	1.请书写并记忆学习手册中知识评价内容。 2.认识特殊土的危害。 3.认识软土、黄土的工程性质和整治措施。 4.学生活动——对比特殊土的工程性质。 (1)学生每7~8人一组,共分4组; (2)每组分别说明该特殊土的工程性质并分析可能引起的地质问题; (3)交换结果; (4)每组选一个代表向全班作汇报; (5)小组互评; (6)教师讲评。 5.总结	10min 5min 35min 30min 5min	1.多媒体讲授; 2.仿真展示; 3.分组讨论; 4.学生互评	1.演示文稿; 2.学习手册; 3.板书; 4.视频
教学过程组织(二)	1.请书写并记忆学习手册中知识评价内容。 2.认识膨胀土、盐渍土的工程性质和整治措施。 3.学生活动——拟订某公路经过膨胀土分布区处理措施。 (1)学生每7~8人一组,共分4组; (2)每组分别举例说明类似地质问题及采取的措施,并给出相关评价; (3)交换结果; (4)每组选一个代表向全班作汇报; (5)小组互评; (6)教师讲评。 4.总结	10min 30min 40min 10min	1.多媒体讲授; 2.仿真展示; 3.分组讨论; 4.学生互评	1.演示文稿; 2.学习手册; 3.板书; 4.视频

特殊土是指具有特殊的物质成分、结构和工程特性的土,包括软土、黄土、膨胀土、盐渍土、冻土、填土和红黏土等。

在这些具有特殊工程性质的土层发育区进行工程建设时,或者工程设施在使用过程中,经常因工程场地的特殊土条件发生沉陷、隆起、坍塌、滑移、开裂、倾倒等现象而影响施工的正常进行,危害工程设施安全,甚至造成人员伤亡和财产损失,这种现象一般称为特殊岩土工程地质灾害。

一、软土

软土是指天然含水率大、压缩性高、承载力低、透水性差、抗剪强度很低的呈软塑—流塑状态的黏性土。软土在静水或缓慢流水环境中沉积,并经生物化学作用而成。我国软土分布广泛，主要位于沿海平原地带、内陆湖盆、洼地及河流两岸地区，如长江三角洲、珠江三角洲、洞庭湖、洪泽湖、太湖等地。

软土按天然孔隙比和有机质含量分类如表6-6-1所示。

软土分类

表6-6-1

指标 \ 土类	淤泥质土	淤泥	泥炭质土	泥炭
天然孔隙比 e	$1<e<1.5$	$e>1.5$	$e>3$	$e>10$
有机质含量(%)	3~10	3~10	10~60	>60

（一）软土的主要特征

(1)富含有机质，天然含水率大于液限，天然孔隙比大于或等于1。

(2)颗粒粒度以黏粒为主，可达60%~70%，其次为粉粒，主要有石英、长石、云母等。

(3)黏粒中的黏土矿物主要是伊利石，高岭石次之，有机质含量可达5%~15%。

(4)具有典型的海绵状或蜂窝状结构，孔隙度在50%~65%之间。

(5)具有层理构造。

（二）软土的工程性质

1.高孔隙比和高含水率

软土的颗粒分散性高，联结弱，软土的含水率一般大于30%，孔隙比一般大于1，多呈软塑或潜液状态。液限一般在40%~60%之间。

2.低透水性和高压缩性

软土孔隙比大，孔隙细小，黏粒亲水性强，土中有机质多，分解出的气体封闭在孔隙中，使土的透水性能很差。在荷载作用下，排水不畅，固结慢，压缩性高，水不易排出，也不易压密。所以，软土在建筑物荷载作用下，容易发生不均匀下沉和大量沉降，而且下沉缓慢，完成下沉的时间很长。

3.抗剪强度低

软土的内摩擦角和内聚力很小，所以其抗剪强度低，且与加荷速度和排水固结条件有关。不排水的抗剪强度一般在30kPa以下。要提高软土的抗剪强度，必须在建筑物施工和使用过程中控制加荷速度。

4.较显著的触变性和蠕变性

当软土的原状土结构未受到破坏时，常具有一定的结构强度，但一经扰动，结构强度便被破坏。如果在含水率不变的条件下，静置不动又可恢复原来的强度。这种因受扰动而强度减弱，再静置又增强的特性，称为软土的触变性。触变的机理是吸附在土颗粒周围的水分子的定向排列被破坏，土粒悬浮在水中，呈流动状态。当震动停止，土粒与水分子相互作用的定向排列恢复，土强度可慢慢恢复。

流变性是指在一定荷载的持续作用下，土的变形随时间而增长的特性。软土在剪应力作用下，土体将发生缓慢而长期的剪切变形，使其长期强度小于瞬时强度，这对边坡的稳定性极为不利。

（三）软土地区地质条件选线原则

（1）路线应避开软土分布广、厚度大、处治困难的地带。无法避开时，应选择软土厚度较小、下卧硬层横坡较缓的地带，以最短的距离通过。

（2）在平原区选线，路线宜远离湖塘，避免近距离平行河流、水渠等布线；应避开古牛轭湖、古湖盆等有软土分布的地带，避免从其中部通过。

（3）在丘陵和山间谷地选线，路线宜选择在地势较高、硬壳层较厚的地带，避开有软土分布的沟谷、洼地或下卧硬层横坡较陡的地带。

（4）软土地区的路堤高度宜控制在设计临界高度以内。

（5）桥位选择应避开软土厚度大、土层结构复杂、岸坡稳定存在隐患的部位。

（四）软土路基加固与处理方法

在公路工程建设中，不可避免地会遇到软土地基问题。由于软土具有含水率高、孔隙比大、压缩性高等不利的工程性质，导致地基承载力往往不能满足工程设计的要求，因此，需要对地基进行人工加固处理。在实际工作中，选择处理方法应考虑地基条件、道路条件、施工条件及周围环境等影响，软土地基的加固与处理措施见表 6-6-2。

软土地基的加固与处理方法 表 6-6-2

方 法	施 工 要 点	适 用 范 围
换土	将软土挖除，换填以砂、砾、卵石、片石等透水性材料或强度较高的黏性土，从根本上改善地基土的性质	适用软土深度不超过 2m
强夯	采用 10～20t 重锤，从 10～40m 高处自由落下，夯实土层，致使土体局部压缩，夯击点周围一定深度内产生裂隙良好的排水通道，使土中的孔隙水（气）顺利排出，土体迅速固结	适用于小于 12m 的软土层
砂垫层	在软土层顶面铺设排水砂层，以增加排水面，使软土地基在填土荷载的作用下加速排水固结，提高其强度，满足稳定性的需要，如图 6-6-1 所示	适用于软土深度不超过 2m，砂料较丰富地区
抛石挤淤	在路基底部，从中部开始向两边抛投一定数量的片石，将淤泥挤出基底范围，以提高地基强度	适用于石料丰富，软土厚度为 3～4m 的地区
反压护道	在路堤两侧填筑一定宽度和高度的护坡道，使路堤下的淤泥向两侧隆起的趋势得到平衡，从而保证路堤的稳定性	适用于非耕作区和取土不困难的地区
砂井排水	在软土地基中，按一定规律设计排水砂井，井孔直径多在 0.4～2.0m，井孔中灌入中、粗砂，砂井顶部要用砂沟或砂垫层连通，构成排水系统，在路堤荷载的作用下加速排水固结，从而提高强度，保证路堤的稳定，如图 6-6-2 所示	适用于软土层厚度大于 5m，路堤高度大于极限高度 2 倍的情况，或地处农田和填料来源较困难的地区
深层挤密	在软土中成孔，在孔内填以水泥、砂、碎石、素土、石灰或其他材料（粉煤灰等），形成桩土复合地基（水泥砂桩或石灰桩），从而使较大深度范围内的松软地基得以挤密和加固	适用于软土层较厚地区
化学加固	通过气压、液压等将水泥浆、黏土浆或其他化学浆液压入、注入、拌入土体后，与土体发生化学反应，吸收和挤出土中部分水与空气，形成具有较高承载力的复合地基	适用于软土层较厚地区
土工织物加固	将具有较大抗拉强度的土工织物、塑料格栅或筋条等铺设在路堤的底部，以增加路堤的强度，扩散基底压力，阻止土体侧向挤出，从而提高地基承载力和减小路基不均匀沉降	土工合成材料适用于矿土、黏性土和软土，或用作过滤、排水和隔离材料；加筋土适用于人工填土的路堤和挡墙结构

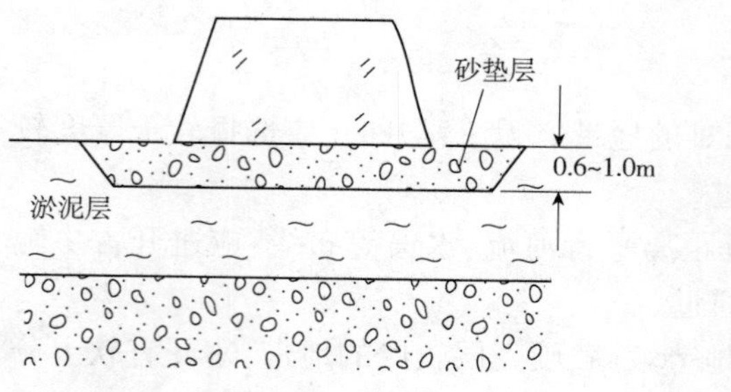

图 6-6-1　砂砾层

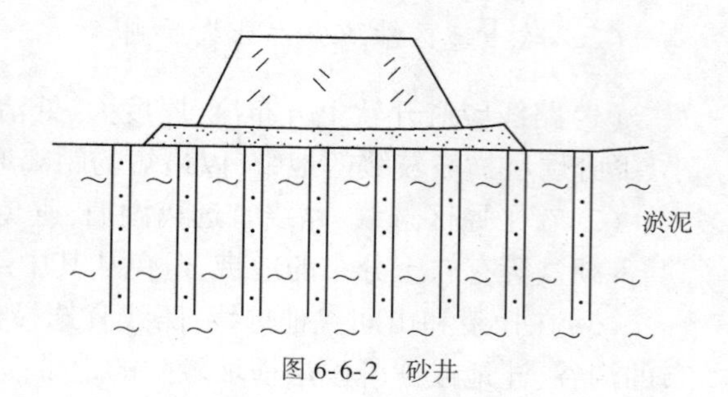

图 6-6-2　砂井

二、黄土

黄土是以粉粒为主，含碳酸盐，具有大孔隙，质地均一，无明显层理而有显著垂直节理的黄色陆相沉积物，是大陆干旱和半干旱气候条件下沉积而成的，呈褐黄色或灰黄色。黄土在我国特别发育，地层全、厚度大、分布广。其主要分布于秦岭以北的黄河中游地区，在我国大的地貌分区图上称之为黄土高原，在河北、山东、内蒙古、东北南部及青海、新疆等地亦有所分布。

（一）黄土的一般特征

(1)颜色多为黄色、灰黄、褐黄、棕黄等颜色。

(2)粒度成分以粉粒为主，占60%~70%；黏粒变化范围较大，为5%~35%。

(3)含各种可溶盐，主要富含碳酸钙，含量达10%~30%，其对黄土颗粒有一定的胶结作用。

(4)无层理，具柱状节理和垂直节理，天然条件下稳定边坡近直立。

(5)结构疏松，孔隙多且大，孔隙度达33%~64%。

(6)遇水有显著的湿陷性。

（二）黄土地质病害的防治措施

由于黄土结构疏松，具有大孔隙、抗水性能差、易崩解、湿陷性等特征，使之在黄土地区的工程出现多种病害，如路堑边坡的剥落、冲刷、崩塌和滑坡，路堤和房屋建筑不均匀沉陷、变形开裂等，因此，在工程中必须采取相应的措施，以保证安全。

1.防水措施

水的渗入是黄土地质病害的根本原因，只要能做好严格防水，各种事故是可以避免或减少的。为防止路侧积水，在路基坡脚外20~30m范围内，要仔细整平地面，不得积水，并使地面洼地和裂隙填平、夯实。为防止雨水下渗，对路侧排水沟均须进行防渗加固。

2.边坡防护

(1)捶面护坡。在西北黄土地区，为防止坡面剥落和冲刷，可用石灰炉渣灰浆、石灰炉渣三合土、四合土等复合材料在黄土路堑边坡上捶面防护。这种方法适用于降雨量稍大地区和坡率不陡于1∶0.5的边坡，防护厚度为10~15cm。

(2)砌石防护。因黄土路堑边坡普遍在坡脚1~3m高范围内发生严重冲刷和应力集中现象，可采用浆砌片石或干砌片石防护。该方法可用于路堑的任何较陡的边坡，因黄土地区缺乏片石，故采用砌石防护又有一定的困难。

此外，在黄土地区公路边坡还可以采用植物防护、喷浆防护等边坡防护方式。

3.地基处理

地基处理是对基础后建筑物下一定范围内的湿陷性黄土层进行加固处理或换填非湿陷性黄土，达到消除湿陷性、减小压缩性和提高承载力的目的。在湿陷性黄土地区，国内外采用的地基处理方法有强夯、重锤表层夯实、换填土垫层、挤密桩、化学灌浆加固等方法，详见表 6-6-3。

黄土地基处理 表 6-6-3

处理方法	施工要点	使用范围
强夯	一般采用 8～40t 的重锤(最重达 200t)，从 10～20m(最大达 40m)的高度自由下落，击实土层	适用于大于 2m 的黄土地基
重锤表层夯实	一般采用 2.5～3.0t 的重锤，落距为 4.0～4.5m	适用于 2m 以内的黄土地基
换填土垫层	先将处理范围内的黄土挖出，然后用素土或灰土在最佳含水率下回填夯实	适用于消除地表下 1～3m 的黄土层的湿陷性
挤密桩	先在土内成孔，然后在孔中分层填入素土或灰土并夯实；在成孔和填土夯实过程中，桩周的土被挤压密实，从而消除湿陷性	适用于 5～15m 厚黄土地基
化学灌浆加固	通过注浆管，将化学浆液注入土层中，使溶液本身起化学反应，或溶液与土体起化学反应，生成凝胶物质或结晶物质，将土胶结成整体，从而消除湿陷性	适用于较厚但范围较小的黄土地基

三、膨胀土

膨胀土是一种富含亲水性黏性矿物，并且随含水率增减，体积发生显著胀缩变形的高塑性黏土，如图 6-6-3 所示。膨胀土按其成因大体可分为残积—坡积、湖积、冲积—洪积和冰水沉积等类型，其中以残积—坡积型和湖积型的胀缩性最强。

a)

b)

图 6-6-3 膨胀土及其滑坡

a)膨胀土；b)膨胀土滑坡

（一）膨胀土的主要特征

(1)粒度成分中以黏粒为主，一般在 50%以上，粉粒其次，砂粒最少。

(2)矿物成分中主要是黏土矿物，以伊利石为主，少量以蒙脱石为主，高岭石含量较低。

蒙脱石含量越多，膨胀性越强烈。

(3)结构致密，呈坚硬或硬塑状态，强度较高，黏聚力较大。

(二)膨胀土的工程性质

1.强胀缩性

膨胀土吸水后体积膨胀，使其上建筑物隆起，如膨胀受阻即产生膨胀力；失水体积收缩，造成土体开裂，并使其上建筑物下沉。

2.多裂隙性

膨胀土还具有明显的垂直和水平裂隙，裂隙面开张较光滑，随深度的增加其数量和开张宽度逐渐减小以至消失，裂隙回缩变窄或闭合，故又称为“裂隙黏土”。这些裂隙将土体分割成具有一定几何形态的块体，裂隙间夹有软弱的充填物，故削弱了土体强度，易沿裂隙产生变形。

3.强度衰减性

天然状态下，膨胀土结构紧密、孔隙比小，干密度达 1.60～1.80g/cm^3，塑性指数为 18～23，天然含水率与塑限比较接近，一般为 18%～26%，土体处于坚硬或硬塑状态，常被误认为良好的天然地基。但受水浸湿后，强度很快衰减，黏聚力小于 100kPa，内摩擦角小于 10°，有的甚至接近饱和淤泥的强度。

4.风化特性

膨胀土受气候影响，极易产生风化破坏作用。路基开挖后，土体在风化营力作用下，很快产生碎裂、剥落和泥化等现象，使土体结构破坏，强度降低。

(三)膨胀土地区地质选线原则

(1)路线应选择地形平缓、坡面完整、植被良好的地带通过，避免平行坡面或沿山前斜坡地带布线，并宜垂直垄岗轴线。

(2)路线应以浅挖、低填的方式通过。

(3)路线应避开中、强膨胀土地带。必须通过时，应避开土层结构复杂或有软弱夹层发育的地带，并以最短距离通过。

(4)路线应避开裂隙发育、地表冲蚀严重或有滑坡、溜塌、地裂等不良地质发育的地段。

(5)路线应远离地表水体或地下水发育的膨胀土地段。

(四)膨胀土病害的防治措施

在生产实践中总结了防治膨胀土病害的“三宜三不宜”，即“宜早不宜迟，宜挡不宜清，宜排不宜堵”。

1.膨胀土路基处理

(1)填高不足 1m 的路堤，必须换填非膨胀土，并按规定压实。

(2)使用膨胀土作填料时，为增加其稳定性，采用石灰处治，石灰剂量范围为 10%～20%，要求掺灰处理后的膨胀土，其胀缩率以接近零为佳。

(3)路堤两边边坡部分及路堤顶面要用非膨胀土作封层，必要时须铺一层土工布，从而形成包心填方。

(4)路堑边坡不要一次挖到设计线,沿边坡预留30~50cm厚度,待路堑挖完后,再削去预留部分,并以浆砌花格网护坡封闭。

(5)路堤与路堑分界处,即填挖交界处2m范围内的挖方地基表面上的土应挖成台阶,翻松,并检查其含水率是否与填土含水率相近,同时采用适宜的压实机具,将其压实到规定的压实度。

(6)施工时,应避开雨季作业,加强现场排水。路基开挖后,各道工序要紧密衔接,连续施工,时间间隔不宜太久。路堤、路堑边坡按设计修整后,应立即浆砌护墙护坡,防止雨水直接侵蚀。

2.膨胀土边坡处理

(1)防护地表水

设置截排水天沟、平台纵向排水沟等排水系统,防止地表水渗入土体冲蚀坡面。路堑边坡及早封闭,防止积水浸泡路基,防止地下水浸入路基。

(2)边坡防护

①植物防护,比如植草皮、小乔木、灌木等,形成植物覆盖层,防止地表水冲刷;

②骨架护坡,采用浆砌片石方形及拱形骨架护坡,骨架内植草效果更好;

③支挡防护,采用抗滑挡墙、抗滑桩等。

四、盐渍土

在公路工程中,盐渍土一般指地表以下1.0m深度范围内的土层,当其易溶盐的平均含量大于0.3%,具有融陷、盐胀等特性的土。盐渍土在我国分布面积较广,在新疆、青海、甘肃、内蒙古、宁夏等省(自治区)分布较多,陕西、辽宁、吉林、黑龙江、河北、河南、山东、江苏等省也有分布。

(一)盐渍土的形成

矿化度较高的地下水,沿着土层中毛细孔隙上升到地表或接近地表,经蒸发作用后,水中盐分凝析出来,聚集于地表和地表下不深的土层中而形成盐渍土。盐渍土的形成必须具备三个基本要素:

(1)地下水的矿化度高才有充分易溶盐的来源。

(2)地下水位较高,毛细作用能达到地表或接近地表,水分才有被蒸发的可能。

(3)气候比较干旱,蒸发强烈,年平均降雨量小于年蒸发量时,便可形成盐渍土。

(二)盐渍土的工程性质

(1)胀缩性强。硫酸盐和碳酸盐土吸水后体积增大,脱水后体积收缩。干旱地区日温差较大,由于温度的变化,硫酸盐的体积时缩时胀,致使土体结构疏松。在冬季温度下降幅度较大时,便产生大量的结晶,使土体剧烈膨胀。一般认为,易溶盐含量在2%以内时,膨胀带来的危害性较小,高于这个含量则膨胀量迅速增加。

(2)溶陷性强。盐渍土不仅遇水发生膨胀,易溶盐遇水还会发生溶解,造成地基在土自重压力作用下产生沉陷。当粉粒含量大于45%、孔隙度大于45%时,出现与黄土相似的湿陷性。

(3)压实性差。当土中含盐量增加时,其最大密度逐渐减小,当含盐量超过一定数值时,不易达到标准密度。如果需要以含盐量较高的土作为填料,就需要加大夯实能量。盐渍土的工程地质条件除取决于所含盐类成分、含量外,还与土的含水率等密切相关。

(三)盐渍土地区地质选线原则

(1)路线应避开盐渍土强烈发育地带。无法避开时,应选择在地表排水条件好、地势较高、土中含盐量较低的部位,以最短距离通过。

(2)路线应避开低洼潮湿、水质矿化度高的盐沼地带。

(3)路线应以路堤形式通过,避免挖方,并结合地表积水情况、地下水位埋深、填土毛细水作用高度、冻胀深度以及公路等级等因素合理确定路堤最小填土高度。

(四)盐渍土地基的工程处治措施

盐渍土地基处理的目的,主要在于改善土的物理力学性质,以消除或减少地基因浸水而引起的溶陷现象,主要的处理方法如下。

1.浸水预溶法

浸水预溶法即将需要处理的土基预先浸水,在渗透过程中易溶盐溶解,并渗流到较深的土层中,易溶盐的溶解破坏了土颗粒之间的原有结构,在土自重压力下压密。对以砂、砾石和渗透性较好的非饱和黏性土为主的盐渍土,土体结构疏松,具有大孔隙结构特征,在浸水后,胶结土颗粒的盐类被溶解,土体中一些小于孔隙的土颗粒落入孔隙中,土层发生溶陷。通过浸水预溶,可改善地基溶陷等级,具有效果较好、施工方便、成本低等优点。

浸水预溶法一般适用于厚度较大,渗透性较好的砂砾石土、粉土和黏性盐渍土。对于渗透性较差的黏性土不宜采用此方法。浸水预溶法用水量大,因此场地要有充足水源。

2.强夯法(图6-6-4)

对于含有结晶盐不多、非饱和低塑性盐渍土,采用强夯法的处理方式可有效改善地基土的土体结构,减少孔隙率,从而达到减少溶陷沉降量的目的。

a)

b)

图6-6-4 强夯法

3.浸水预溶法加强夯法

该法一般用于含结晶盐较多的砂石类土中。由于浸水预溶后地基土中含水率增大,压缩性增高,承载力降低,可通过强夯处理改善土体结构,提高地基土强度,也可进一步增大地基土密实度，减轻水溶陷性。

4.换土垫层法（图 6-6-5）

对于溶陷性较高，但不很厚的盐渍土，采用换土垫层法消除其溶陷性是较为可靠的，即把基础下一定深度范围内的盐渍土挖除，如果盐渍土层较薄，可全部挖除，然后回填不含盐渍土的砂石、灰土等，分层压实。如果全部清除盐渍土层较困难，也可以部分清除，将主要影响范围内的溶陷性盐渍土层挖除，铺设灰土垫层。由于灰土垫层具有良好的隔水性能，对垫层下残留的盐渍土层形成一定厚度的隔水层，起到防水作用。

图 6-6-5 换土垫层法

5.降低地下水位

如地形有利于排水，宜在路基旁侧设置降低地下水位的排水沟、集水槽、井点降水等方法，将水引排至路基范围以外，使路基以下的地下水位降低，并配合其他处理措施，如强夯，可较好地处理盐渍土问题。

本单元小结

公路是一种延伸很长，且以地壳表层为基础的线形建筑物，它常穿越许多自然条件不同的地段，特别是不良地质和特殊土地段。本单元主要介绍了特殊土的类型、工程性质和防治措施，不同地区根据不同特点选择学习。

1.特殊土是指具有特殊的物质成分、结构和工程特性的土，包括软土、黄土、膨胀土、盐渍土、冻土、填土和红黏土等。

2.在这些具有特殊工程性质的土层发育区进行工程建设时，或者工程设施在使用过程中，经常因工程场地的特殊土条件发生沉陷、隆起、坍塌、滑移、开裂、倾倒等现象而影响施工正常进行，危害工程设施安全，甚至造成人员伤亡和财产损失，这种现象一般称为特殊岩土工程地质灾害。

模块七 野外地质勘察应用技能的训练

本门课程在完成课堂理论、室内实习(试验)教学的同时,还必须进行为期一周的野外地质勘察应用技能的训练——野外地质教学(认识性)实习。

公路是一种延伸很长,且以地壳表层为其基底的线形建筑物,故这种教学实习的特点是:沿已建成和将要建成的公路线两侧布置观测点,在教师的指导下对不同路段的地层、岩土性质、地质构造、地貌、水文地质以及不良地质现象等进行现场勘察,并对其稳定性作出评价。为此,特编拟野外地质教学实习部分内容,供读者参考。

单元1 地质实习教学大纲

一、实习的目的与基本要求

通过野外地质教学实习,使学生从自然界许多具体的地质事物和现象中获得一些生动的感性认识,以验证和巩固课堂所学的基本理论,并对某些路段的不良地质现象及岩体稳定性问题作出分析、论证,从而为今后路桥工程的测设、施工等方面的专业课学习奠定必备的工程地质知识。对此,提出如下基本要求:

(1)针对野外具体的岩石和土层,能借助简易工具和试剂对其性质、结构、构造、类别作出鉴别和描述;对岩石还应估测其工程强度和石料等级。

(2)运用地质罗盘仪测量岩体结构面的产状,识别不同类型的地质构造,并分析它们对路桥工程稳定性的影响。

(3)认识和区分一般中、小型地貌,以及不同地貌形态对路线测设、施工、养护等方面的影响。

(4)识别山区常见不良地质现象,分析其发生的原因、对道路或桥梁的危害,并从中了解和探讨预防和整治的措施。

(5)初步了解公路工程地质调查的内容和一般方法。

二、组织领导及实习日程安排

(1)成立教学实习小组,每班分为4~5组,设学生组长1人。确定指导教师,负责实习中的业务、安全、纪律、后勤、生活等事宜。

(2)实习具体日程安排:实习时间为一周,可参考表7-1-1。

实习日程安排表　　　　表7-1-1

星期	实习安排	备注
一	召开实习动员大会,强调安全纪律;宣布实习领导小组成员及实习计划;借领野外实习装备等;实习地区地质条件概况介绍	
二	离校,赶赴实习地区,开展路线观察实习	
三	全天路线观察实习	
四	全天的路线观察及技能考核	
五	召开实习总结大会,布置编写实习报告的纲要;归还实习装备;整理野外记录及资料;编写个人实习报告	

三、实习地点

实习地点应尽量选在能满足教学实习的要求、地质类型比较齐全,具有一定代表性的拟建或已建的公路工程地区。若建筑工程地区不能满足实习要求时,亦可增加几个地质典型地点进行补充实习。

四、实习成绩考核

本实习成绩按照教育部有关规定应单独考核、评定,不及格者,无补考机会。

实习成绩的具体评定方法如下:

(1)组织纪律考核:包括实习路途、观察地点等的纪律情况,按照有关规定执行。

(2)罗盘考核:熟悉使用罗盘测定岩层的产状要素是学生必须掌握的一项基本技能。

(3)野外实习记录:在每个观察点上做好观察记录是实习的一项基本要求,同时也是编写地质实习报告的前提。

(4)实习报告:实习报告是学生在实习中收获的体现,在评定成绩时占较大的比重。

五、编写实习报告的内容

(一)报告的名称:______地区路桥工程地质认识实习报告

班级__________学号__________姓名__________日期__________

(二)报告的内容

绪言:实习区的行政区划、经纬位置、自然地理概况、实习目的、实习时间等。

(1)对不同观察点上所见不同岩层,按三大岩类或由新到老的顺序作具体描述,并判断其工程强度的类别。

(2)描述在实习地区认识的地质构造及地貌的类型,根据所见实际情况并结合路桥工程的勘测设计、施工等问题作出综合分析,提出自己的见解。

(3)描述在实习地区所见到的各种不良地质现象，描述它们对路桥工程造成的危害及应采取的措施，并给出自己的评价。

(4)除了安排的观察内容以外，提出自己的新发现、新见解或认为需要探索的问题。

(5)结束语。

单元2 地质教学实习参考资料

本部分我们借鉴四川交通职业技术学院的野外地质教学实习的内容作为参考来说明。

一、概述

实习地区在四川省都汶山区沿岷江主、支流河谷的公路线两侧，东达虹口、西临映秀、南迄漩口、北抵雁门。其经纬位置大约在E105°29′～E103°40′，N31°00′～N31°22′之间。都江堰市位于成都市西北约70km处，以举世闻名的古代水利工程——都江堰在此而得名；汶川县是阿坝藏族自治州的东南大门，是高原山区与盆地平坝物资交流的集散地。都汶公路是该地区的重要的经济命脉。实习地区在区域地质构造上属四川东部地区（或称扬子地块）西缘的"龙门山褶断带"，该带之西北为四川省西部地槽区（即松潘甘孜褶皱系），实际上是地台区与地槽区的过渡带。

龙门山褶断带是纵贯我国的北东向华夏构造体系的一部分，也是我国地势上西高东低呈三级梯状的一、二级阶梯的过渡带之一。龙门山褶断带呈狭长条带状分布于四川省中偏北部，起于陕西宁强，经过四川省内青川、广元、北川、绵竹、汶川、都江堰、宝兴、天全、康定、泸定，全长500km，宽25～40km，由北东向隆起、拗陷、单背斜与复背斜、走向与垂向的各类断裂等所组成。在构造上可分为三段：绵竹以北为北段，即印支期构造明显，有褶皱断裂；绵竹与都江堰为中段，早期喜马拉雅运动（四川运动）的构造形迹十分显著，有著名的飞来峰构造；都江堰以南为南段，其上三叠统有多层火山岩，火山活动频繁，也有断裂产生。本实习地区为这一构造单元的中段。

就地貌而言，本区地势自西北向东南倾斜，呈阶梯状逐级下降，由九顶山4 982m逐渐下降到成都平原的500m左右。习惯上，一般以岷江为界分为两段，东段为龙门山，西段为邛崃山。

由于本地区山岭海拔一般在3 500m以下，地貌区划上属于龙门山中山区。区内岷江由北而南，过松潘后流经硬质岩地段，形成高陡的峡谷；流经软质岩地段多形成山间河谷盆地，宽谷两岸阶地发育，一般可见Ⅲ～Ⅴ级阶地。高谷两侧崇山峻岭，相对高差达1 000m以上，坠积、坡积、冰碛物遍布山麓，冲沟及洪积扇地貌比比皆是，地形支离破碎，常有不良地质现象发生。

上述区域地质、地貌特征，对山区路桥工程的测设、施工、营运及其安全、稳定性等问题起着制约作用。通过在本区域内的教学实习，可举一反三地对其他山区路桥工程建设有着广泛的指导意义。

二、地层与岩性

在实习地区内所出露的部分地层，按其地质年代的新老顺序列表，（表7-2-1），并对其具有代表性岩石性质进行描述。

都汶地区地层与岩性一鉴表　　表 7-2-1

界	系	统	地方性地层名	代号	岩性描述
新生界	第四系	全新统		Q_4	按成因分为冲积型和冲洪积型：①冲积型，其下部为河床相砂土砾石层；上部为河漫滩相亚砂土层；②冲洪积型，其下部为砾石层，由砂泥质充填，砾石排列杂乱，结构紧密；上部为亚砂土、亚黏土或黏土层；该地层分布于近代河床、河漫滩及构成高出河面 5~8m 的Ⅰ级阶地
		更新统	广汉砾石层	Q_3	该统可分为上、中、下三个层位，常构成河流两岸上的Ⅱ、Ⅲ、Ⅳ、Ⅴ级阶地，Ⅱ级阶地是由基岩之上由磨圆度较好的砾石、卵石、黄色砂质黏土组成
				Q_2	Ⅲ、Ⅳ级阶地，因受冰川作用，在基岩之上的冰碛物成分比较复杂，在砾石层之上覆盖有浅灰或黄色亚黏土层
				Q_1	Ⅴ级阶地，已不显见，在高出河面近 100m 之上偶见残留之阶面
中生界	侏罗系	上统		J_{3l}	以棕红、砖红色泥岩及粉砂质泥岩为主，底部为灰绿色中—厚层钙质砂岩
	三叠系	上统	须家河组	T_{3xj}	由一系浅灰、黄灰色厚层砂岩、长石砂岩、钙质粉砂岩、泥岩，与炭质泥岩、页岩、细砂岩夹薄煤层等交互组成；通常分为五段：1、3、5 段以砂岩为主，夹泥页岩及煤线；2、4 段以炭质页岩、泥岩及煤层为主，夹砂岩；本区内，向西北方向变质程度逐渐加深，页岩生成板岩
古生界	石炭系		未分统	C-P	本系地层在四川省内大部分地区缺失或未出露，而在边缘地带只有零星分布，唯龙门山一带较为集中；如都江堰龙溪带可见 148~500m 的沉积岩，为灰白色、白色块状纯灰岩、夹白云质灰岩； 在有些地带，由于相变不甚明显，常与上部二叠系的沉积关系无法区分，故可视为"未分统"
	泥盆系	中统	观雾山组	D_{2g}	在九甸坪、懒板凳一带及深溪沟均有出露，厚度可达 680~1 000m，为灰、深灰、层状灰岩与白云质灰岩互层，夹黑色页岩及暗褐色铁质砂岩
	泥盆系		月里寨组	D_{y_1}	以汶川雁门沟月里寨为代表，该群地层出露厚度达 1 400m，为一套浅变质泥质岩夹灰岩；上部以灰岩为主夹千枚岩，中部为灰、深灰的千枚岩与灰岩不等厚互层；下部为灰、深灰、灰黑色千枚岩夹薄层灰岩及石英砂岩
	志留系	上中统	茂县群上亚组	S_{mx_2}	在后龙门山茂县一带分布甚广，发育完好；自上而下可分为三个亚组：上为绿色绢云母板岩、夹细砂质灰岩及生物灰岩；中为薄层微晶灰岩、泥砂质灰岩及绿色绢云母板岩呈不等厚互层；下以灰绿色绢云母板岩为主，夹薄层透镜状砂质灰岩，底部为蝙状灰岩
		下统	茂县群下亚组	S_{mx_1}	灰绿夹紫红色千枚岩与上亚群底部蝙状灰岩呈整合接触；该亚群厚度为 300 余米，由炭质千枚岩夹少量薄层硅质岩，底部夹薄层砂岩，假整合于奥陶系宝塔组之上

本实习区内的岩浆岩，主要是指"彭灌杂岩"，可见于汶川映秀至七盘沟的岷江两岸，其主体为元古代澄江——晋宁期侵入的闪长岩和花岗岩。按其相对期次，除最先的黄水河群火山岩外，依次为基性岩、中性岩、酸性岩。本区内，基性岩以兴文坪的辉长岩和辉绿岩为代表，呈小型岩株、岩脉产出；中性岩出露广泛，以闪长岩和石英闪长岩为主体，多呈岩株、岩基产出；酸

性岩由花岗岩和花岗闪长岩组成，是彭灌杂岩的主体，分布很广泛，呈岩基和大型岩株产出。由于晚期酸性岩侵入，导致早期侵入岩体，被分割成大小不等的块体分散在杂岩体内。

三、地质构造与地貌

（一）地质构造

1.单斜岩层

当岩层层面和大地水平面的夹角介于10°~70°之间时，称为单斜构造。由单斜构造组成的地貌，称为单面山；由大于40°倾斜岩层构成的山岭，称为猪背岭。在单斜岩层分布的地区，公路测设应特别注重路线走向与岩层产状的关系。当路线走向与岩层走向一致时，如图7-2-1中①所示，公路布线一般认为顺向坡较为有利，因逆向坡的坡麓常有松散的坡积物或崩积物，对路基的稳定性不利；但是如果顺向坡的单斜层面的倾角大于45°，且层位较薄，或夹有软弱岩层时，则易形成边坡坍塌或滑坡，如深溪沟内罗家磨子一带（图7-2-2）。当路线走向与岩层走向正交时，如果没有倾向于路基的节理存在，则可形成较稳定的高陡边坡，如白沙河蜂子沱地段，如图7-2-1中③所示。当路线走向与岩层走向斜交时，其边坡稳定情况介于上述两者之间，如图7-2-1中②所示。

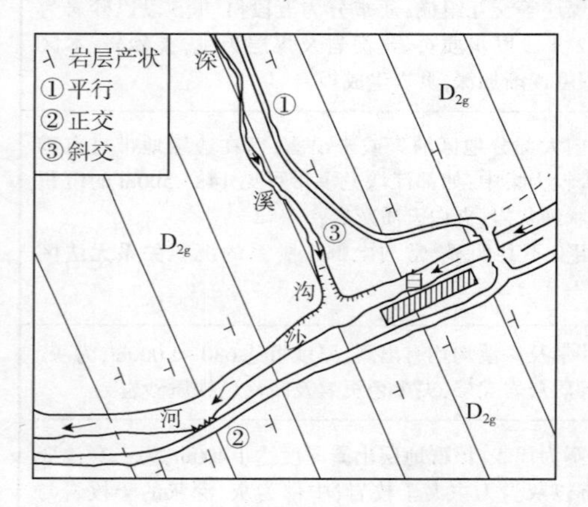

图7-2-1　路线走向与岩层产状的关系

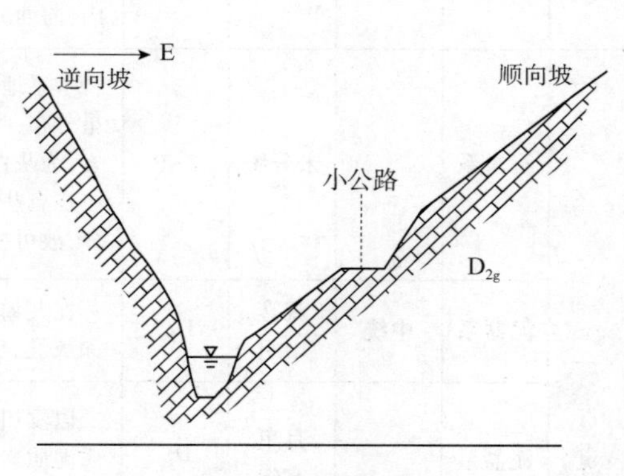

图7-2-2　深溪沟单斜构造示意

2.节理

节理，又名裂隙，是断裂面两侧的岩块未发生明显相对位移的断裂现象。节理是地壳表层广泛发育着、呈有规律成组分布的构造现象。节理的存在对工程活动有好的一面，也有不利的一面。由于节理能使岩体的完整性遭到破坏，降低了岩体的强度和稳定性。当其彼此贯通时，又成为地下水活动的通道，加速了岩体的风化破坏。但节理的适当发育却有利于石料的采集和减少工程施工量。

应特别指出，在高陡切坡地段的节理产状对其边坡的稳定性的影响至关重要。当有一组节理倾向于路基，或有两组节理呈楔形分布与路线斜交时，就有可能造成边坡失稳而发生崩塌或滑坡。蜂子沱峡谷高陡边坡发生崩塌的主要原因之一，就是有一组节理倾向于路基，在外界因素触发下造成了边坡失稳，如图7-2-2所示。

3.断层

从大地构造单元而论，龙门山褶断带系由北西—南东方向的高角度挤压而成的叠瓦式构造，其中顺应褶断带构造方向呈北东—南西向分布的有三大断裂带：二王庙断裂（江油—都江堰）、映秀断裂（北川—映秀）和茂汶断裂，如图 7-2-3 所示。

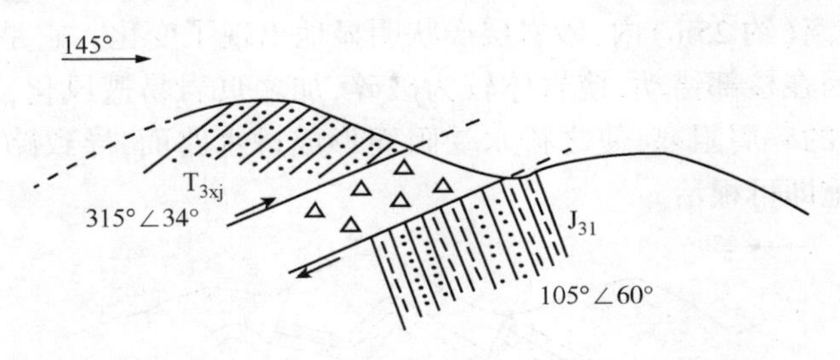

图 7-2-3 二王庙断裂信手剖面

二王庙断裂：以二王庙后山门公路边所见而命名。

它是隶属于江油—都江堰断裂带的一部分，该断裂带北起广元罗家坝，经江油、安县、都江堰至天全南西，由若干压扭性断裂组成，全长 450km，大部分发生在太古界至三叠系中。在二王庙后山门处判别断层的根据是：在短距离（约 100m）内地层缺失、岩层产状及岩性发生突然变化，且有破碎带存在。从图 7-2-3 中可见，上三叠统须家河组（T_{3xj}）逆冲于上侏罗统莲花口组（J_{3l}）之上，两者产状相反。这一断支，据地震局监测资料表明，至今仍在活动，每年相对错动 1mm，即断层的南东盘下降 0.5mm、北西盘上升 0.5mm。此处，因公路横穿断层破碎带，目前对公路线形尚无明显影响。

映秀断裂（北川—映秀）：未在实习区内，所以未列入实习内容中。

茂汶断裂：北起于茂汶北东一带，南达泸定，全长 250km。该断裂带切割于前震旦系至古生界变质岩系之中。从汶川雁门沟剖面图（图 7-2-4）可见震旦系（Z_{bdn}）推覆于泥盆系月里寨组（D_{y1}）之上，形成叠瓦式冲断层，其间有明显的断层破碎带。由于逆冲的挤压力，使下盘 D_{y1} 中出现层间揉褶现象。

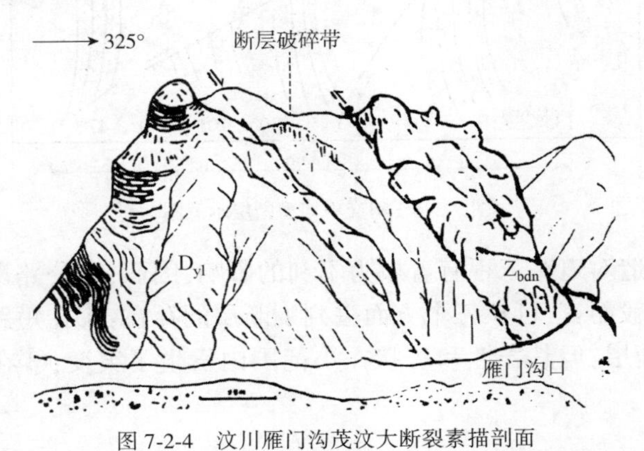

图 7-2-4 汶川雁门沟茂汶大断裂素描剖面

在茂县至汶川地段的岷江沿此断裂带发育，公路也沿岷江河谷左岸布设，因路线走向与断裂带走向基本一致，故在此 40~50km 的距离内有多处路段的路基设置在破碎带或断层泥构成的松散体上，受岸边河水掏蚀和松散体内地下水活动而发生滑坡，导致路基向河心滑

坍,成为常年病害的多发地段。如周仓坪和凤毛坪大滑坡体,经多年整治仍无效果,只好采取绕避,用桥跨改线至对岸后再跨回原线的办法,使道路得以畅通。

除上述三大断裂带外,在实习区内还可见到一些派生的断层现象,如白沙岷江大桥头公路旁所见的小背斜轴部两侧错动的断层,如图 7-2-5 所示。它发生于 T_{3xj} 的砂岩组夹有页岩层之中,在路边短距离(约 25m)内,砂岩层产状明显地出现了变化。它是二王庙大断裂北西侧派生的小断层。因在核部错动,使岩体较为破碎,加之页岩易遭风化,故在此处公路的内边沟常被坍滑、撒落的碎屑阻塞,使之排水受阻而形成过水路面,导致路面破坏。此处可用护坡或挡土墙的措施即可根治。

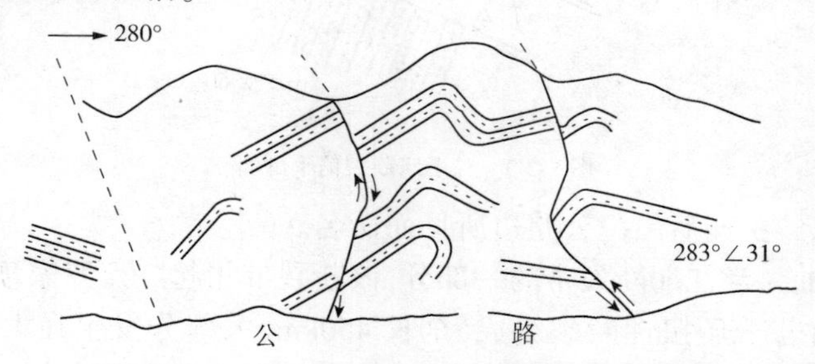

图 7-2-5　小背斜断层剖面示意图

又如黄村所见的两条斜交剪切型的逆断层(图 7-2-6),它属映秀断裂带南东侧派生的断层现象。它发生于 T_{3xj} 的板岩层中,由于岩层直立且与路线走向正交,故此处深切路堑边坡仍显稳定。然而,只因板岩中破劈理甚为发育,也有撒落碎片阻塞内边沟的现象,但不致泥化造成危害。

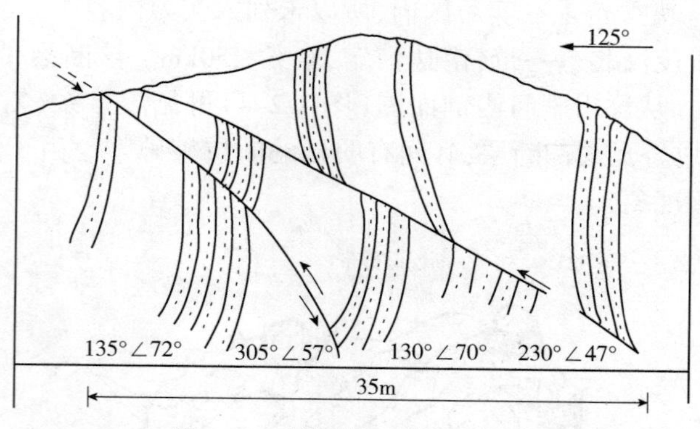

图 7-2-6　斜交剪切型断层示意图

鉴于上述断层构造对道路工程有着极为不利的影响,因而,在公路勘测设计中识别断层就显得很重要了。一般而言,可从三个方面去判别断层的存在:①在短距离内出现地层重复或缺失;②虽在同一地层,但其岩性和产状在小范围内发生了突变;③在地貌和水文标志上也有体现。

(二)地貌

1.冲沟与洪积扇

冲沟是沟谷流水冲刷作用所形成的一种动态地貌。如深溪沟,它是由细小纹沟发展为切沟后，进而加深、加宽并向源头方向伸长，逐渐形成颇具规模的冲沟。深溪沟主谷长约10km，近于自北而南流向，其源头于海拔2 500m的山岭上，汇于岷江支流的白沙河；纵坡高差达1 600m，横断面呈V形谷，两岸坡高达200m以上。因地壳上升运动，沟底呈明显的下切趋势，出现谷中谷，即在原沟谷底部因侵蚀基准面下降，底蚀作用加剧，又被切割出一宽度小于深度、陡壁式的沟谷形态。谷中谷在本实习区内，以及四川盆地周边地带普遍存在，它是更新世以来最新构造的产物。

在冲沟中布设公路时：①要认真勘察沟谷的构造形态，若属单斜构造的冲沟，则应测定单斜岩层的产状与路线走向的关系（参见上述"地质构造"部分），并分析其岩体边坡的稳定性；②对路基及跨沟桥涵设置的高度，应定在百年少见的洪峰之上，桥涵孔径应大于沟谷的排洪量。

洪积扇是冲沟洪流携带着大量碎屑物冲出沟口后，由于地势开阔，水流分散，流速锐减，将其碎屑向外围呈扇状散开堆积而成的地貌形态。如在深溪沟口汇入白沙河处的洪积层，该洪积层形成后，由于地壳上升，白沙河水下切，使之成为高出如今洪水位之上的一级堆积阶地；随着深溪沟口的侵蚀基准面下降的同时，底蚀作用加强，使该洪积层也被切割成两部分，出现谷中谷。在实习途中，河谷两岸所见的许多大小冲沟口，都有洪积扇分布。公路沿河岸布线，常要跨越冲沟口的洪积层地段。此时，除了认真勘察其地质结构（参见地下水的地质作用中冲沟部分内容）外，应特别重视山洪急流及其洪积物对路基、桥涵的冲毁、淤塞等病害问题。

2.峡谷

峡谷是指两岸谷坡陡峻、深度大于宽度的山谷。它通常发育在坚硬岩层分布的地段，由于地壳上升速度与河水底蚀作用相当的条件下，就会形成峡谷，其横断面呈V形。以地质构造而论，当河水横穿背斜轴部或近于直立的单斜岩层或横向断裂带时，都可能会出现峡谷地貌。在实习区的岷江及其支流白沙河的河道，基本都是由峡谷与河谷盆地地貌相间组成。

如蜂子沱峡谷，系白沙河横穿由D_{2g}层状白云岩及石灰岩组成的单斜构造而形成的峡谷。如漩口峡谷，系岷江沿横向断裂带切穿C—P厚层状结晶灰岩而形成的飞来峰式的峡谷。在映秀至绵竹之间的许多峡谷，如桃关、罗圈湾、沏底关等地段，均系岷江切割花岗岩、花岗闪长岩、闪长岩等岩体而形成的峡谷。

在山区沿河布设公路路线，不可避免地要遇上峡谷地段。因峡谷两岸属硬质崖壁，河水急湍，使公路线形的平、纵、横等受到极大的限制。对一般等级公路的测设，只能顺应峡谷山势，依弯就弯布设路线。也由于岩质坚硬，开挖后的路基较为稳定，且可切为陡直边坡。但应注意岩体节理组分布的产状和谷底水流特征，若有倾向于路基的节理，则易发生崩塌或滑坍；若崖顶有明显的风化裂隙，则易产生落石；若急流水直冲路基坡脚，则易发生水毁断路。

3.河谷盆地

河谷盆地是指山区河流两个峡谷之间、地势开阔的河谷地段。它主要是河水流经软质岩层分布地带时，在其侧蚀作用相对大于底蚀作用的条件下，使河谷拓宽而成；或因两江汇流而成。因而，河谷盆地中河道的曲流现象尤为明显，凸岸堆积，凹岸冲蚀；在地壳间歇性上升运动的过程中，便会在河谷盆地中留下多级阶地。

河谷盆地因地势开阔，常为山区城镇居民经济活动的集散地。如实习途中的沙湾、金沙坝、漩口场镇、黄村、映秀场镇、兴文坪、汶川县城等地段均属河谷盆地。

在河谷盆地中布设公路线，通常选在土石较为密实的Ⅰ、Ⅱ级阶地上。若路线倚山，则应注重切坡后山体中的地下水活动及内边坡稳定情况的分析；若路线近河，则应注重曲流的主流线对路基边坡的冲蚀。

4.河漫滩、心滩、江心洲

河漫滩是河谷底部，洪水期被淹没，平水期又出露于河床岸边的滩地。由于洪水期河漫滩上水流的深度、流速比河床中的小，其搬运力也较弱；退洪时，沉积在河漫滩上的物质较河床中的相对要小些。上游河漫滩上的扁形卵砾石常呈逆水流方向排列，结构松散。

河漫滩可分布于河床两岸，也可分布于曲流的凸岸。若在宽谷的河床中，枯水期出露于河心的浅滩地，称为心滩。若心滩两侧河床下切加深，非峰年期洪水所能淹没而长期出露水面的心滩，则称为江心洲。

河漫滩在山区河谷中，除峡谷地段外，几乎随处可见，尤以河谷盆地中曲流发育的凸岸最为显著。

在公路跨河工程中，河漫滩对桥墩的位置、埋砌深度有着重要影响。河漫滩上的砾石、砂是良好的公路建筑材料。

5.阶地

古老的河漫滩因地壳上升、河水下切而高出现今洪水位之上呈阶梯状分布于河谷谷坡中的地貌形态即为河流阶地。河流阶地沿河分布并不是连续的，阶地多保留在河流的凸岸，在两岸也不是完全对称分布的，这是河水向凹岸侵蚀的结果。由于多种因素的影响，同一阶地的相对高度也有不同。

我们现在看到的阶地都是在第四纪（Q）形成的。由于第四纪构造运动的特点为“振荡式间歇性上升运动”，故形成了多级阶地。阶地的级数越高，表明其形成的时代越早。

阶地按成因、结构和形态特征可分为侵蚀阶地、堆积阶地和基座阶地三大类型。堆积阶地是由冲积物组成的，常见于河流中、下游地段。而基座阶地是在基岩被侵蚀的阶面上再覆盖上一层冲积物，经地壳上升、河水下切而形成的，它是侵蚀阶地与堆积阶地的复合式。在岷江、白沙河两江汇合处，可观察到一至五级阶地，如图 7-2-7 所示，其中Ⅰ级阶地属堆积阶地，其余均为基座阶地（侵蚀—堆积阶地）。

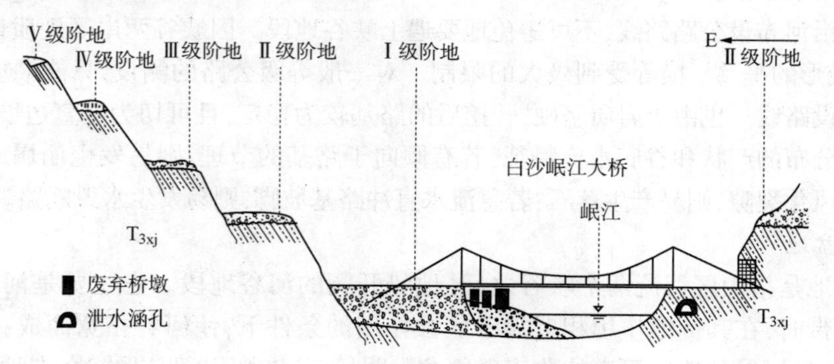

图 7-2-7　白沙岷江大桥两侧阶地剖面示意

一般而言，河谷都有不同规模的阶地存在，它一方面缓和了山谷坡脚地形的平面曲折和纵向起伏，有利于路线平、纵面设计和减少工程量，另一方面不易遭受山坡变形和洪水淹没的威胁,易保证路基稳定。故阶地是河谷地貌中敷设路线的理想部位。当有几级阶地时,除考虑越岭高程外,一般常利用一、二级阶地敷设路线。

6.河曲

自然界的河道常因种种原因导致河流主流线的流向变化,从而使河道发生弯曲。在河道弯曲处,表层水流在离心力作用下以较大流速冲向凹岸,使之后退,同时,在凹岸冲刷所获得的物质随底流被带至凸岸进行堆积。如此长久地进行下去,使河道弯曲的曲率逐渐加大,河床比降减少、流速降低,从而使河床在河漫滩上自由摆动,形成河曲地貌。在白沙河和岷江的河谷盆地地段均可见到此种地貌。

河流侧蚀作用产生河曲,是河流发育的普遍规律。无论何处,只要河道稍有弯曲,就有凸岸的堆积作用和凹岸的冲蚀作用。因此,在河谷中沿岸边布设公路,应注意避让因河流在凹岸的冲蚀作用而导致路基、桥涵的水毁。

为防治凹岸水毁,通常采用的措施是设置丁坝和护岸保坎(挡墙)。丁坝的方向应与主流线呈钝角相交,其高度应略高于常年洪水位,以求改变水流方向,减弱对岸边的冲蚀力。护岸挡墙是在洪水位之上某一高处至枯水位之间的河岸边坡采用的防护工程,如砌石铺面、喷浆、布设笆笼等方法,防止河水对岸坡的掏蚀。在白沙岷江大桥头、桃关以及凡靠近河岸很近的路段均可见到有关防治水毁的工程。

7.冲积扇

山区河流出山口后汇入大河或流入平原区,因流速降低、水流分散,将其夹带的泥、沙、石等物质堆积于河口地带,形如喇叭或三角形,故称为冲积扇或小型河口三角洲。如白沙河口汇入岷江处(地质历史上此处曾是古岷江汇入“巴蜀湖”之河口地带),因地势开阔,并受到岷江洪水倒灌的顶托力,故在白沙河口形成较大面积的冲积扇,或称小型冲积三角洲。三角洲上主流线极不稳定,时左时右,俗称“龙摆尾”;平水期流线分散,砂、砾、卵石等构成的边滩、心滩广布(图7-2-8),其冲积层的厚度由河口向岷江汇水处加深。

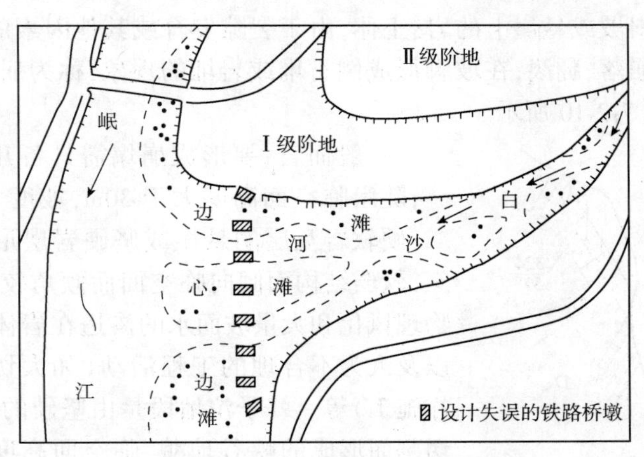

图7-2-8 白沙河小型冲积三角洲平面图

在冲积扇上布设桥跨时,桥位不宜设在三角洲的下部靠近汇水线的位置,而应尽可能远离两江汇流处。桥墩的砌置深度应考虑三角洲上流水不稳定的特征与特大洪水的冲蚀力以及岷江水倒灌的顶托力等因素的影响。

8.顺向河、逆向河

河谷按河水流向与岩层产状的关系可分为：走向河、顺向河和逆向河，如图 7-2-9 所示。凡水的流向与岩层走向一致的河段，统称为走向河（如曾描述的单斜谷即为走向河）。凡水流方向与岩层倾向相同的河段，称为顺向河；相反者则称为逆向河。桥基工程的稳定性取决于岩层产状、软弱结构面和河水的流向。在顺向河中，水力对岩层尤其是软弱岩层的冲蚀作用会影响基础的稳定性。若夹层较厚，易使基础产生不均匀沉降，从而导致桥墩倾斜，故桥基应尽可能设计在单一的岩层上。在逆向河中，桥基也应避免建在不同岩性的接触面上。白沙河上的桥虽处于顺向河中，但桥基坐落在单一、坚硬的石灰岩层上，故桥基稳定。

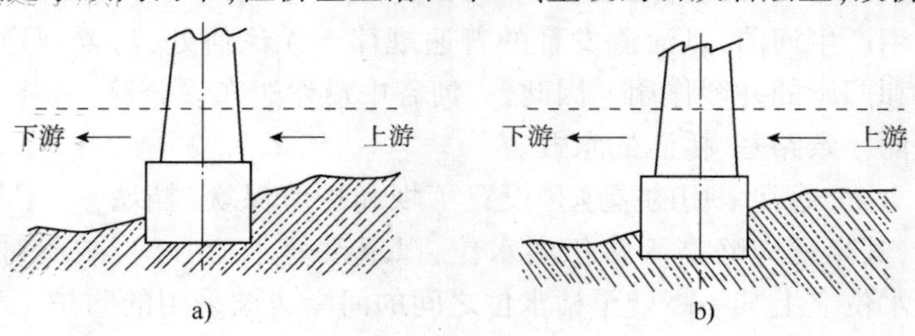

图 7-2-9　顺向河、逆向河与桥基的关系

a）顺向河；b）逆向河

四、不良地质现象

滑坡、崩塌、泥石流等是公路尤其是山区公路常见的不良地质现象。不良地质现象的存在，给道路、桥涵、隧道等建筑物的施工和正常使用造成很大的威胁。为保证公路工程的合理设计、顺利施工和正常使用，作为一名公路工程技术人员，掌握有关识别、预防和整治不良地质现象的措施是非常必要的。下面就实习区所遇到的几种不良地质现象进行分析、介绍。

1.崩塌

崩塌是指陡峻斜坡或悬崖上的岩、土体，由于裂隙发育或其他因素的影响，在重力作用下突然而急剧向下崩落、翻滚，在坡脚形成倒石堆或岩堆的现象，称为崩塌。蜂子沱地区即为崩塌观察点，如图 7-2-10 所示。

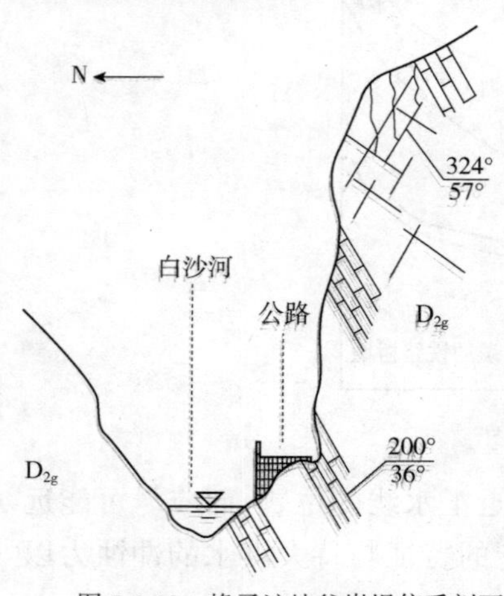

图 7-2-10　蜂子沱峡谷崩塌信手剖面

一般而言，要形成崩塌需具备几个方面的要素：其一，陡崖临空面高度大于 30m，坡度大于 50°的山体；其二，硬软岩互层的悬崖或坚硬岩层形成的峡谷地貌；其三，软弱结构面倾向临空面而倾角较大时；其四，强烈的物理风化和大量坡面水的渗透在岩体内起"润滑"作用，以及人为不合理的工程活动（如大切大挖，或采用大爆炸施工）等。蜂子沱地段是由坚硬的石灰岩经白沙河水切割而形成的峡谷地貌，临空面高度大于 80m，近乎直立，在陡崖的岩体中发育着两组节理，一组节理倾向于路基，1984 年的雨季，大量的降雨加大了岩体的容量，减少了岩体间的摩擦阻力，加之公路施工时采用了大爆炸施工，造成了山体的进一步松动，多种因素综合在一起，使

得蜂子沱于1984年7月大雨之后发生了大崩塌,使公路堵塞,河水上涨。事故发生后,有关部门组织人力、物力抢修,于1985年6月疏通了公路。向河岸加宽路面用半旱桥式挡土墙加固外边坡,但道路内边坡崖上多处风化裂隙、树木的根劈及坡面流水的渗透侵蚀等作用仍在进行,崩塌的隐患依然存在。

由于崩塌发生突然且破坏力强,整治比较困难,故一般强调以防为主的整治原则。即在选线时优先考虑绕避方案,若绕避困难则尽可能使路线远离影响范围,同时在施工中注意合理施工,不宜大爆破施工和大切大挖,以防山体震裂和失稳而引起崩塌。在强调以防为主的原则下,应结合具体情况,采用相应的预防措施。

2.滑坡

滑坡是指斜坡上不稳定的土体或岩体在重力作用下,沿一定的滑动面(带)整体向下滑动的物理地质现象。在沙湾和二王庙后山门两处可见古老的滑坡。

滑坡的产生不是偶然的,必须具备一定的条件:首先,滑坡要具有滑动面;其次,组成斜坡的岩(土)体多为软质岩层和易于亲水软化的土层,由于水渗入滑坡体,降低了岩(土)的黏聚力,削弱了其抗剪强度,加大了岩(土)的下滑力。据统计,90%以上的滑坡与降雨有关,故有“大雨大滑、小雨小滑、不雨不滑”之说。此外,人为不合理的切坡或坡顶加载、7级以上的地震、不适当的大爆破施工,都是影响滑坡产生的因素。

由于滑坡对公路造成的危害极大,因此在路线勘测工作中,识别滑坡的存在和初步判断其稳定性,是合理布设线路、避免出现病害的一个基本前提。在野外,滑坡可根据一些地貌特征来认识。如山体变形,后壁陡崖因拉坡呈圈椅状,滑坡舌向河心凸出呈河谷不协调现象,滑体两侧出现双沟同源,滑坡体下部因滑动速度差异而呈鼓丘及滑坡裂缝,滑体表面的树木东倒西歪成“醉林”状,甚至出现马刀树等,都是滑坡存在的标志。

滑坡的防治和泥石流一样,要贯彻“以防为主,整治为辅”的原则。即在选线时尽可能避开规模较大的滑坡,对于一些中、小型滑坡,则可比较整治和绕避两个方案的合理性、安全性、经济性,择优选择。滑坡的整治,通常采用排、挡、减、固等措施。

二王庙变电站处的滑坡体给公路造成了一定的病害,如图7-2-11所示。由于滑坡体内存在大量的裂缝,成为地下水活动的通道。因此,当滑体内中下部排水不畅时,造成中上部地下水水位上升,甚至出露成泉水。

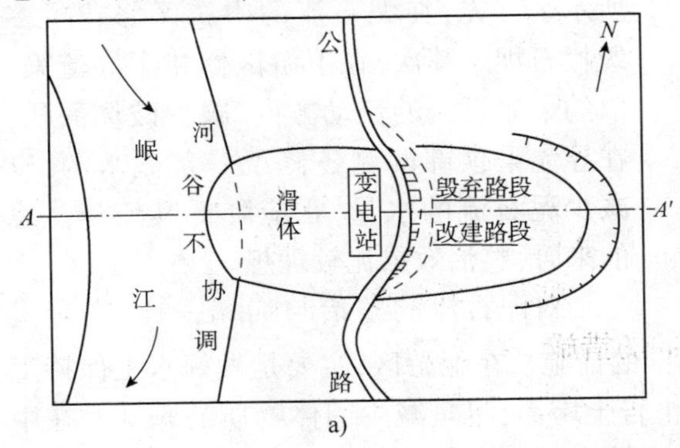

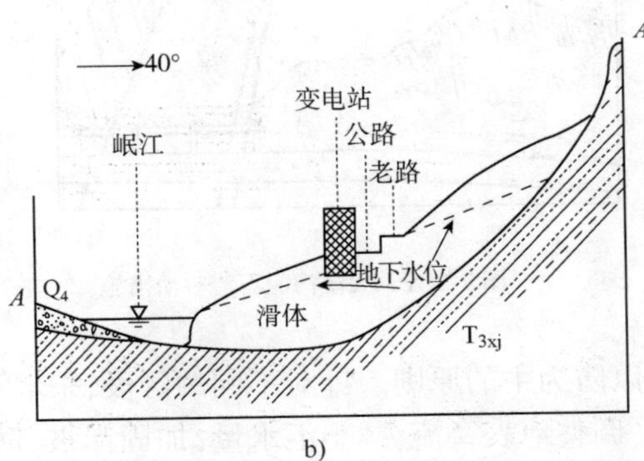

图7-2-11 滑坡体内地下水对公路的危害

a)平面草图;b)剖面示意

公路穿过该地段的路况极差。在约 20m 的路段，雨季路面翻浆，泥泞难行；干季路面干裂，而路基呈塑状，成为“橡皮路”，行车颠簸起伏。为克服这一病害，在此段路的下方筑一新路。但由于地下水问题未得到解决，故时隔数年后，这段数十米的新路面仍因排水不畅，又开始出现毁损现象；加之，地处急弯，行车视线受建筑物遮挡，从而影响着正常交通运行和安全。

3.*泥石流*

泥石流是一种水、泥沙、石块混合在一起流动的特殊洪流。它具有爆发突然、流速快、流量大、物质重度大和破坏力强的特点。

典型的泥石流流域，一般可分为物质来源区（上游）、流通区（中游）和堆积区（下游）三部分。上游区地形陡峭，沟床纵坡大，汇水面积广，为三面环山、一面出口的似漏斗状地貌，区内有大量松散物质，崩塌与滑坡密布，植被稀疏，水土容易流失。中游地段河谷狭窄，高岸深谷，使上游汇集到此的泥石流形成迅猛直泻之势。下游区平缓开阔，堆积物如扇形展开，有的形成河漫滩或阶地。水既是泥石流的组成物质，又是搬运泥石流物质的基本动力。因此，泥石流的产生多在暴雨、大雨或冰川、积雪的强烈消融之后。

白水沟口为一小规模泥石流的堆积区，是泥石流的多发地段，大量砂砾、碎石冲入岷江，在其凹岸处形成了河谷不协调现象。公路在此地段，多年来常因路面过水而损毁，交通不畅。1992 年又爆发了一次泥石流，不仅淤塞桥涵，而且在沟口的左侧又被冲开一个缺口，将原庄稼地冲毁，变成一片乱石滩；公路也遭到破坏。此路段虽经清理、疏通整治，但因桥涵、路基的纵坡太低，排水不畅，到雨季仍有路面漫水现象。

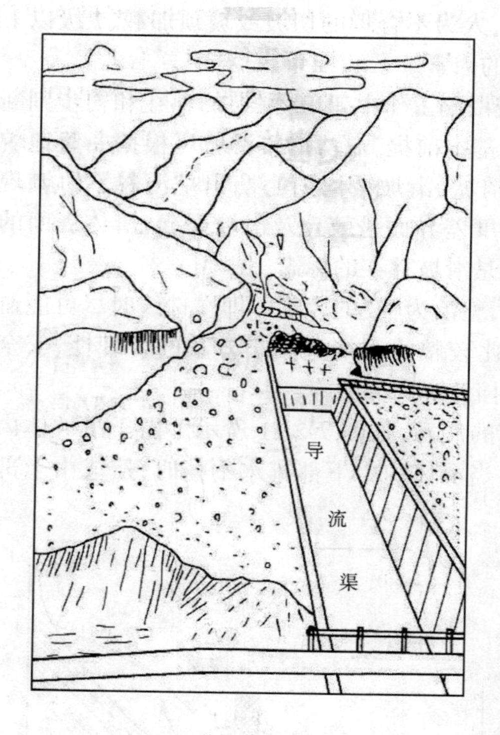

图 7-2-12　大溪沟泥石流整治措施

与白水沟相比，大溪沟泥石流规模要大一些，其整治措施也较得力，如图 7-2-12 所示。首先，在泥石流的中游区修建了多级拦石坝。其次，在下游区修建了导流渠，以约束泥石流的流动方向，减少破坏面积，在导流渠顶部两侧各修了一条截水沟，以减少泥石流的水量，相应降低其流速。总的来看，整治效果比较理想。

对泥石流的整治与崩塌一样，亦是贯彻以防为主的原则。针对不同的区段，采取不同的措施。在上游区，主要是做好水土保持工作，调整地表径流，减小汇水量，加固岸坡，防止岩土垮塌，尽量减少固体物质的来源。在中游区，可设置一系列的拦截坝、拦栅等构筑物，以阻挡泥石流中挟带的物质，减少其破坏力。在下游区，贯彻“宜排不宜堵”的原则，设置排导措施，使泥石流顺利排除。如修建排洪道、导流坝等，约束水流，保护公路路基或农田不受危害。

由于泥石流的破坏性较大，因此在公路选线时须查明所经路段是否存在泥石流的可能性。若可能发生泥石流，则应首先考虑绕避。一般情况下，对泥石流的调查，主要是通过阅读和研究所经地区的地形图和地质构造图，了解该地区的地质、地貌等情况，是否存在区域大断裂、滑坡等，在此基础上，判断泥石流存在的可能性，并采取相应的措施。

4.路基水毁

都汶公路沿岷江河谷布设，途中常因路线靠近曲流的凹岸受洪水主流线的冲击、掏蚀，导致路基坍塌、滑移等现象的路段有多处，工程上将这一病害称为路基水毁。以桃关为例，在此处岷江流经花岗岩构成的峡谷区，但在桃关下游不远的地方曾发生一次较大的崩塌。松散的崩塌体呈半圆锥状，锥体高达80m左右，底宽约60m，其自然坡度为45°。国道横切坡体的中偏下部，路基长期不稳，还因岸边又处于凹岸，受河水的掏蚀而坍塌，路基随松散体下滑而断路，严重影响汽车运行。

1992年开始对该路进行整治，采用了以下几项措施，如图7-2-13所示。

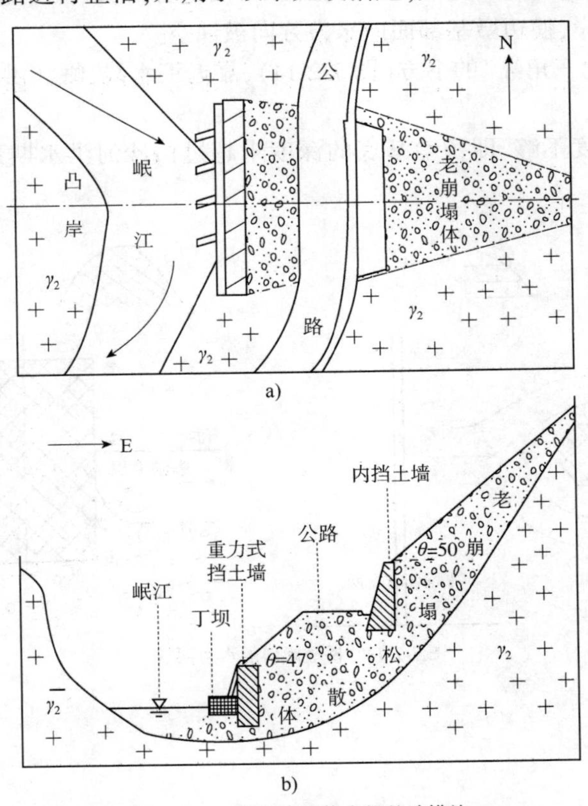

图7-2-13 桃关崩塌体水毁整治措施

a)平面草图；b)剖面图

(1)重力式抗滑挡墙。在松散体坡脚，河岸边枯水位以下的河床中，浇灌钢筋混凝土的三角柱24个，每个边宽2m、高3m，间隔约0.2m，底边朝外一字排开，便筑成了重力式抗滑挡墙，然后放坡、填实。

(2)设置防波平台(挡墙护脚)及丁坝。在抗滑挡墙基脚修筑约1m宽的混凝土的防波平台，并对挡墙整体抹面（墙体内应预留排水孔若干）；然后在河岸边设长 2.5m、宽 0.8m，呈鱼背形的丁坝 4 条，其高度略高于洪水位，与主流线成钝角相交，以求改变主流线流向，减缓对挡墙坡脚的冲击力。

（3）修筑内挡墙。路基压实后，为防治内边坡松散碎石土层下滑，用卵砾石砌筑 3m 高的挡土墙；在铺垫水泥路面的同时，对内边沟做水泥抹面护理，以防止地表水渗入松散体内。

通过上述措施，此段公路多年来的顽疾得以根治，路况称佳。

5.某铁路桥墩工程失误

20 世纪 50 年代，为某工程的需要，拟建一铁路线由成都至都江堰某地。此线以隧洞穿玉垒山下，以桥跨白沙河口。然而，因隧道内遇上二王庙断裂带未敢贯通，桥墩倾斜未能架梁，于是全线报废而终。

白沙河口留下钢筋混凝土桥墩 8 个，其中两岸边墩均向白沙河上游方向倾斜。究其原因：

（1）白沙河口小型“冲积三角洲”上的主流线，因地势开阔、极不稳定、时左时右，呈“龙摆尾”式地冲蚀着两岸，使边墩基部面向水力方向被蚀空。

（2）桥位线定在“三角洲”的下方（图 7-2-14），靠近汇水线，岷江洪水向白沙河倒灌造成河水顶托之势。

（3）桥墩埋置深度不够，即桥墩基底的深度未超过白沙河洪水期最大水力反冲的下蚀线，如图 7-2-14 所示。

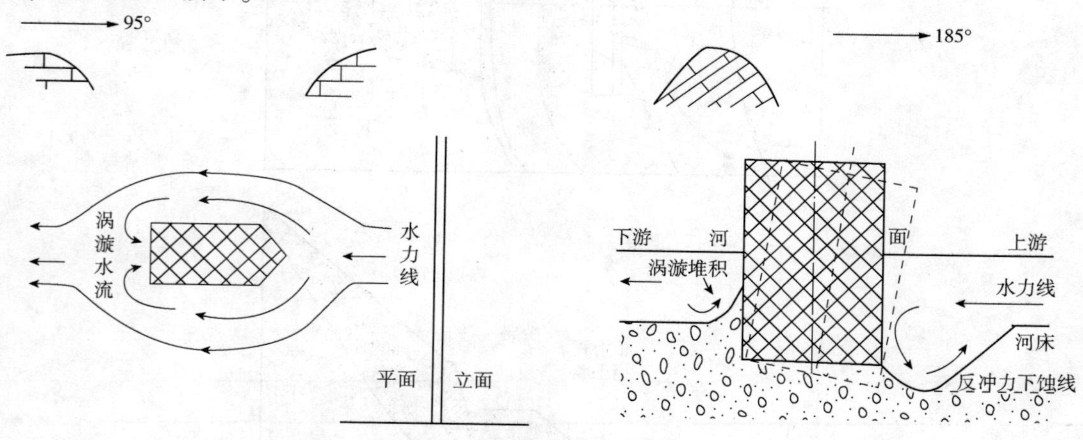

图 7-2-14　桥墩倾斜的水力剖析

附录 本书主要符号

一、地层、岩性符号

（一）地层年代符号及颜色

界	系		
新生界 K_2	第四系 Q		黄色
	第三系 R （橙色）	晚第三系 N 早第三系 E	淡橙色 深橙色
中生界 M_2	白垩系 K 侏罗系 J 三叠系 T		草绿色 蓝色 紫色
古生界 Px	二叠系 P 石炭系 C 泥盆系 D 志留系 S 奥陶系 O 寒武系 ∈		棕色 灰色 褐色 靛青色 深蓝色 橄榄绿色
元古界 Pt	震旦系 Z		蓝灰色
太古界 Ar			

（二）岩性符号

1.岩浆岩

符号	名称	符号	名称	符号	名称
γ	花岗岩	γπ	花岗斑岩	λ	流纹岩
δ	闪长岩	δμ	闪长汾岩	α	安山岩
υ	辉长岩	βμ	辉绿岩	β	玄武岩

2.沉积岩

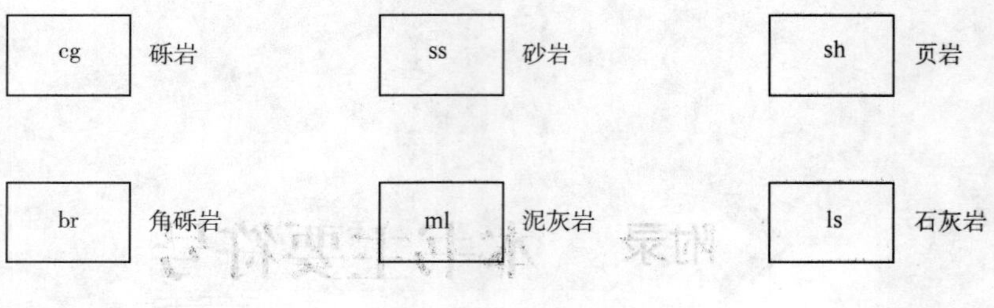

3.变质岩

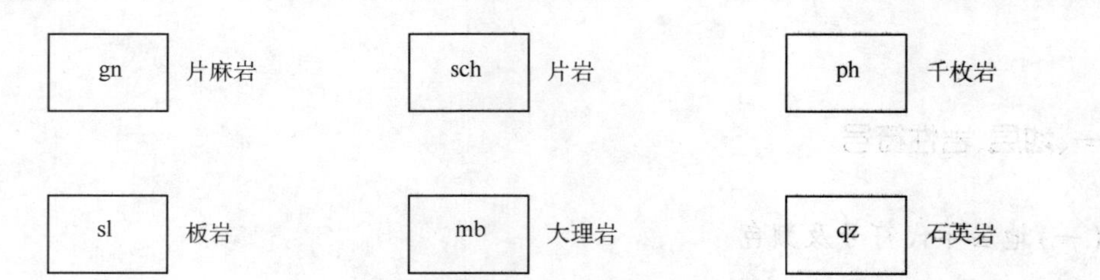

二、岩石符号

（一）岩浆岩

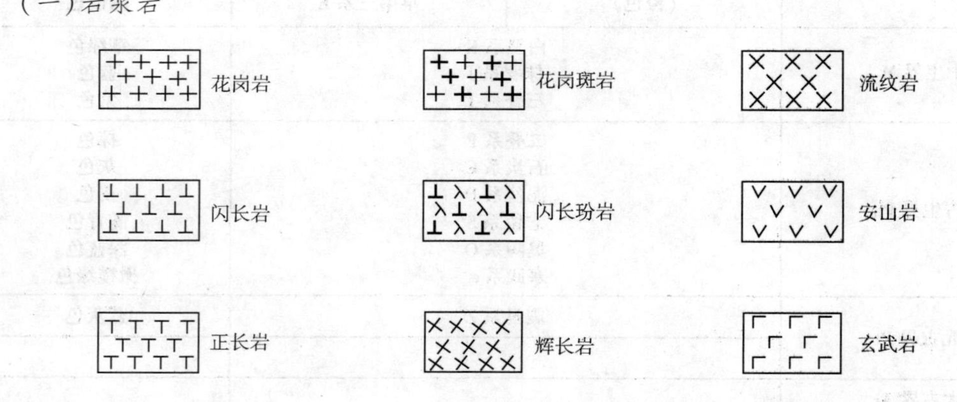

（二）沉积岩

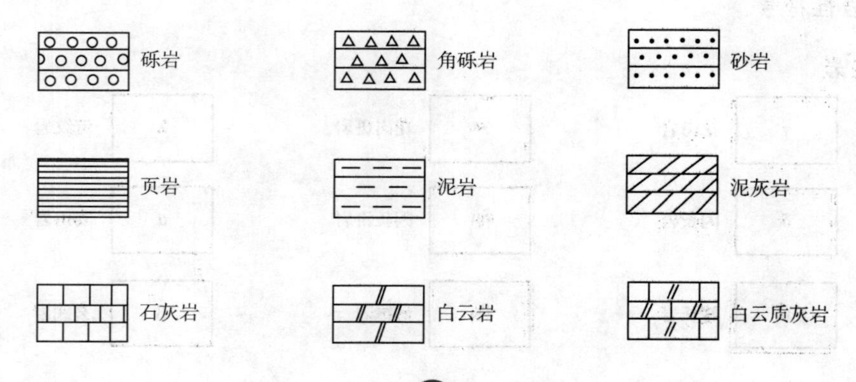

(三)变质岩

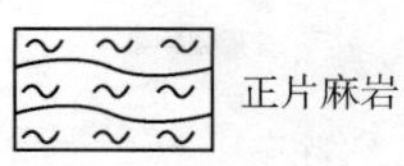
正片麻岩

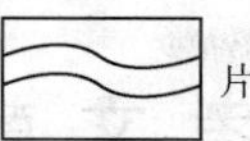
片岩

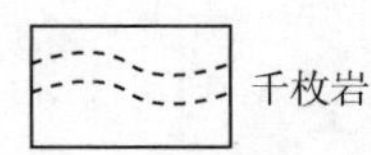
千枚岩

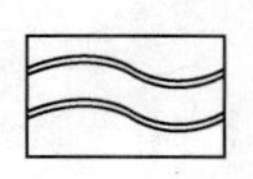
板岩

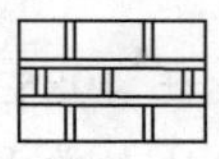
大理岩

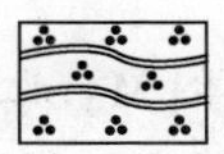
石英岩

三、地质构造符号

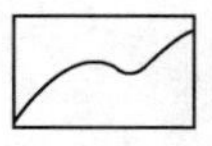
地质界线

岩浆侵入体界线

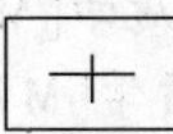
水平岩层产状

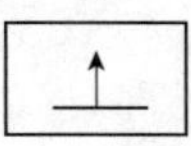
垂直岩层产状

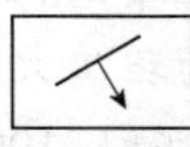
岩层产状

背斜轴

向斜轴

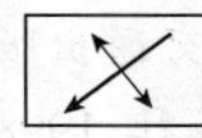
倾伏背斜轴

倾伏向斜轴

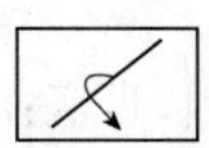
倒转褶曲

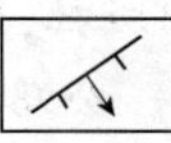
正断层

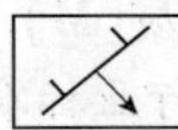
逆断层

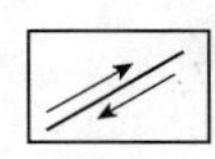
平推断层

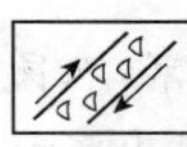
断层破碎带
(断面图用)

不整合接触线
(断面图用)

参考文献

[1] 杨景春.地貌学[M].北京:高等教育出版社,1985.

[2] 刘国昌.区域稳定工程地质[M].长春:吉林大学出版社,1993.

[3] 张咸恭,李智毅,等.专门工程地质学[M].北京:地质出版社,1990.

[4] 胡厚田,等.边坡地质灾害的预测预报[M].成都:西南交通大学出版社,2001.

[5] 刘春原,等.工程地质学[M].北京:中国建材工业出版社,2000.

[6] 南京大学.工程地质学[M].北京:地质出版社,1982.

[7] 杜恒俭,等.地貌及第四纪地质[M].北京:地质出版社,1981.

[8] 李中林,李子生.工程地质学[M].广州:华南理工大学出版社,1999.

[9] 李斌.公路工程地质[M].北京:人民交通出版社,1998.

[10] 于书翰,杜谟远.隧道施工[M].北京:人民交通出版社,2000.

[11] 黄成光.公路隧道[M].北京:人民交通出版社,1998.

[12] 李瑾亮.地质与土质[M].北京:人民交通出版社,1998.

[13] 中华人民共和国行业标准.JTG E40—2007　公路土工试验规程[S].北京:人民交通出版社,2007.

[14] 交通部第二公路勘察设计院.路基[M].北京:人民交通出版社,1997.

[15] 黎明亮.公路养护工程[M].北京:人民交通出版社,2000.

[16] 胡长顺,黄辉华.高等级公路路基路面施工技术[M].北京:人民交通出版社,1999.

[17] 中华人民共和国行业标准.JTG C20—2011　公路工程地质勘察规范[S].北京:人民交通出版社,2011.

[18] 盛海洋.工程地质与地貌[M].郑州:黄河水利出版社,1999.

[19] 加拿大矿物和能源技术中心.边坡工程手册[M].北京:冶金工业出版社,1984.

[20] K.L.舒斯特,R.J.克利泽克.滑坡的分析与防治[M].北京:中国铁道出版社,1987.

[21] 刘世凯,等.公路工程地质与勘察[M].北京:人民交通出版社,1999.

[22] 刘起霞,等.环境工程地质[M].郑州:黄河水利出版社,2001.

[23] 孙玉科,等.边坡岩体稳定分析[M].北京:科学出版社,1988.

[24] T.H.汉纳.锚固技术在岩土工程中的应用[M].北京:中国建筑工业出版社,1987.

[25] 中华人民共和国国家标准.GB 50086—2001　锚杆喷射混凝土支护技术规范[S].北京:中国建筑工业出版社,2001.

[26] 林宗元.岩土工程勘察手册[M].沈阳:辽宁科技出版社,1996.

[27] 戴塔根,等.环境地质学[M].长沙:中南大学出版社,1999.

[28] 黄春长.环境变迁[M].北京:科学出版社,1998.

[29] 朱建德.地质与土质实习实验指导[M].北京:人民交通出版社,2001.

[30] 李隽蓬,等.土木工程地质[M].成都:西南交通大学出版社,2001.

[31] 盛海洋.工程地质与桥涵水文[M].北京:机械工业出版社,2006.
[32] 杨晓丰.工程地质与水文[M].北京:人民交通出版社,2005.
[33] 陆培毅,等.工程地质[M].天津:天津大学出版社,2003.
[34] 罗筠.公路工程地质[M].北京:人民交通出版社,2010.
[35] 张求书.土质学与土力学[M].北京:人民交通出版社,2008.
[36] 中华人民共和国行业标准.JTG C10—2007 公路勘测规范[S].北京:人民交通出版社,2007.
[37] 中华人民共和国行业推荐性标准.JTG/T C10—2007 公路勘测规范[S].北京:人民交通出版社,2007.
[38] 刘培文,等.公路路基路面施工技术[M].北京:清华大学出版社,2012.
[39] 于国锋.路基工程施工[M].北京:人民交通出版社,2009.
[40] 才西月.道路工程勘测[M].北京:人民交通出版社,2010.